电子信息前沿专著系列

“十四五”时期国家重点出版物出版专项规划项目

固体电解质气体传感器

刘方猛 卢革宇 著

Solid Electrolyte Gas Sensors

人民邮电出版社
北京

图书在版编目（CIP）数据

固体电解质气体传感器 / 刘方猛，卢革宇著. -- 北京 : 人民邮电出版社，2023.7
（电子信息前沿专著系列）
ISBN 978-7-115-61520-6

Ⅰ. ①固… Ⅱ. ①刘… ②卢… Ⅲ. ①固体电解质－气敏器件－研究 Ⅳ. ①TN389

中国国家版本馆CIP数据核字(2023)第057414号

内容提要

传感器是信息获取的源头，位于信息技术链条的最前端。本书从气体传感器的应用领域和系统分类出发，重点围绕基于混成电位原理的固体电解质气体传感器的研究进展、发展现状及未来趋势进行介绍。本书主要内容包括固体电解质气体传感器的种类和特点、钇稳定氧化锆基混成电位型气体传感器的混成电位原理、增感策略、高效三相界面构筑、其他增感策略以及基于其他固体电解质的混成电位型气体传感器的构建和应用。针对不同领域对气体传感器的实际应用需求和产业现状，介绍了钇稳定氧化锆基混成电位型气体传感器在环境监测（机动车尾气监测和工业废气监测）、医学诊疗等领域的挑战和应用。最后，对固体电解质气体传感器的发展进行了展望。

本书对从事气体传感器理论、气体敏感材料、气体传感器件构建技术等相关领域研究的高等院校、研究所的科研工作者，以及相关企业中的研发及工程技术人员具有重要的参考价值，同时也可供电子信息、化学、材料、物理、机械、检测、自动化等专业的科研工作者参考。

◆ 著　　　　刘方猛　卢革宇
　责任编辑　林舒媛
　责任印制　李　东　焦志炜

◆ 人民邮电出版社出版发行　　北京市丰台区成寿寺路 11 号
　邮编　100164　　电子邮件　315@ptpress.com.cn
　网址　https://www.ptpress.com.cn
　北京九天鸿程印刷有限责任公司印刷

◆ 开本：700×1000　1/16
　印张：13.25　　　　2023 年 7 月第 1 版
　字数：259 千字　　　2023 年 7 月北京第 1 次印刷

定价：149.00 元

读者服务热线：(010)81055552　印装质量热线：(010)81055316
反盗版热线：(010)81055315
广告经营许可证：京东市监广登字 20170147 号

电子信息前沿专著系列

总　序

电子信息科学与技术是现代信息社会的基石，也是科技革命和产业变革的关键，其发展日新月异。近年来，我国电子信息科技和相关产业蓬勃发展，为社会、经济发展和向智能社会升级提供了强有力的支撑，但同时我国仍迫切需要进一步完善电子信息科技自主创新体系，切实提升原始创新能力，努力实现更多“从0到1”的原创性、基础性研究突破。《中华人民共和国国民经济和社会发展第十四个五年规划和2035年远景目标纲要》明确提出，要发展壮大新一代信息技术等战略性新兴产业。面向未来，我们亟待在电子信息前沿领域重点发展方向上进行系统化建设，持续推出一批能代表学科前沿与发展趋势，展现关键技术突破的有创见、有影响的高水平学术专著，以推动相关领域的学术交流，促进学科发展，助力科技人才快速成长，建设战略科技领先人才后备军队伍。

为贯彻落实国家“科技强国”“人才强国”战略，进一步推动电子信息领域基础研究及技术的进步与创新，引导一线科研工作者树立学术理想、投身国家科技攻关、深入学术研究，人民邮电出版社联合中国电子学会、国务院学位委员会电子科学与技术学科评议组启动了“电子信息前沿青年学者出版工程”，科学评审、选拔优秀青年学者，建设“电子信息前沿专著系列”，计划分批出版约50册具有前沿性、开创性、突破性、引领性的原创学术专著，在电子信息领域持续总结、积累创新成果。“电子信息前沿青年学者出版工程”通过设立专家委员会，以严谨的作者评审选拔机制和对作者学术写作的辅导、支持，实现对领域前沿的深刻把握和对未来发展的精准判断，从而保障系列图书的战略高度和前沿性。

“电子信息前沿专著系列”首批出版的10册学术专著，内容面向电子信息领域战略性、基础性、先导性的应用，涵盖半导体器件、智能计算与数据分析、通信和信号及频谱技术等主题，包含清华大学、西安电子科技大学、哈尔滨工业大学（深圳）、东南大学、北京理工大学、电子科技大学、吉林大学、南京邮电大学等高等院校国家重点实验室的原创研究成果。本系列图书的出版不仅体现了传播学术思想、积淀研究成果、指导实践应用等方面的价值，而且对电子信息领域的广大科研工作者具有示范性作用，可为其开展科研工作提供切实可行的参考。

希望本系列图书具有可持续发展的生命力，成为电子信息领域具有举足轻重影响力和开创性的典范，对我国电子信息产业的发展起到积极的促进作用，对加快重要原创成果的传播、助力科研团队建设及人才的培养、推动学科和行业的创新发展都有所助益。同时，我们也希望本系列图书的出版能激发更多科技人才、产业精英投身到我国电子信息产业中，共同推动我国电子信息产业高速、高质量发展。

2021年12月21日

前 言

气体传感器是将气体浓度和种类等信息转换成可检测信号的器件或装置，是信息技术中的关键器件之一。它作为信息获取的源头，在航空航天、环境监测、安全监控、资源探测、医学诊疗、物联网以及可穿戴设备等领域具有广泛的应用。与气相色谱仪、分光光度计、离子迁移谱仪、红外光谱仪等大型气体分析检测仪器不同的是，气体传感器具有价格低、体积小、结构简单、易携带、易集成等突出特点，在诸多领域具有不可替代的作用。近年来，随着科技水平的提高和经济社会的快速发展，气体传感器的应用领域和市场规模不断扩大。随着物联网、人工智能、可穿戴设备、智能移动终端等新兴领域对传感器需求的增加，气体传感器的研究和相关制造产业的发展将更加迅速。

气体传感器的敏感机理多种多样，基于混成电位原理的固体电解质气体传感器具有选择性好、响应恢复快、可在苛刻环境下稳定工作等优点，是气体传感器领域的前沿热点方向。面向移动污染源监控、大气环境监测和医学诊疗等领域对高性能气体传感器的迫切需求，如何进一步提高灵敏度和选择性、降低检测下限、扩展可检测气体的种类、发展规模化生产技术，是混成电位型固体电解质气体传感器领域急需解决的关键问题。根据混成电位原理，敏感电极的催化/电化学催化活性、多孔性、微观状态，三相界面的面积、活性位点密度，以及固体电解质的离子导电类型、电导率是制约传感器敏感特性提升的主要瓶颈。本书从混成电位原理出发，系统介绍了如何从敏感电极、三相界面和固体电解质等方面提升混成电位型固体电解质气体传感器的性能。

本书共 9 章。第 1 章概述了气体传感器的重要性、种类和评价参数。第 2 章围绕作为气体传感器重要分支的固体电解质气体传感器展开论述，重点讨论电流型、阻抗型和电位型这 3 种固体电解质气体传感器。第 3～8 章针对混成电位型固体电解质气体传感器进行详细、系统的讨论，包括混成电位原理、增感策略、不同种类固体电解质气体传感器的构建和应用等。本书最后对固体电解质气体传感器的发展进行了展望。

本书作者所在团队一直致力于固体电解质气体传感器的研究，承担过多项国家级、省部级、企业科研项目，在理论研究和工程化应用方面具有较好的基础。本书内容源于作者所在团队多年的研究工作积累和该领域中优秀的同行专家已经取得的研究成果，可供从事固体电解质气体传感器研究的科研工作者、工程师和研究生阅读参考。

感谢人民邮电出版社的王威、贺瑞君和林舒媛给予的指导和建议。还要感谢为整理和校对本书辛勤付出的研究生，他们是王静、张月莹、蒋理、王彩冷和吕思远。

本书涉及电子信息、化学、材料、物理、机械、检测、自动化等多个学科的交叉与融合，由于作者水平和经验有限，难免存在错误和不足之处，恳请专家和读者批评指正。

刘方猛

2023 年 7 月于吉林大学

目录

第1章 绪　论

1.1 引言

人类的生存环境中存在多种多样的气体，有些是人类生存所必需的，例如空气中的氧气（O_2）；有些在生产和生活中广泛使用，但对人类健康有害或会对环境造成污染，例如燃气等；还有一些是人类生产或生活活动中所产生的废气，这类气体对环境和人类健康有害无益，氮氧化物（NO_x）、硫氧化物（SO_x）、一氧化碳（CO）等属于典型的大气污染物。气体与液体或固体不同，很难通过目视或触摸来感知，因此，气体的安全使用和检测至关重要。在航空航天领域，航天员在密闭空间的生命维持需要持续的氧气供给，舱内的二氧化碳（CO_2）、氢气（H_2）、挥发性有机化合物（Volatile Organic Compound，VOC）等会对航天员的生理和心理产生较大的影响，直接危害航天员的身体健康并大幅降低其工作效率；在煤矿领域，气体泄漏会造成严重的生产事故，威胁作业者的生命安全；在资源和能源探测领域，气体也是判断矿藏有无的重要依据。此外，一些疾病会使人类的呼气中含有特殊的成分，通过检测这些气体（呼气标志物），可以对患者进行无痛、无创诊断。因此，气体检测在航空航天、工业安全、资源和能源探测、医学诊疗等领域至关重要。

气体的检测方法多种多样，目前主要以仪器分析为主，包括气相色谱仪、质谱仪、光谱仪、离子迁移谱仪等。这些分析仪器具有高灵敏度、高精度、高选择性等优点，但也存在价格昂贵、体积较大、维护困难和不易在线使用等不足，还无法满足原位快速检测方面日益增长的需求。另外，基于各种检测原理的气体传感器具有小型化、低成本、可在线检测和快速检测的优点，与大型气体分析仪器相互补充，可满足不同场景的应用需求。

1.2 气体传感器的重要性

在过去几十年中，人们基于不同的工作原理和敏感材料研制出了许多用于检测不同气体成分的固体传感器设备。例如，使用金属氧化物制作的半导体气体传感器，可以检测空气中的可燃性气体，如液化石油气（Liquefied Petroleum Gas，LPG）和氢气（H_2），目前在家庭的煤气泄漏报警中大量使用；使用稳定氧化锆固体电解质制作的氧传感器已成为机动车排放控制和冶金过程控制中不可或缺的原位在线监测装置；使用陶瓷或有机聚合物电解质制作的湿度传感器在食品加工和空调自动化方面广泛应用。这些实例证实了气体传感器在与家庭/工业/食品安全、过程控制相关的现代技术中展现出的巨大应用价值和潜力。

经过几十年的发展，研究人员围绕如何提高传感器的灵敏度和选择性等热点和难点问题开展了广泛研究，建立了高性能气体传感器的构建策略，开发出了一大批实用的传感器系统和设备。然而，环境监测、工业安全监测和医学诊疗等领域对气体传感器的重大需求和产业对核心共性技术的期盼，对气体传感器的基础和应用研究提出了更高的要求。

在机动车（移动污染源）尾气原位在线监测领域，机动车所排放的 NO_x 是造成光化学烟雾和酸雨等大气污染的主要污染物，也是形成雾霾的前驱体[1, 2]。针对大气污染的严峻形势，我国从 2020 年起在全国范围内陆续实施了“国家第六阶段机动车污染物排放标准”（简称“国六”），与“国家第五阶段机动车污染物排放标准”相比，“国六”规定，在排放标准方面，NO_x 排放量减少了 77%，并且提高了排放控制装置耐久性和车载诊断（On-Board Diagnostics，OBD）系统的相关要求。严格的排放标准要求机动车（特别是柴油重型车）必须附加 NO_x 净化装置。目前，商用重型车及柴油重型车的 NO_x 净化装置主要采用选择性催化还原（Selective Catalytic Reduction，SCR）系统，利用尿素分解产生的氨气（NH_3）去除排气中的 NO_x（$6NO+4NH_3=5N_2+6H_2O$）。为了精准去除排气中的 NO_x，不仅在 SCR 系统的前方设置 NO_x 传感器，以准确控制尿素的加入量，而且需要在 SCR 系统的后方同时设置 NO_x 传感器，前后方的 NO_x 传感器协同控制 SCR 系统，以实现真正意义上的闭环控制。因此，高性能 NO_x 传感器在机动车中的 OBD 环节和减少 NO_x 排放环节是不可或缺的。

在大气环境监测方面，城市化进程的不断加速、机动车保有量的持续增加、能源消耗量的快速增长、全球和局域气候的复杂变化加重了城市的大气环境污染。其中，二氧化硫（SO_2）作为主要的有毒有害大气污染物，是酸雨和雾霾的主要诱因，对自然生态平衡和人类健康造成了极大危害。由于大气污染物呈现局域分布、瞬时变化的特征，由多个体积庞大、价格昂贵的分析检测仪器所组成的空气监测站已无法满足多区域、在线检测的新需求。因此，研制低成本、小型化、轻量化和高性能的气体传感器，以构建节点密集的大气环境监测物联网，是获取大中型城市中大气污染物时空分布的有效方法与手段。

在大气和微环境中 VOC 气体的检测方面，VOC 是光化学烟雾、灰霾和温室效应的主要诱因，会对大气环境造成极大的破坏。此外，长期、过度暴露在含有 VOC 气体的微环境中极易导致中风、肺炎、肺癌、缺血性心脏病、慢性阻塞性肺疾病和急性下呼吸道感染等疾病，会严重危害人们的身体健康[3-5]。因此，开发高性能气体传感器对 VOC 气体进行实时、有效的监测，对于减少大气环境污染和保障人们身体健康至关重要。

在工业安全监测方面，制造业的迅速崛起，为经济发展注入了新动能，在人们享受其所带来的生活便捷和舒适的同时，工业制造过程也带来了诸多安全隐患。比如化工或采矿行业的生产过程中会使用或产生不同种类的有毒有害气体，严重威胁作业人员的人身安全；某些大型电力变压器设备在运行过程中，由于过热和放电故障，通常会产生乙炔气体，严重的会导致设备损坏，影响机组的正常运行。为了有效、快速、实时监测这些气体，高性能的气体传感器不可或缺，对于工业安全监测、保障设备运行状况以及作业人员身体健康等至关重要[6, 7]。

在燃料气体的检测方面，氢气（H_2）是最重要的还原性气体之一，因其燃烧后生成物只有水，可以减少车辆的排放污染，氢能源被视为21世纪最具发展潜力的清洁能源，在燃料汽车中得到了广泛研究；同时，氢气作为低温燃料在火箭中得到了广泛应用；在发电厂，气态氢被用来消除涡轮机中的摩擦热。在工作过程中，监控氢气的含量对于控制反应非常重要，氢气积聚尤为危险，所以对受限空间的氢气进行安全监控很重要。安全传感器的出现对氢气的广泛使用至关重要[8]。

在医学诊疗方面，医学研究结果表明，人体呼气中的气体种类及含量与人体健康状况密切相关，呼气中的特定气体是特定疾病的标志物，通过检测某些特定的呼气标志物可以监控人体健康状况，进行相关疾病的快速早期筛查和诊断。与医疗机构中采用大型的血液检测仪或小型的检测设备并通过采血方式进行化验和检测相比，研制低成本、小型化和高性能的气体传感器，对呼气中特定呼气标志物的浓度进行检测，是实现疾病无痛、无创和便利诊断的新技术[9-11]。

综上所述，气体传感器在诸多应用领域展现出了重要的应用潜力和价值。为了满足不同领域的应用需求，气体传感器的灵敏度、选择性、检测下限、响应/恢复时间、稳定性和可靠性等敏感特性需要不断提高。

1.3 气体传感器的种类和评价参数

1.3.1 气体传感器的种类

气体传感器是识别气体种类并准确测量气体浓度的器件或装置。一般来说，气体传感器应具备两个基本功能，即识别特定气体种类的功能（接收器功能）和将气体识别转化为传感信号的功能（换能器功能）。在很多情况下，气体识别是通过吸附、化学反应、电化学反应等特定的化学和物理反应进行的。另外，作用方式在很大程度上依赖用于气体识别的材料，依据气体与材料的作用机制，气体传感器可将各种气体的成分、浓度等信息转换成可测或易测的特定电信号（电压、电阻率、电流等），并将相关电信号传送到仪器仪表等电子设备进行数据采集和分析。例如，使用氧化物半导体制作的传感器可以利用电阻率的变化识别不同种类的气体，而使用介电材料制作的传感器可以利用电容的变化识别不同种类的气体。电动势、谐振频率、光吸收或发射等也可以作为其他类型传感器材料的传感信号。在一些传感器中，接收器和换能器的功能并不总是明确地被分开，比如使用氧化物半导体或固体电解质制作的传感器。这两个功能由不同的因素控制，以便能够分别修改或改进每个功能，这将为气体传感器的设计提供基础。也就是说，只有两个功能都得到充分提升，才能获得良好的敏感特性。接收器功能的提升对于增强对特定气体的选择性特别重要，而换能器功能的提升对于提高灵敏度特别重要[12, 13]。根据传感器的工作原理不同，可以将气体传感器大致分为量热气体传感器、光学气体传感器、表面声波（Surface Acoustic Wave，SAW）气体传感器、石英晶体微天平（Quartz Crystal Microbalance，QCM）气体传感器、半导体气体传感器、电化学气体传感器等。

量热气体传感器：量热气体传感器基于量热法传感原理，主要测量在传感器表面反应的热量。量热气体传感器从简单的铂热丝发展到微机电系统（Micro-Electro-Mechanical System，MEMS）[14]。量热气体传感器的基本工作原理是检测传感器表面可燃性气体的热量变化[14, 15]。催化气体传感器、热导气体传感器等属于量热气体传感器。催化气体传感器可能是最早用于探测可燃性气体（如甲烷）的传感器之一。它通常由探测器（D）和惰性补偿器（C）组成，前者含有对可燃性气体敏感的催化材料，后者对可燃性气体无反应，整体结构如图 1.1（a）所示。催化气体传感器需要空气或氧气才能正常工作，它在与某些气体反应时也容易受到催化剂的污染[14]。热导气体传感器可用于检测热导率高于空气的气体，如氢气或甲烷，如图 1.1（b）所示[16]。气体样品（样气）通过多孔膜扩散进入样品管，并通过比较热损失率进行检测。然而，像氨气和一氧化碳这样的热导率与空气相似的气体，不能通过这种方法检测。

光学气体传感器：由于光学性质对于特定的气体种类和浓度来说是独一无二的，光学气体传感器的光学特性（荧光、散射、反射率、折射率、吸收系数等）会因传感器暴露在待测气体中而发生变化，因此可以很容易地进一步识别待测气体的相关信息。例如，聚苯胺基光学气体传感器可以通过监测表面等离子体共振来检测氨气[17]。光学气体传感器体积庞大，通常由光源、光学气敏材料、光束收集系统、内置电荷耦合器件（Charge Coupled Device，CCD）的光谱仪和数据采集系统组成。图 1.2 所示为在高温下工作的光学气体传感器的原理[18]，该传感器在恶劣环境下仍可工作，但有关其对有毒气体进行室温和高温光学传感的报道较少[19, 20]。此外，通过组合不同的光学元件，在保证光传输的稳定性和可靠性的基础上，可以基于该传感器制作光学气体遥测系统。然而，由于成本高、维护困难，该传感器在实际环境监测中的应用受到限制。

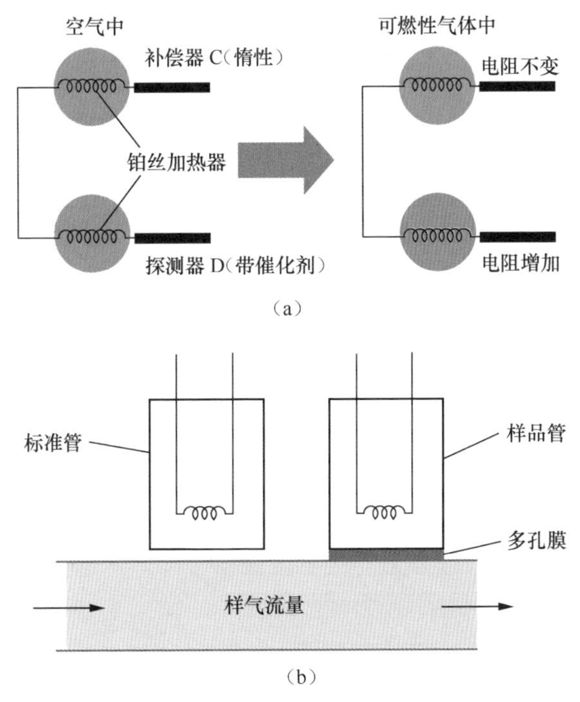

图 1.1 量热气体传感器的原理
（a）催化气体传感器；（b）热导气体传感器 [16]

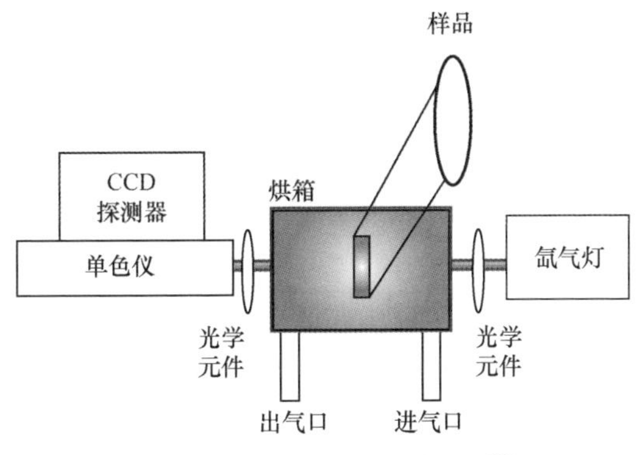

图 1.2 光学气体传感器的原理[18]

SAW 气体传感器：当该传感器暴露于待测气体中时，气体分子的吸附作用会影响声波的速度、共振频率、振幅、相位等特性，可通过测定声波的特性变化得到待测气体的相关信息。

SAW 气体传感器主要采用振荡器结构，通常由压电衬底（如石英、硅酸镓镧、氮化铝等）、叉指换能器和特殊的选择性敏感薄膜等气体传感器元件组成，以振荡器频率信号来评价待测气体。常用的振荡器结构有两种，一种是以延迟线为反馈元的振荡器结构，另一种则是以双端口 SAW 谐振器为反馈元的振荡器结构。图 1.3（a）所示为典型 SAW 气体传感器的原理[21]。将双端口 SAW 谐振器设计在温度补偿的石英基板上，作为差分振荡器的反馈。Cryptophane-A 是对甲烷敏感的敏感材料，通过使用高温压电衬底（如硅酸镓镧和氮化铝），SAW 气体传感器可以在更高的工作温度（200～700 ℃）下工作，以监测恶劣环境中的有毒气体[22-25]。同样，体声波（Bulk Acoustic Wave，BAW）气体传感器也利用体声波在压电衬底中的传播，在高工作温度下表现出可靠的敏感特性。图 1.3（b）所示是 BAW 气体传感器的原理，包括顶部和底部电极、共振器和涂在谐振器上的传感层（$BaCO_3$ 薄膜）[26]。然而，SAW 气体传感器的昂贵的制造和维护费用限制了其在实际环境监测中的应用。

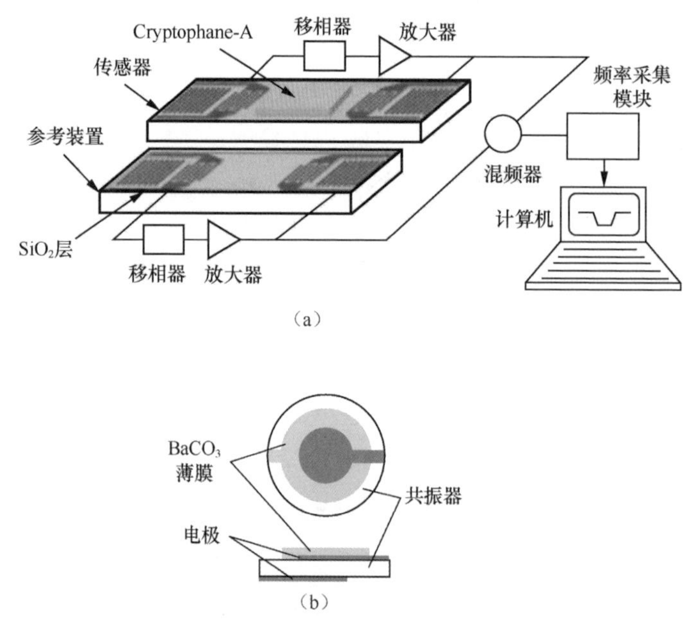

图 1.3　声波气体传感器

（a）SAW 气体传感器的原理[21]；（b）BAW 气体传感器的原理[26]

QCM 气体传感器：QCM 气体传感器是一种基于石英晶体谐振器，以石英晶体的压电效应和 Sauerbrey 方程为理论基础，将物质的质量信号作为频率信号输出，从而检测目标样品的质量、密度和浓度的质量敏感型传感器[27, 28]。基于此原理，研究人员利用基于不同气体敏感材料涂层的石英晶体谐振器研制出了灵敏检测 NO_x、SO_x、H_2S、NH_3、VOC 等众多气体的 QCM 气体传感器。该类型传感器存在的问题是质量灵敏度高，易受共存物质的干扰。特别是在环境温度下，多数敏感材料涂层都容易吸附水蒸气，因此环境中的水汽扰动对传感器特性的影响尤为严重。此外，也有研究发现，压电谐振器的谐振频率对温度变化具有一定的敏感性。当在谐振器上涂上足够多的氧化催化剂，在其接触可燃性气体时，谐振器的温度会升高，会引起谐振频率的变化。这种使用石英晶体谐振器制作的新型 QCM 气体传感器是可以高灵敏检测可燃性气体的一种有前途的器件[29]。

半导体气体传感器：半导体气体传感器的工作原理是器件在特定的工作温度下暴露在待测气体中，气体在敏感电极层发生吸附、脱附反应时，传感器元件的电导/电阻发生变化，根据电导/电阻的变化，可以确定待测气体的浓度等信息。根据选择的敏感材料不同，半导体气体传感器可以分为氧化物半导体气体传感器和导电聚合物半导体气体传感器。对于氧化物半导体气体传感器，可以根据导电机制的不同将其分为表面电导型和体电导型两种[30]。对于表面电导型，气体分子在敏感材料表面发生反应并引起半导体表面处能带的弯曲和载流子浓度的变化，从而可将敏感材料电阻的变化与气体浓度相关联。对于体电导型，敏感材料与气体分子的相互作用会导致材料自身晶体结构、缺陷密度或化学计量比发生变化，从而引发电导的变化以实现气体检测。

根据器件结构的不同，又可以分为烧结型、厚膜型和薄膜型氧化物半导体气体传感器[31-40]。

（1）烧结型：根据加热方式的不同，又可将其分为直热式（见图 1.4）和旁热式（见图 1.5）两种。直热式气体传感器工艺简单、成本低、功耗小；但是由于结构原理存在固有缺陷，导致其稳定性较差、信号输出不稳定、器件机械强度较低、热容量小。旁热式气体传感器主要由敏感材料、Ni-Cr 合金加热丝、氧化铝陶瓷管（陶瓷管上有两个平行且分立的 Au 电极，且每个 Au 电极上均连接两根 Pt 丝引线）和器件基座组成。

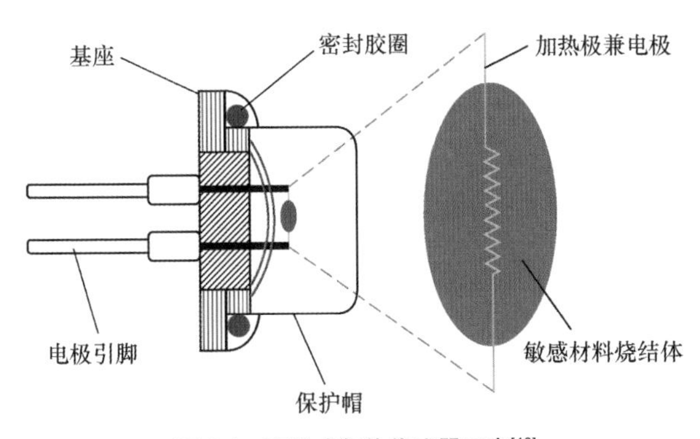

图 1.4　直热式气体传感器示意[40]

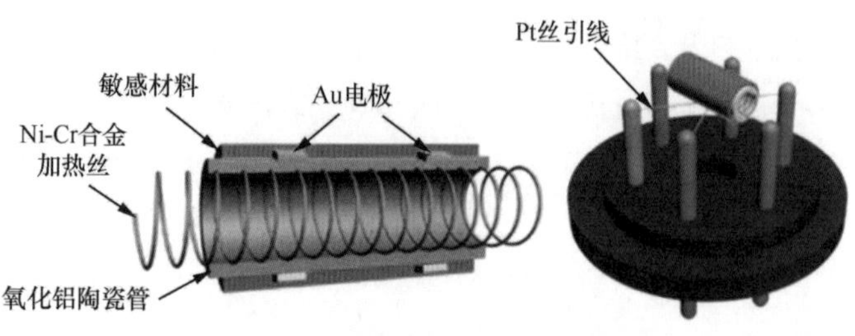

图 1.5　旁热式气体传感器示意[40]

（2）厚膜型：利用丝网印刷或旋涂等方法将敏感材料涂敷于氧化铝陶瓷基板表面，因此，厚膜型器件的敏感材料涂层厚度均匀，机械强度和一致性较好。器件主要由氧化铝陶瓷基板、基板底部的加热器以及用于电信号输出的基板上部的测试电极组成。

（3）薄膜型：结合薄膜制备技术（化学气相沉积、磁控溅射）和 MEMS 工艺制备的薄膜型气体传感器（见图 1.6）由于具有低功耗、低噪声、小尺寸等优势，正逐渐成为气体传感器未来发展的主流。MEMS 气体传感器主要采用微细加工技术，将微尺度的气体传感单元组装在微型器件中。传感原理主要取决于材料。例如，基于 NiO 薄膜开发了 MEMS 甲醛气体传感器，而其他的 MEMS 气体传感器可以基于光学气体传感器[41]、声学气体传感器[42]和电化学气体传感器等来开发[43]。

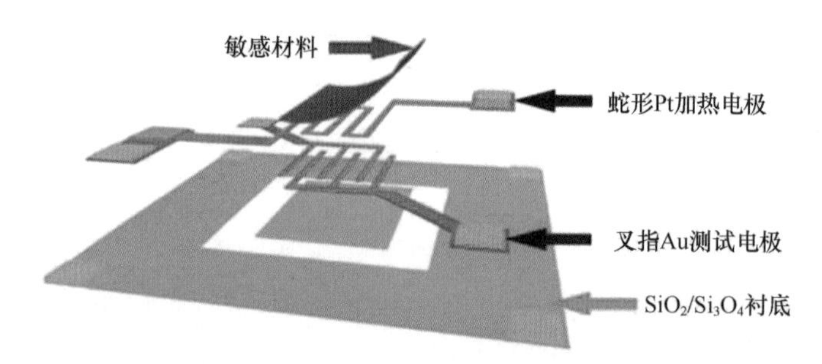

图 1.6　基于 MEMS 器件结构的薄膜型气体传感器示意[40]

氧化物半导体气体传感器由于具有制作简单、成本低、可重复使用、灵敏度高等优点而被广泛应用于各种气体检测[31]中。其中，敏感材料是核心，金属氧化物（如 N 型 SnO_2[32]、ZnO[33]、WO_3[34]、In_2O_3[35]、MoO_3[36]和 P 型 NiO[37]、CuO[38]、Co_3O_4[39]）是常用的敏感材料[40]。

电化学气体传感器：电化学气体传感器是一种两电极或三电极结构的电化学电池。在两电极系统中，传感器包含一个敏感电极和一个参考电极。在三电极系统中，对电极和参考电极是分开的，传感器包含敏感电极、对电极和参考电极。电化学气体传感器中离子导电的电解质可以是液相或固相。

电化学气体传感器的机制包括电化学识别机制和电化学转换机制。电化学识别机制依据发生在工作电极表面的电化学反应，该反应可以使敏感电极分别发生氧化反应或还原反应。因此，参考电极对应发生还原反应或氧化反应。这种发生在工作电极表面的电化学反应由热力学吉布斯自由能控制。电化学转换机制将电化学识别反应的结果转换为定量电化学反应中检测物种在工作电极表面的活性（或浓度）的电输出。一般来说，这种电化学转换机制评估的是电化学识别反应产生的电化学电位和电化学电流之间的关系。许多电化学分析技术可以用这种转换机制，如电导率测量、库仑分析、电化学阻抗谱（Electrochemical Impedance Spectroscopy，EIS）等。

电化学气体传感器通常根据传感器的输出（电流或开路电压）不同分为安培或电位型气体传感器。基于安培法的电化学气体传感器主要用于评估电位-电流关系。将电化学电位（相对参考电极或对电极）施加到工作电极上，在工作电极表面产生电化学反应。该反应产生电流，该电流与所涉及物质的浓度直接相关，同时材料传递和化学动力学会影响传感器最终的测试结果。因此，需要仔细分析和评估影响测量的所有因素[44]。同时，在汽车内燃机中，电位型气体传感器被广泛地用于监测空燃比[45]。电化学气体传感器的原理如图 1.7 所示[46]。

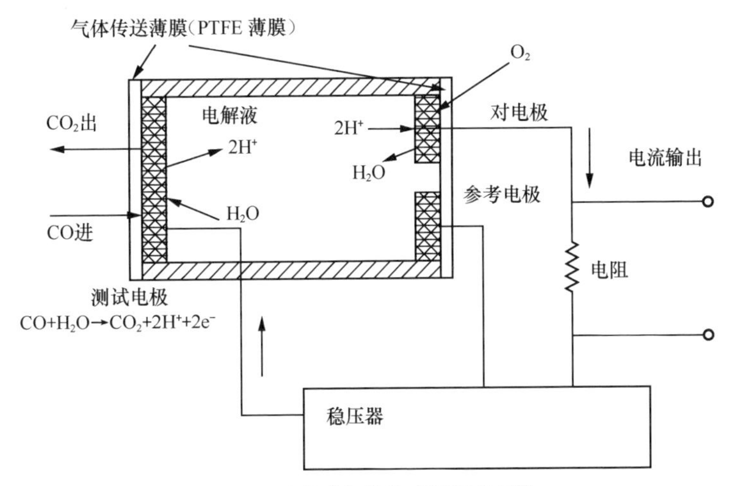

图 1.7 电化学气体传感器的原理[46]

基于 EIS 的气体传感器：EIS 是将小振幅正弦交流信号叠加在电极的直流电位上的一种技术，可测量发生在电极-电解质或介质表面界面的反应所产生的阻抗。EIS 是一种超灵敏的技术，它可以拟合奈奎斯特（Nyquist）和伯德（Bode）阻抗图及其等效电路，并可以在 1 ppb（1×10^{-9}，业界常用于表示气体浓度）～1 ppm（1×10^{-6}，业界常用于表示气体浓度）的气体浓度下测得电路元件的值。这种技术支持研究人员研究敏感材料的某些特性，如晶界、晶粒体积、电极接触和敏感材料之间的边界。当待测气体接触到传感单元时，电极表面会发生各种反应，这些反应会随着敏感材料的变化而变化。这些传感器所使用的电极是通过在不同的基底上采用自旋涂层、电泳沉积等方法制得的，并使用 EIS 测量来研究其敏感特性[47-49]。

此外，电化学气体传感器按照固体电解质类型的不同可分为液体电解质气体传感器和固体电解质气体传感器。固体电解质气体传感器是电化学气体传感器的一个重要分支，它是以固相离子导体为电解质，通过与电极材料进行有效组合来感知气体。与传统的液体电解质气体传感器相比，其电解质为全固态，有效避免了液体电解质在长期使用过程中的腐蚀和泄漏，不仅延长了器件的寿命，而且可以防止安全隐患及二次污染。与半导体气体传感器相比，固体电解质气体传感器具有更高的精度、选择性和长期稳定性，在机动车尾气等苛刻环境中得到广泛应用。例如，在机动车尾气净化处理及排放监控方面，用于监测机动车尾气中 NO_x 和 NH_3 的传感器需要长期处于高温、高湿及多种气体共存的恶劣环境中，以钇稳定氧化锆（Yttria-Stabilized Zirconia，YSZ）为固体电解质的气体传感器可以在上述苛刻条件下工作。因此，研究和开发高性能的固体电解质气体传感器受到越来越多的关注，也成为未来气体传感器的重要发展方向。

1.3.2 气体传感器的评价参数

为了评价气体传感器的敏感特性，通常使用以下几个重要参数：响应值、灵敏度、选择性、响应/恢复时间、工作温度、最低检测限和稳定性。我们以混成电位型固体电解质气体传感器为例进行阐述。

（1）响应值（Response）：当气体传感器在空气和待测气体中达到稳态时，二者输出信号的差值，即 $R=R_{gas}-R_{air}$。通常响应值与传感器对待测气体的敏感程度呈正相关，即器件对待测气体越敏感，响应值越大。

（2）灵敏度（Sensitivity）：气体传感器的响应值随待测气体浓度变化的程度。对混成电位型固体电解质气体传感器而言，灵敏度是指在一定测试范围内，响应值与待测气体浓度对数的斜率，是评价传感器性能的重要参数之一。

（3）选择性（Selectivity）：也称为交叉敏感特性，是指在多种干扰气体共存的情况下，气体传感器对特定待测气体的测试能力。一般来说，传感器对干扰气体也会产生一定的响应值，所以可以用选择性系数（即传感器对目标气体的响应值与对某一干扰气体在相同浓度下响应值的比值）来判断气体传感器的选择性好坏。在实际应用中，气体传感器的选择性是非常重要的指标。

（4）响应/恢复时间（Response/Recovery Time）：当气体传感器所暴露的气体氛围发生变化时，传感器的响应值达到稳定值的 90%时所需要的时间。即响应时间是指传感器从空气中转换到待测气体中时，响应值达到传感器在待测气体中最终响应值的 90%所用的时间；恢复时间是指传感器从待测气体中转换到空气中时，响应值恢复到传感器在空气中最终响应值的 90%所用的时间。在实际应用中，要求气体传感器具有较短的响应/恢复时间。

（5）工作温度（Operating Temperature）：工作温度会影响传感器的敏感特性，例如工作温度会影响电位型气体传感器发生电化学反应的活化能，从而影响传感器发生氧化还原反应的速率，最终影响传感器的敏感特性。因此，气体传感器在某一特定温度下会对待测气体显示出最佳性能，这一特定温度即气体传感器的最佳工作温度。

（6）最低检测限（Lowest Detection Limit）：又称检测下限，气体传感器按照要求对待测气体进行检测时，能区分于噪声干扰的最低检测浓度。这个参数对应用于微环境监测、医学诊疗等领域的气体传感器而言显得尤为重要，因为微环境（如室内、车内等密闭环境）中大气污染物的浓度一般为 1 ppb～1 ppm，特别是人体呼气中疾病标志物 VOC 的浓度仅为 1 ppt（1×10^{-12}，业界常用于表示气体浓度）～1 ppb，所以这就要求传感器必须进一步降低检测下限以拓展其应用范围。

（7）稳定性（Stability）：气体传感器在恒定的工作条件下工作一段时间后，其响应信号的变化程度取决于零点漂移和区间漂移。零点漂移定义为传感器在空气中连续工作一段时间后，响应信号的变化程度；而区间漂移定义为传感器在待测气体中连续工作一段时间后，响应信号的变化程度。在实际应用中，理想的气体传感器在一定条件下连续工作，每年的零点漂移应小于 10%。而影响气体传感器稳定性的因素有很多，例如湿度、温度等工作环境因素。气体传感器的稳定性是评价其是否有实际应用价值最重要的指标之一。

总而言之，一个理想的气体传感器应具有高响应值、高灵敏度、高选择性、较短的响应/恢复时间和高稳定性等特性，以满足在实际应用中不同领域和场景的使用要求，并且在长期连续工作的过程中响应信号与基线不会产生显著的变化。但是，针对不同的应用领域，现有的气体传感器在某些性能指标上仍然存在一定不足，需要不断改进和提升。此外，在达到上述性能指标的基础上，还应研发低成本、小型化、集成化、智能化的气体传感器。

1.4 本章小结

气体传感器在航空航天、工业安全、环境监测、资源和能源探测、医学诊疗等领域具有非常重要的应用。应根据不同的应用领域选择基于不同检测原理和不同类型的气体传感器，同时要求气体传感器具有特定的敏感特性。本章简述了气体传感器的重要性、种类和主要性能评价参数。在随后的章节中，我们将重点围绕固体电解质气体传感器的关键技术进行深入阐述。

参考文献

[1] FLEISCHER M, SIMON E, RUMPEL E, et al. Detection of volatile compounds correlated to human diseases through breath analysis with chemical sensors [J]. Sensors and Actuators B: Chemical, 2002, 83(1-3): 245-249.

[2] YANG W, OMAYE S T. Air pollutants, oxidative stress and human health [J]. Mutation Research-Genetic Toxicology and Environmental Mutagenesis, 2009, 674(1-2): 45-54.

[3] BOLDEN A L, KWIATKOWSKI C F, COLBORN T. New look at BTEX: Are ambient levels a problem? [J]. Environmental Science & Technology, 2015, 49(9): 5261-5276.

[4] CHEN L L, XU J, ZHANG Q, et al. Evaluating impact of air pollution on different diseases in Shenzhen, China [J]. IBM Journal of Research and Development, 2017, 61(6).

[5] ZHANG R, RAVI D, YANG G Z, et al. A personalized air quality sensing system - a preliminary study on assessing the air quality of London underground stations [C] // IEEE International Conference on Wearable & Implantable Body Sensor Networks. Piscataway, USA: IEEE, 2017: 111-114.

[6] PATIL S J, PATIL A V, DIGHAVKAR C G, et al. Semiconductor metal oxide compounds based gas sensors: a literature review [J]. Frontiers of Materials Science, 2015, 9(1): 14-37.

[7] CHENG J P, WANG J, LI Q Q, et al. A review of recent developments in tin dioxide composites for gas sensing application [J]. Journal of Industrial and Engineering Chemistry, 2016, 44: 1-22.

[8] KOROTCENKOV G, DO HAN S, STETTER J R. Review of electrochemical hydrogen sensors [J]. Chemical Reviews, 2009, 109(3): 1402-1433.

[9] MASIKINI M, CHOWDHURY M, NEMRAOUI O. Review-metal oxides:

application in exhaled breath acetone chemiresistive sensors [J]. Journal of the Electrochemical Society, 2020, 167(3): 037537.

[10] AMANN A, POUPART G, TELSER S, et al. Applications of breath gas analysis in medicine [J]. International Journal of Mass Spectrometry, 2004, 239(2-3): 227-233.

[11] GOTO T, ITOH T, AKAMATSU T, et al. Heat transfer control of micro-thermoelectric gas sensor for breath gas monitoring [J]. Sensors and Actuators B: Chemical, 2017, 249: 571-580.

[12] YOU L, HE X, WANG D, et al. Ultrasensitive and low operating temperature NO_2 gas sensor using nanosheets assembled hierarchical WO_3 hollow microspheres [J]. Sensors and Actuators B: Chemical, 2012, 173: 426-432.

[13] RAHMAN M S A, MUKHOPADHYAY S C, YU P L, et al. Detection of bacterial endotoxin in food: new planar interdigital sensors based approach [J]. Journal of Food Engineering, 2013, 114(3): 346-360.

[14] ALDHAFEERI T, TRAN M K, VROLYK R, et al. A review of methane gas detection sensors: recent developments and future perspectives [J]. Journal of Microelectromechanical Systems, 2022, 31(4): 500-523.

[15] PARK N H, AKAMATSU T, ITOH T, et al. Calormetric thermoelectric gas sensor for the detection of hydrogen, methane and mixed gases [J]. Sensors, 2014, 14(8): 8350-8362.

[16] DEMON S Z N, KAMISAN A I, ABDULLAH N, et al. Graphene-based materials in gas sensor applications: a review [J]. Sensors and Materials, 2020, 32(2): 759-777.

[17] JIN Z, SU Y, DUAN Y. Development of a polyaniline-based optical ammonia sensor [J]. Sensors and Actuators B: Chemical, 2001, 72(1): 75-79.

[18] YAN M, TYLCZAK J, YU Y, et al. Multi-component optical sensing of high temperature gas streams using functional oxide integrated silica based optical fiber sensors [J]. Sensors and Actuators B: Chemical, 2018, 255: 357-365.

[19] MISHRA S K, RANI S, GUPTA B D. Surface plasmon resonance based fiber optic hydrogen sulphide gas sensor utilizing nickel oxide doped ITO thin film [J]. Sensors and Actuators B: Chemical, 2014, 195: 215-222.

[20] HU H, TREJO M, NICHO M E, et al. Adsorption kinetics of optochemical NH_3 gas sensing with semiconductor polyaniline films [J]. Sensors and Actuators B: Chemical, 2002, 82(1): 14-23.

[21] WANG W, HU H, LIU X, et al. Development of a room temperature saw methane gas sensor incorporating a supramolecular cryptophane a coating [J]. Sensors, 2016, 16(1): 73.

[22] THIELE J A, DA CUNHA M P. High temperature LGS SAW gas sensor [J]. Sensors and Actuators B: Chemical, 2006, 113(2): 816-822.

[23] PENZA M, VASANELLI L. SAW NO_x gas sensor using WO_3 thin-film sensitive coating [J]. Sensors and Actuators B: Chemical, 1997, 41(1): 31-36.

[24] RANA L, GUPTA R, TOMAR M, et al. ZnO/ST-quartz SAW resonator: an efficient NO_2 gas sensor [J]. Sensors and Actuators B: Chemical, 2017, 252: 840-845.

[25] SADEK A Z, WLODARSKI W, LI Y, et al. A ZnO nanorod based layered ZnO/64 degrees YX $LiNbO_3$ SAW hydrogen gas sensor [J]. Thin Solid Films, 2007, 515(24): 8705-8708.

[26] SEH H, HYODO T, TULLER H L. Bulk acoustic wave resonator as a sensing platform for NO_x at high temperatures [J]. Sensors and Actuators B: Chemical, 2005, 108(1-2): 547-552.

[27] ADAK M F, AKPINAR M, YUMUSAK N. Determination of the gas density in binary gas mixtures using multivariate data analysis [J]. IEEE Sensors Journal, 2017, 17(11): 3288-3297.

[28] REHMAN A, ZENG X. Monitoring the cellular binding events with quartz crystal microbalance (QCM) biosensors [J]. Methods in Molecular Biology, 2017, 1572: 313-326.

[29] SBERVEGLLERI G. Thin film semiconducting metal oxide gas sensors [J]. Gas Sensors, 1992, 3: 89-116.

[30] 全宝富, 邱法斌. 电子功能材料及元器件 [M]. 长春: 吉林大学出版社, 2001.

[31] BARSAN N, KOZIEJ D, WEIMAR U. Metal oxide-based gas sensor research: How to? [J]. Sensors and Actuators B: Chemical, 2007, 121(1): 18-35.

[32] GU C, XU X, HUANG J, et al. Porous flower-like SnO_2 nanostructures as sensitive gas sensors for volatile organic compounds detection [J]. Sensors and Actuators B: Chemical, 2012, 174: 31-38.

[33] LI J F H Q, JIA X H. Multilayered ZnO nanosheets with 3D porous architectures: synthesis and gas sensing application [J]. Journal of Physical Chemistry C, 2010, 114: 14684-14691.

[34] AN X, YU J C, WANG Y, et al. WO_3 nanorods/graphene nanocomposites for

high-efficiency visible-light-driven photocatalysis and NO_2 gas sensing [J]. Journal of Materials Chemistry, 2012, 22(17): 8525-8531.

[35] WANG S, XIAO B, YANG T, et al. Enhanced HCHO gas sensing properties by Ag-loaded sunflower-like In_2O_3 hierarchical nanostructures [J]. Journal of Materials Chemistry A, 2014, 2(18): 6598-6604.

[36] BARAZZOUK S, TANDON R P, HOTCHANDANI S. MoO_3-based sensor for NO, NO_2 and CH_4 detection [J]. Sensors and Actuators B: Chemical, 2006, 119(2): 691-694.

[37] WEI Z P, ARREDONDO M, PENG H Y, et al. A Template and catalyst-free metal-etching-oxidation method to synthesize aligned oxide nanowire arrays: NiO as an example [J]. ACS Nano, 2010, 4(8): 4785-4791.

[38] HUEBNER M, SIMION C E, TOMESCU-STANOIU A, et al. Influence of humidity on CO sensing with p-type CuO thick film gas sensors [J]. Sensors and Actuators B: Chemical, 2011, 153(2): 347-353.

[39] JEONG H M, KIM J H, JEONG S Y, et al. Co_3O_4-SnO_2 hollow heteronanostructures: facile control of gas selectivity by compositional tuning of sensing materials via galvanic replacement [J]. ACS Applied Materials & Interfaces, 2016, 8(12): 7877-7883.

[40] 王天双. 三维反蛋白石结构氧化物半导体基气体传感器的研究 [D]. 长春: 吉林大学，2020.

[41] VASILIEV A A, PAVELKO R G, GOGISH-KLUSHIN S Y, et al. Alumina MEMS platform for impulse semiconductor and IR optic gas sensors [J]. Sensors and Actuators B: Chemical, 2008, 132(1): 216-223.

[42] EL GOWINI M M, MOUSSA W A. A finite element model of a MEMS-based surface acoustic wave hydrogen sensor [J]. Sensors, 2010, 10(2): 1232-1250.

[43] CHANG C W, MADURAIVEERAN G, XU J C, et al. Design, fabrication and testing of MEMS-based miniaturized potentiometric nitric oxide sensors [J]. Sensors and Actuators B: Chemical, 2014, 204: 183-189.

[44] HUNTER G W, AKBAR S, BHANSALI S, et al. Editors' choice-critical review-a critical review of solid state gas sensors [J]. Journal of the Electrochemical Society, 2020, 167(3).

[45] GHOSH A, ZHANG C, SHI S Q, et al. High-temperature gas sensors for harsh environment applications: a review [J]. Clean-Soil Air Water, 2019, 47(8).

[46] CHAULYA S K, PRASAD G M. Sensing and monitoring technologies for mines and hazardous areas [M]. Netherlands: Elsevier Incorporated, 2016.

[47] SCHIPANI F, MILLER D R, PONCE M A, et al. Electrical characterization of semiconductor oxide-based gas sensors using impedance spectroscopy: a review [J]. Reviews in Advanced Sciences and Engineering, 2016, 5(1): 86-105.
[48] GIRIJA K G, SOMASUNDARAM K, DEBNATH A K, et al. Enhanced H_2S sensing properties of gallium doped ZnO nanocrystalline films as investigated by DC conductivity and impedance spectroscopy [J]. Materials Chemistry and Physics, 2018, 214: 297-305.
[49] VELÁSQUEZ P, GÓMEZ H, LEINEN D, et al. Electrochemical impedance spectroscopy analysis of chalcopyrite $CuFeS_2$ electrodes [J]. Colloids and Surfaces A: Physicochemical and Engineering Aspects, 1998, 140(1): 177-182.

第2章　固体电解质气体传感器

2.1　固体电解质概述

固体中的载流子可以是电子和空穴，也可以是离子和空位，依据载流子的不同将导体分为电子导体和离子导体。许多金属氧化物、无机盐或聚合物在一定温度下表现出明显的离子导电性，这些离子导体被称为固体电解质[1]。离子电导率是衡量固体电解质导电性能的重要参数，其随温度的升高而增大[2]。对于固体电解质来说，离子紧密堆积和电子壳层变形必须消耗大量能量是完美晶体的特征。因此，离子不能交换位置。固体中的离子传输总是通过缺陷发生的。固体电解质的导电机制与金属或半导体的导电机制具有本质区别，它与材料本身的缺陷有关，是由晶格中离子或空位的迁移产生的。

材料本身的缺陷代表该晶格的周期性原子结构与理想晶格的偏离。与宏观相反，点（微观）缺陷与相邻原子之间的原子距离是可比拟的。出现点缺陷的最初原因是温度波动引起的局部能量波动。点缺陷可分为肖特基（Schottky）缺陷和弗仑克尔（Frenkel）缺陷，它们通常发生在离子晶体中。根据肖特基机制，阳离子和阴离子从相应的晶格位置转移并移动到晶体表面，同时形成阳离子和阴离子缺陷。另一种机制是弗仑克尔机制，离子从其晶格位置移动到空隙，从而产生空位。因此，弗仑克尔机制在晶格内产生两个缺陷——空位缺陷和间隙缺陷；而肖特基机制在晶格内仅产生一个缺陷，即空位缺陷。除了形成肖特基缺陷和弗仑克尔缺陷之外，还有第三种机制，通过该机制可以形成本征点缺陷，即表面原子向间隙位置移动。通常，肖特基缺陷和弗仑克尔缺陷的浓度比较小，这些缺陷的最大摩尔分数只有百分之零点几。因此，即使在接近熔点的温度下，这种固溶体的电导率也是很小的。为了提高电导率，常常用不同价态的离子替换一部分离子来强制增加晶体中的缺陷（所谓的掺杂）。在完美晶体中，当没有空位缺陷时，电荷不能直接转移。当晶体中存在空位缺陷时，相邻位置的离子可以占据它。这个反应通常伴随着电荷和质量的转移。在这种情况下，离子转移的概率与空位的浓度成正比[3]。固体电解质根据导电离子的种类不同可以分为阳离子固体电解质和阴离子固体电解质。具体的分类标准及代表性的固体电解质如表 2.1 所示，其中研究和应用最为广泛的 YSZ 固体电解质属于阴离子固体电解质，导电离子为 O^{2-}。固体电解质作为重要的功能材料，在气体传感器、固体氧化物燃料电池（Solid

Oxide Fuel Cell，SOFC）、微型电池、电解和冶金生产过程、反应催化剂、显示器等领域具有极大的应用价值和广阔的发展前景。当前的研究工作主要是 YSZ 固体电解质在气体传感器领域的应用。

表 2.1　代表性的固体电解质

离子类型	离子种类	固体电解质
阳离子	H^+	HUO_2PO_4、Nafion
	Li^+	$Li_{2.88}PO_{3.73}N_{0.14}$、$Li_2SO_4$、$Li_3PO_4$、$Li_2CO_3$、$Li_{14}Zn(GeO_4)_4$、$Li_3CrO_4$、$Li_2TiSiO_5$、$LiTaAl(PO_4)_3$
	Na^+	β-$Na_2O·11Al_2O_3$、$NaSbO_3$、β″-$Na_2O·MgO·5Al_2O_3$、$Na_5YSi_4O_{12}$、β″-$Na_2O·5Al_2O_3$、$Na_3GdSi_4O_{12}$、NaSICON（$Na_3Zr_2Si_2PO_{12}$）
	K^+	$K_{1.6}Al_{0.8}Ti_{7.2}O_{18}$、K-β-$Al_2O_3$、$KNO_3$、$K_{0.72}Na_{0.24}Sn_{0.76}O_2$
	Rb^+	$Rb_{2-2x}Fe_{2-x}V_xO_4$、$Rb_{2-2x}Al_{2-x}Nb_xO_4$、$Rb_{1-2x}Pb_xAlO_2$
	Cs^+	$Cs_{3-2x}M_xPO_4$、$Cs_{3-3x}M_xPO_4$、$Cs_{3-x}P_{1-x}Z_xO_4$
	NH_4^+	NH_4-β-Al_2O_3
	Ag^+	$Ag_{2.6}Sr_{1.8}Nb_{0.2}(PO_4)_3$、$Ag_2CdI_4$、$Ag_4HgSe_2I_2$、$RbAg_4I_5$、$Ag_8I_2(CrO_4)_3$
	Mg^{2+}	$Mg_{1-2x}(Zr_{1-x}Nb_x)_4P_6O_{24}$
	Al^{3+}	$(Al_{0.2}Zr_{0.8})_{20/19}Nb(PO_4)_3$、$Al_2(WO_4)_3$
	In^{3+}	$In_2(WO_4)_3$
	Sc^{3+}	$Sc_2(WO_4)_3$、$Sc_{1/3}Zr_2(PO_4)_3$
	Zr^{4+}	$Zr_2O(PO_4)_2$、$Zr_{39/40}Ta_{2.9}W_{0.1}O_{12}$、$ZrM(PO_4)_3$ （M 为 Nb、Ta）
	Hf^{4+}	$Hf_{3.95}NbP_{2.95}W_{0.05}O_{12}$、$HfNb(PO_4)_3$、$Hf_{3.85/4}(Nb_{0.8}W_{0.2})_{5/5.2}P_{2.85}W_{0.15}O_{12}$
	Ti^{4+}	$Ti(Nb_{1-x}W_x)_{5/(5+x)}(PO_4)_3$
阴离子	O^{2-}	$La_{10}Si_5MgO_{26}$、$La_{10}Si_5NbO_{27.5}$、$Bi_2Cu_{0.1}V_{0.9}O_{5.35}$、YSZ、ScSZ、$Ce_{1-x}M_xO_2$（M 为 Sm、Gd）、$Ce_{0.8}Sm_{0.2-x}M_xO_2$（M 为 La、Y）、$Ce_{1-x}Gd_{x-y}Y_yO_{2-0.5}$、$(Ba_xLa_{1-x})_2In_2O_{5+x}$、$La_{0.85}Sr_{0.15}Ga_{0.8}Mg_{0.2}O_{2.825}$、$LaGaO_3$
	F^-	LaF_3、PbF_2、$PbSnF_4$
	Cl^-	$SrCl_2$-KCl、$BaCl_2$-KCl、$PbCl_2$-KCl
	Br^-	$PbBr_2$、$CsPbBr_3$

2.2　固体电解质气体传感器的种类和特点

目前，由于环境污染问题日益凸显，许多行业都对气体传感器有着较大的需求。液体电解质气体传感器具有易泄漏和干涸的隐患，而固体电解质气体传感器具有安全、便携的优点，更适合产业化应用。基于不同类型固体电解质的电化学气体传感器已经被广泛研究并用于检测不同种类的气体。固体电解质气体传感器是输出与气体物质的浓度或分压直接相关的电信号的固态器件，依据传感原理及检测信号的特点可分为电流型、阻抗型和电位型 3 种。下面我们分别对这几类固体电解质气体传感器进行概述。

2.2.1 电流型固体电解质气体传感器

与电位型固体电解质气体传感器相比，电流型固体电解质气体传感器可以对固体电解质施加偏置电压，对发生在敏感电极上的电化学反应进行调控。由于电位型固体电解质气体传感器的电位在高浓度时与气体浓度呈对数线性关系，因此其灵敏度（尤其是在高浓度下）非常低。而电流型固体电解质气体传感器产生线性输出，该类型的传感器比较适用于高浓度气体的检测。传感器的敏感信号通常是具有扩散势垒的扩散极限电流。当气体的反应速率受限于质量输运过程（扩散过程）时，每种待测气体分子通过扩散孔道后能立即在电极上发生反应。在适当的扩散极限条件下，传感器的电流与待测气体浓度成比例。在恒定电位的情况下，电流型固体电解质气体传感器（也称为限流型固体电解质气体传感器）不仅具有较高的精度，而且具有较高的灵敏度。电流型固体电解质气体传感器可分为伏安型气体传感器、安培型气体传感器、库仑型气体传感器。

1. 伏安型气体传感器

一般来说，伏安型气体传感器由三电极系统组成，包括工作电极、对电极和参考电极。通过在工作电极和参考电极之间施加不同的电压，测量工作电极和对电极之间的电流以获得伏安图。

伏安型限流氧传感器是一种宽域空燃比传感器（有时也称为宽域氧传感器），主要用于在稀薄燃烧发动机中监测氧气浓度，控制燃烧过程。伏安型限流氧传感器的基本结构如图 2.1（a）所示[4]，器件由稳定氧化锆泵送电极构成，电极的外部为包含缝隙或扩散孔道的隔离层外壳。当电极被施加负向偏置电压时，阴极的氧分子转变为氧离子，并被泵送到外壳外部的阳极。根据通过孔道的氧扩散量和氧泵送率比值的关系，通常出现 3 个区域的氧气泵电流（I_p）特性，如图 2.1（b）所示。当泵送氧气量小于通过孔道扩散进入的氧气量时，氧气泵电流（I_p）随偏置电压线性增大（区域 I ）。随着泵送氧气量超过通过孔道扩散进入的氧气量，泵电流达到稳态（区域II）。此时由通过孔道扩散到电极的氧气量作为反应速率的控制因素，因此，尽管偏置电压不断升高，I_p 仍然保持恒定。如果偏置电压足够大，阴极的氧分压将减小到几乎为 0，稳态 I_p 与外界的氧分压呈线性关系[5, 6]。偏置电压增大到区域III时，此时氧分压低于 1×10^{-33} atm[6, 7]，电流升高是由于在低的氧分压下，氧化锆发生分解反应产生了电子传导。在实际应用过程中，限流氧传感器保持工作在区域II内，以获得稳态电流。通过融合敏感材料和器件结构，电流型固体电解质气体传感器也可以检测其他种类的待测气体，例如 C_3H_6、H_2、NO_x、CO、

CO_2，以及醛类或醇类VOC[8-14]。

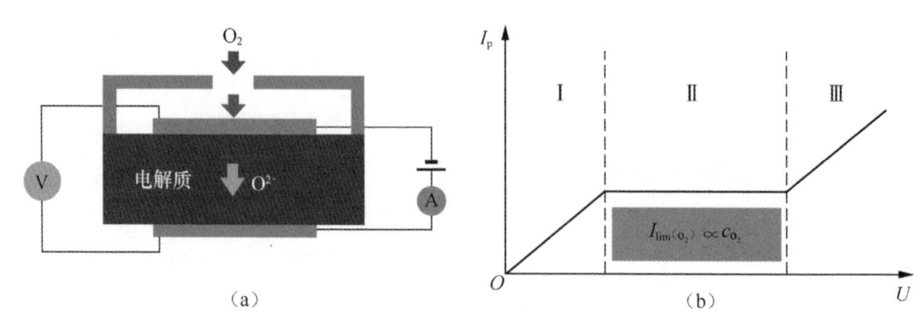

图 2.1　伏安型限流氧传感器
（a）结构示意；（b）典型响应过程[4]

Ruchets 等人[15]结合循环伏安法和方波伏安法实现了伏安型气体传感器对 NO 和 O_2两种组分的同时选择性检测。对于循环伏安法［见图 2.2（a）］，NO 还原峰出现在阴极方向，电位范围为−0.6～−0.3 V，扫描速率为 100～2000 mV·s^{-1}，温度为 550～750 ℃。峰值取决于 NO 浓度、温度和扫描速率，如图 2.2（b）所示。NO 的检测下限低于 10 ppm，最高灵敏度出现在 700 ℃。O_2还原峰出现在阴极方向，电位范围为−0.3～−0.1 V，其中扫描速率为 100～5000 mV·s^{-1}。如果扫描速率不超过 2000 mV·s^{-1}，O_2还原峰与 NO 还原峰可以很好地分离。

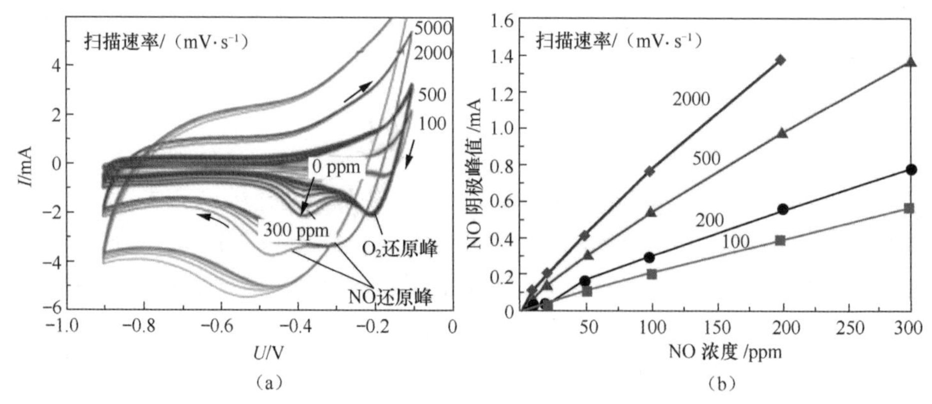

图 2.2　不同扫描速率和不同 NO 浓度下的电化学特性
（a）循环伏安曲线；（b）NO 阴极峰值
（注：传感器温度 T=650 ℃；c_{O_2}=0.2 ppm[15]）

在方波伏安法中（见图 2.3），设置脉冲频率为 5 Hz、脉冲电压为 0.1 mV、阶跃电压为 5 mV、扫描电压为−0.6～0 V，在相对于 Pt-Air（铂-空气）电极的−0.45～−0.3 V 的极化电压范围内获得了 NO 还原峰。在 650～750 ℃的温度范围内，最高灵敏度出现在 700 ℃。O_2还原峰出现在阴极方向，电位范围为−0.16～−0.12 V，该峰值随温度升高而增加，并且与 NO 的浓度无关。由于方波伏安法会抑制电容电流，因此该方法提供了更大的选择性。结果证明，基于循环伏安法和方波伏安法的固体电解质气体传感器可以选择性检测 NO 和 O_2。

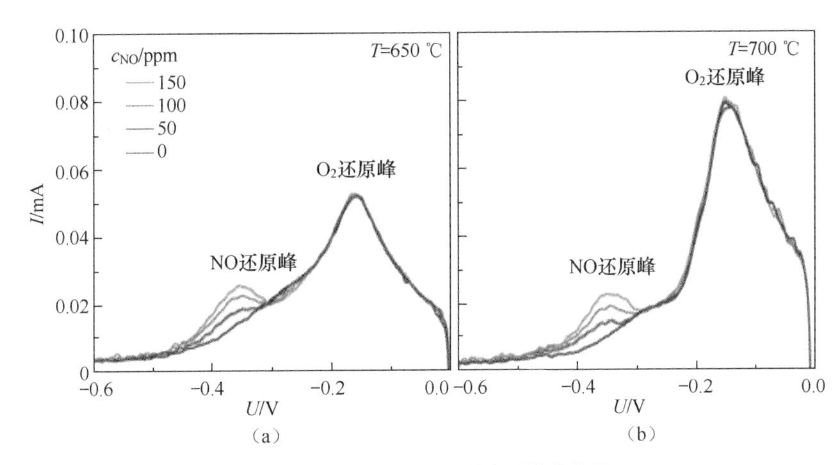

图 2.3　不同 NO 浓度下的方波伏安曲线
（a）T=650 ℃；（b）T=700 ℃ [15]

2. 安培型（检流计型）气体传感器

安培型气体传感器的电极保持短路状态。电子的电化学势和在外部电路中流动的电子的电位相同。这种流动与电极上发生的电荷交换和电解质中的离子迁移有关。

电流型氢气传感器就是一种安培型气体传感器，其以锑酸盐作为质子来传导电解质[16]。在敏感电极处，发生了下列电化学反应：

$$H_{2(g)} \rightleftharpoons 2H^{+}+2e^{-} \tag{2.1}$$

$$\frac{1}{2}O_{2(g)}+2H^{+}+2e^{-} \rightleftharpoons H_2O_{(g)} \tag{2.2}$$

图 2.4[17]显示了高（且几乎恒定）氧气浓度下的氧放电特性曲线 a 以及不同浓度下对应的氢放电特性曲线（b'、b''和 b'''）。在运行条件下，氧/氢放电曲线的交点落在氢放电的极限电流条件下，对电极放置在氧气（没有氢气）中。由于电极是短路的，敏感电极上的电位漂移不利于反应（2.2）的进行，对应的 H^+浓度增加会推动离子在电解质中的迁移过程。在对电极上，氢离子与氧气结合生成水。因为反应（2.1）是一个扩散受限的过程，所以该传感器的可用性分析是有条件的，相关的 H^+产量（响应电流）与 H_2 浓度成正比。

除了对氢气的检测，Kalyakin 等人[18]开发了一种基于 YSZ 固体电解质的安培型气体传感器，用于测定混合气体中的一氧化二氮（N_2O）。为此，他们研制了一种以毛细管作为扩散阻挡层的安培型气体传感器，并对其进行了测试。实验中使用了以下二元混合气体：一氧化二氮-氮气（N_2O-N_2），一氧化二氮-氧气（N_2O-O_2），一氧化二氮-空气（N_2O-Air）。为了确保 N_2O 在较大的浓度范围内能完全分解为氧气和氮气，传感器的工作温度设为 700 ℃。传感器的简化结构如图 2.5 所示，该传感器由两块具有凹槽的固体电解质（$0.9ZrO_2$ + $0.1Y_2O_3$）板组成，Pt 电极放置在其中一块固体电解质板的正、反面。一根长度为 13 mm、内径为 0.14 mm 的金属毛细管被放置在两块固体电解质板之间，利用机械压力将固体电解质板与金属毛细管紧密贴合，在热处理过程中用玻璃密封。传感器置于管式炉中，使用调节器使温度保持在(700 ± 1) ℃。在两个电极外部施加直流电压，以电化学方式从传感器室中泵出氧气。电极两端一旦达到某个电压值，即使电压继续升高，传感器电流也将停止增加并保持不变。

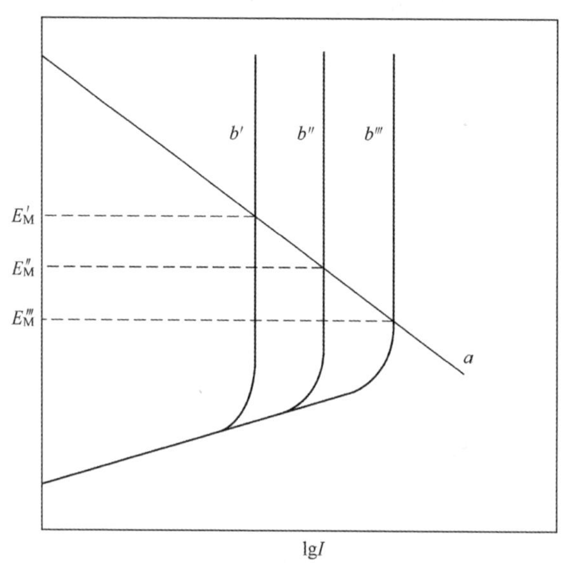

图 2.4　高（且几乎恒定）氧气浓度下的氧放电特性曲线

（注：混成电位 E_M 由同一电极上两种不同的电荷交换过程的放电曲线的截距所确定，其中曲线 b'、b'' 和 b''' 是扩散受限过程[17]）

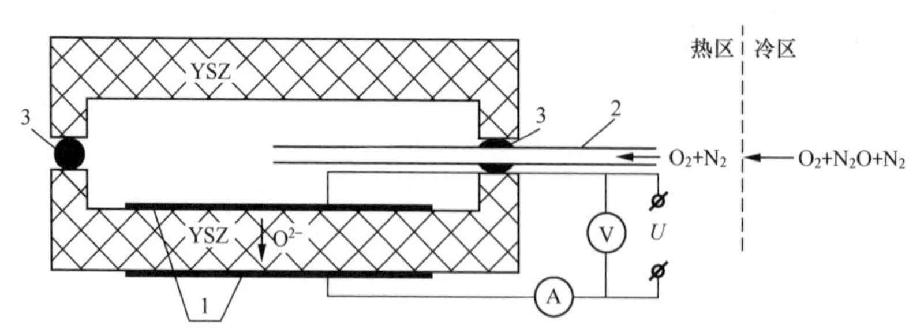

图 2.5　安培型气体传感器的简化结构

（注：1 为 Pt 电极；2 为毛细管；3 为密封剂[18]）

在传感器的工作温度下，一氧化二氮分解为氧气和氮气，分解方程式如下：

$$N_2O = N_2 + 0.5O_2 \tag{2.3}$$

因此，在上述工作状态（热区）下，传感器环境和腔内仅存在氮气和氧气的二元混合物，被称为“热混合物”。初始混合气体中所含的游离氧和一氧化二氮热分解时形成的氧气，都通过毛细管的扩散和黏性流动（在高氧气浓度下）进入空腔，同时以电化学方式泵出。将极限电流与分析的气体混合物中的氧气摩尔分数相关联的公式为：

$$I_{\lim} = -\frac{4FDSP}{RTL}\ln\left(1 - x_{O_2}\right) \tag{2.4}$$

其中，D 是氮气中的氧扩散系数，S 是毛细管通道的横截面积，L 是毛细管的长度，P 是分析气体的压强，T 是分析气体的温度，F 是法拉第常数，R 是摩尔气体常数，x_{O_2} 为分析气体中氧气的摩尔分数。

“热混合物”中的氧气摩尔分数取决于初始混合气体中的一氧化二氮摩尔分数，可以通过下式计算：

$$x^*_{O_2} = \frac{1 - 0.5x_{N_2O}}{1 + 0.5x_{N_2O}} \tag{2.5}$$

对于一氧化二氮和氧气的混合物：

$$x^*_{O_2} = \frac{0.5x_{N_2O}}{1 + 0.5x_{N_2O}} \tag{2.6}$$

对于一氧化二氮和氮气的混合物：

$$x^*_{O_2} = \frac{0.5x_{N_2O} + x_{O_2}\left(1 - x_{N_2O}\right)}{1 + 0.5x_{N_2O}} \tag{2.7}$$

对于一氧化二氮、氮气和氧气的三元混合物，特别是对于一氧化二氮和空气的混合物：

$$x^*_{O_2} = \frac{0.5x_{N_2O} + 0.209\left(1 - x_{N_2O}\right)}{1 + 0.5x_{N_2O}} \tag{2.8}$$

利用以上公式，通过测量氧气摩尔分数可以间接确定混合气体中的一氧化二氮摩尔分数。安培型气体传感器具有良好的重复性和较高的稳定性，具有良好的动态分析特性，暂态时间为 1 min 左右，具有较高的实用价值，并兼具高效、简单、经济的特点。

3. 库仑型气体传感器

在这类传感器中，气体浓度是通过法拉第定律来确定的。在纯离子导电的电解质中，转移的电荷量对应放电物质的总量。因此，这类传感器测量的是绝对量，而不是浓度。它们是根据下式计算得出的[17]：

$$A=\frac{q}{zF}=\int_0^{t^*} I\mathrm{d}t \tag{2.9}$$

其中，A 是反应进度，q 是总电荷量，F 是法拉第常数，z 是转移的电荷量，I 是电流，积分从 0（电流开始流动的时间）延伸到时间 t^*，在 t^*时间节点上，电流可以忽略不计。

库仑型气体传感器在原理上的一个显著优势是，由于其严格遵守法拉第定律，具有优异的长期稳定性而不会出现基线漂移，因此无须校准。到目前为止，库仑型气体传感器的最低检测下限为 10 ppm。检测下限由电解质的离子电导率、通过电化学电池的电流噪声，以及提供恒定电位和测量电池电流的电路设计决定[19]。

图 2.6 所示是库仑型气体传感器工作原理的示意。待测气体在固体电解质电池的工作电极处完全氧化或还原得到测试电流。可检测成分是以离子形式存在于固体电解质中的气体，或者是可能与这些离子发生反应的气体。在 YSZ 作为固体电解质的情况下，氧气和氢气在工作电极上的反应用克罗格-文克（Kroger-Vink）符号（描述晶体中点缺陷的电荷和晶格位置的符号表达式）表示为式（2.10）和式（2.11）：

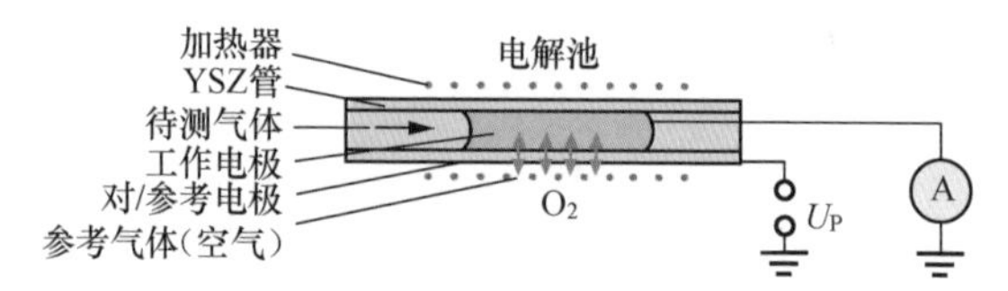

图 2.6　库仑型气体传感器工作原理的示意[19]

$$O_{2(g)}+2V_O^{\cdot\cdot}(YSZ)+4e^-(Pt)\rightleftharpoons 2O_O^{\times}(YSZ) \tag{2.10}$$

$$H_{2(g)}+O_O^{\times}(YSZ)\rightleftharpoons H_2O_{(g)}+V_O^{\cdot\cdot}(YSZ)+2e^-(Pt) \tag{2.11}$$

根据法拉第定律，分析物分子在工作电极处转换的物质的量由电解电流 I 和由电导引起的剩余电流 I_R 决定。考虑到待测气体流量 $\mathrm{d}V/\mathrm{d}t$，根据式（2.12）确定待测气体的摩尔分数：

$$x=\frac{I-I_R}{zF}\cdot\frac{V_m}{\mathrm{d}V/\mathrm{d}t} \tag{2.12}$$

其中，F 是法拉第常数，z 是每个分子转移的电荷量，V 是气体体积，V_m 是摩尔体积。因此，这种库仑型气体传感器的检测下限取决于 I_R 的绝对值及其噪声，二者都是由固体电解质材料的性质和传感器的温度决定的。

流过面积为 S、厚度为 d 的 YSZ 圆盘的导电空穴引起的剩余电流 I_R 表示为：

$$I_R=\frac{SRT}{Fd}\left\{\sigma_h\left(p_{O_2}^{I}\right)\left[\left(\frac{p_{O_2}^{II}}{p_{O_2}^{I}}\right)^{\frac{1}{4}}-1\right]\right\} \tag{2.13}$$

其中，R 是摩尔气体常数，$p_{O_2}^{I}$ 是参考气体中的氧分压，$p_{O_2}^{II}$ 是待测气体中的氧分压，σ_h 是空穴电导率。根据这个公式，一个在 800 ℃高温下工作的以 YSZ 为固体电解质的普通库仑电解池（S=1 cm^2，d=1 mm，$p_{O_2}^{I}$=20.6 kPa，$p_{O_2}^{II}=2.7\times10^{-4}$ Pa）的 I_R 偏差为 37 nA。当气体流量 dV/dt = 10 ml/min 时，氢气的检测误差为 26 ppb。

此外，电解电流的噪声受待测气体湍流的影响，从而导致工作电极处转换的物质的量的波动。为了获得恒定的反应速率，必须避免或最小化这种湍流，以便产生的噪声频谱的频率足够高，用低通滤波器滤除。这种影响很难预测，但可以通过考虑电极形态并利用复杂模拟来估计。

2.2.2 阻抗型固体电解质气体传感器

阻抗型固体电解质气体传感器是在主动模式下工作的传感器，即电极两端需要负载电压。基于阻抗的气体传感器与基于电阻的气体传感器（SnO_2 或 TiO_2 等氧化物半导体气体传感器）的检测机理是不同的，阻抗谱用于确定与电极反应相关的阻抗，而不是材料本身的电阻。在复阻抗测试时，通过施加频率变化的激励电压并记录其对不同频率的响应，可以分离不同反应过程的阻抗[12]。

Miura 等人[20]利用管状器件来构建阻抗型固体电解质气体传感器，如图 2.7（a）所示。实验是在配备有熔炉（温度范围为 600～700 ℃）的常规气流设备中进行的。通过干燥的合成空气（或 N_2+O_2）稀释母体标准气体（空气中为 500 ppm NO_2，N_2 中为 500 ppm NO）来制备不同浓度的 NO_2（或 NO）的样气。当敏感电极暴露于具有不同 NO_x 浓度的空气或样气中时，借助计算机控制的阻抗分析仪测量敏感电极和对电极之间的阻抗以及相角。频率范围为 0.1 Hz～100 kHz。在所有测试中，激励电压都固定在 10 mV 以下，以避免发生电化学反应。在测试的频率范围内，绘制阻抗的虚部（Z''）与实部（Z'）的关系曲线得到 Nyquist 图。作为传感器信号的阻抗（$|Z|$），其主要在 1 Hz 的频率下被测量。通过观察只有 Pt 电极和三电极（敏感电极为 $ZnCr_2O_4$、对电极为 Pt、参考电极为 YSZ 管外部的电极）传感器的 Nyquist 图，发现只有 Pt 电极的传感器的 Z' 值约为 50 Ω，该值不随频率和 NO_x 气体的加入而发生变化，且远远小于三电极传感器在高频下的 Z' 值（2000 Ω）；三电极传感器在高频下的 Z' 值不随 NO_x 气体的加入而发生变化；三电极传感器在低频下的 Z' 值随 NO_x 气体浓度的增大而减小。由此可以推出图 2.7（b）所示的等效电路，其中，R_b 表示 YSZ 体电阻，R_o 和 C_o 分别是氧化物敏感电极的电阻和电容，R_i 和 C_i 分别表示 YSZ 和氧化物敏感电极之间界面的电阻和电容。结果表明似乎只有 R_i 受到界面和氮氧化物气体之间相互作用的影响，这表明 R_i 可以用作检测氮氧化物的信号。

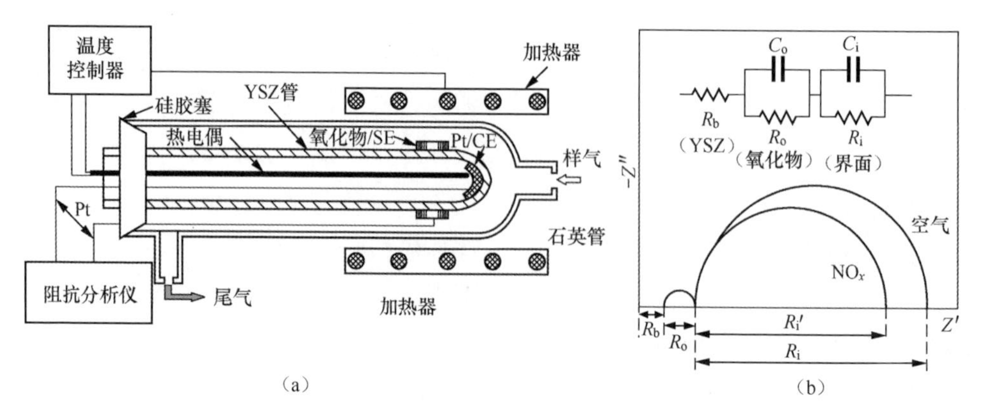

图 2.7　基于 YSZ 和氧化物敏感电极的阻抗型 NO_x 传感器

(a) 传感器截面；(b) 等效电路[20]

(注：SE 为敏感电极；CE 为对电极；RE 为参考电极)

但在实际应用中，Z'的计算需要计算机辅助完成，这不适用于构造集成、便携的传感系统。因此，将固定频率下（1 Hz）的阻抗（$|Z|$）作为传感信号。传感器在 700 ℃时对一氧化氮（50 ppm）的响应和恢复时间不到几秒，对一氧化氮（400 ppm）展现了很好的重复性。同时，传感器在 700 ℃时对空气中稀释的 NO_2 也展现出了很好的响应恢复特性，这对于实用的氮氧化物传感器来说是非常重要的特性。

综上所述，电流型和阻抗型固体电解质气体传感器具有可以检测高浓度待测气体且灵敏度高的优点，但其检测量程较窄，需要外加激励电源，器件结构和电路设计也比较复杂（多为叠层式结构），这些不足限制了其发展。电位型（尤其是混成电位型）固体电解质气体传感器具有较宽的检测量程，并且器件结构简单。由于 YSZ 具有很好的耐高温特性、优异的化学和机械稳定性以及良好的耐湿性，融合 YSZ 和氧化物敏感电极的混成电位型固体电解质气体传感器具有结构简单、检测气体种类多、抗干扰能力强、检测下限低和稳定性好等优点，通过选择合适的敏感电极材料，其可以满足多个领域中气体检测的需求。

2.2.3　电位型固体电解质气体传感器

电位型固体电解质气体传感器是一种电化学装置，其输出为电动势，即开路电压。这种电动势是由电子导体和离子导体界面上的电荷交换过程产生的。开路电压是两个半电池电位的代数和。电位型固体电解质气体传感器根据工作原理的不同分为平衡电位型和混成电位型两类。

平衡电位型气体传感器的待测气体和参考气体是相互独立的，敏感电极和参考电极通过固体电解质进行电荷交换。通过测量敏感电极和参考电极间的电动势来检测气体，敏感电极和参考电极间的电动势遵循能斯特（Nernst）定理；当用带有不同电极的固体电解质气体传感器测试混合气体时，至少两种性质不同的独立非平衡气体能够在同一电极上引起竞争性氧化和还原反应，而无须在固体电解质之间进行电荷交换。在这种情况下，固体电解质气体传感器的输出电动势会偏离理论值，从而产生非能斯特势。敏感电极的电位建立在两个独立过程的能斯特势之间。当这两个独立过程的电化学反应达到平衡时，即敏感电极上净电流为零，此时敏感电极上的电位称为混成电位[21]，它取决于开路条件下两个电化学过程的电流密度[22, 23]。产生的混成电位是各种电极参数的函数[24]。为了在两个电极之间获得可测量的电动势，电极必须不对称。因此，在大多数混成电位型气体传感器中，参考电极通常是 Pt，敏感电极通常是氧化物和/或氧化物混合物[25]。传感器的性能主要取决于敏感电极的性质，可以通过单个传感器来分析还原性气体和氧化性气体。

下面分别对这两类固体电解质气体传感器进行概述。

1. 平衡电位型气体传感器

Weppner[26, 27]根据待测气体与固体电解质导电离子之间的关系将平衡电位型气体传感器分为 Type Ⅰ、Type Ⅱ和 Type Ⅲ这 3 类。

（1）Type Ⅰ电位型气体传感器：待测气体与固体电解质可移动离子相匹配

Type Ⅰ电位型气体传感器（见图 2.8）是一种常见的气体传感器，它包含位于电解质两端的敏感电极（Sensitive Electrode，SE）和参考电极（Reference Electrode，RE），参考电极和敏感电极间的电位差由与固体电解质导电离子相匹配的物质在整个固体电解质中的活性差决定。其中最具代表性的器件是以 YSZ 为固体电解质的氧传感器，它主要应用于汽车工业和燃烧监控领域。该器件的敏感电极和参考电极都是由多孔铂层组成的，固体电解质将具有不同氧分压的待测气体和参考气体进行分离。在足够高的温度下，气态氧、固体电解质中的游离氧和电极处的电子处于热力学平衡状态。在每个电极上，发生以下电化学平衡反应：

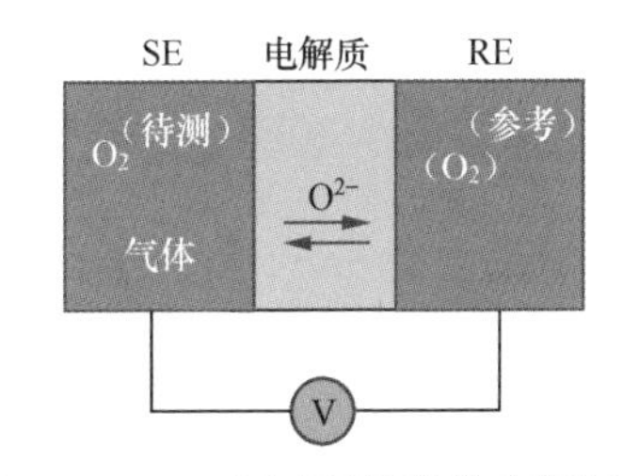

图 2.8　Type Ⅰ电位型气体传感器的结构

$$O_{2(g)} + 4e^- \rightleftharpoons 2O^{2-} \tag{2.14}$$

如果该传感器的敏感电极和参考电极暴露在不同的氧分压下（待测气体和参考气体中），则会在固体电解质的气相界面上诱导出不同的氧离子电化学势。为了使电化学势保持恒定，电位必须是不同的。因此，电化学电池的输出电动势表示为敏感电极和参考电极之间的电位差，它遵循著名的能斯特定理。根据能斯特方程，电动势表示为敏感电极和参考电极之间的电位差。由于一般使用 E 代表电动势，因此可以用 E 来表示电位差：

$$E=\frac{RT}{4F}\ln\frac{p}{p_0} \tag{2.15}$$

其中，R 为摩尔气体常数；T 为绝对温度（单位为 K）；F 为法拉第常数；p 和 p_0 分别为敏感电极和参考电极的氧分压。

除氧传感器外，某些 H_2 和 Cl_2[28-30]传感器也被开发出来，但这些传感器只用于有限领域。由于缺乏用于检测 NO_x、SO_2、CO_2 等气体的固体电解质，因此 Type Ⅰ电位型气体传感器的发展受到了很大的限制。

（2）Type Ⅱ电位型气体传感器：待测气体与固体电解质固定离子相匹配

对于 Type Ⅱ电位型气体传感器来说，待测气体与固体电解质的固定离子即主要可移动离子外的成分相匹配，因此固体电解质中固定离子的电化学势可以被测量，其结构如图 2.9 所示。

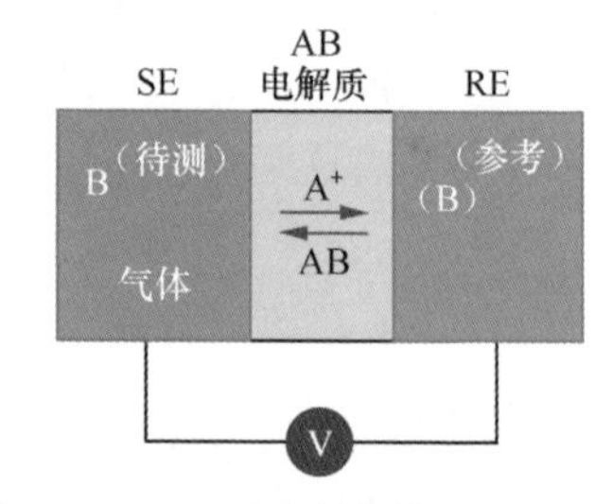

图 2.9　Type Ⅱ电位型气体传感器的结构

Gauthier 和 Chamberland[31]提出的以 K_2CO_3 为固体电解质的 CO_2 气体传感器为该类型的典型代表。下面是其固态电池的表达式：

$$\mathrm{Pt,O_2,CO_2}\left[p_{\mathrm{CO_2}}=p_0\right]\left|\mathrm{K_2CO_3}\right|\mathrm{CO_2}\left[p_{\mathrm{CO_2}}=p\right]\mathrm{,O_2,Pt} \tag{2.16}$$

在这个电池中，固体电解质 K_2CO_3 中的可移动离子 K^+与 CO_2 气体之间相互作用，反应如下：

$$2\mathrm{K^+}+\mathrm{CO_2}+\frac{1}{2}\mathrm{O_2}+2\mathrm{e^-}\rightleftharpoons\mathrm{K_2CO_3} \tag{2.17}$$

假设敏感电极和参考电极的氧活性相同，电动势（E）可以表示为：

$$E=\frac{RT}{2F}\ln\frac{p}{p_0} \tag{2.18}$$

关于 Type Ⅱ电位型 NO_x 和 SO_x 传感器[32-36]的研究成果也相继被报道。然而，由于固体电解质为有限的盐类，其所能检测的气体种类非常有限。此外，因为固体电解质缺乏热稳定性，这种类型的传感器不能应用于高温环境中。

（3）Type Ⅲ电位型气体传感器：不存在辅助相电极时，待测气体与固体电解质导电离子种类无直接关系

Type Ⅲ电位型气体传感器需要引入与待测气体具有相同离子的辅助相电极，这种

辅助相可以介入待测气体与固体电解质间的电化学反应，进而感知待测气体。电化学反应所产生的电动势与待测气体的浓度有关。Yamazoe 和 Miura[36]对此进一步分类，根据固体电解质导电离子与辅助相电极中可移动离子种类的关系，将 Type Ⅲ电位型气体传感器分为三小类：Type Ⅲa（相同）、Type Ⅲb（不相同，但离子符号相同）和 Type Ⅲc（不相同，离子符号也不相同）。

典型的 Type Ⅲa 电位型气体传感器是以 NaSICON 为固体电解质、Na_2CO_3 为辅助相电极的 CO_2 气体传感器，器件结构如图 2.10 所示，所构成的电池如式（2.19）所示。

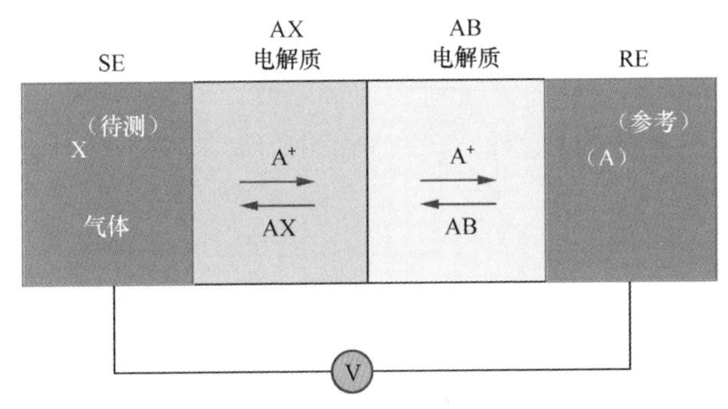

图 2.10 Type Ⅲa 电位型气体传感器的结构

$$M, CO_2, O_2 \mid Na_2CO_3 \mid Na^+\text{-电解质} \mid O_2, M' \tag{2.19}$$

其中，M 和 M′为金属电极，通常为 Pt、Au 或 Pt、Ag。

该类型传感器的固体电解质和辅助相电极对水蒸气具有很高的化学亲和性，导致敏感信号输出不稳定、器件结构易被破坏。使用 Li_2CO_3 或者 Li_2CO_3 与 $CaCO_3$（或 $BaCO_3$）的混合物代替 Na_2CO_3，可以有效提高传感器的稳定性。以这种方式构建的传感器归类于 Type Ⅲb 电位型气体传感器。

图 2.11 所示为典型的 Type Ⅲb 电位型气体传感器结构。目前，许多该类型的器件被用来检测 CO_2。尽管该类型的传感器具有较好的敏感特性，但是电荷传输机理仍然不清晰。Ogata 等人[37]研究了以 Na-β-Al_2O_3 为固体电解质，分别以不同的碳酸盐（Li_2CO_3、K_2CO_3 和 $CaCO_3$）为辅助相电极的 CO_2 传感器。研究发现，所有传感器均表现出了 $2e^-$的机理，而标准电动势（E_0）存在不同的值，表明各种传感器的电极反应相似，但其他的影响因素也需要考虑。此外，在长期使用过程中，敏感电极和固体电解质之间形成了液相物质，使得该类型传感器的稳定性变差。

Type Ⅲc 电位型气体传感器的结构如图 2.12 所示，其中最具代表性的是以 YSZ 作为固体电解质、Li_2CO_3 作为辅助相电极的 CO_2 传感器。该传感器的电池结构如式（2.20）所示。

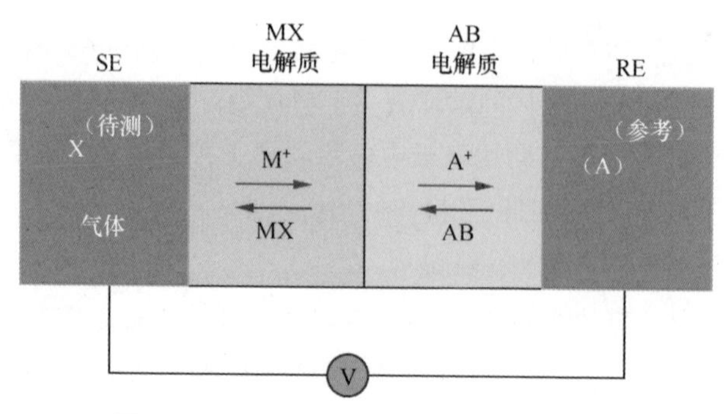

图 2.11 Type Ⅲb 电位型气体传感器的结构

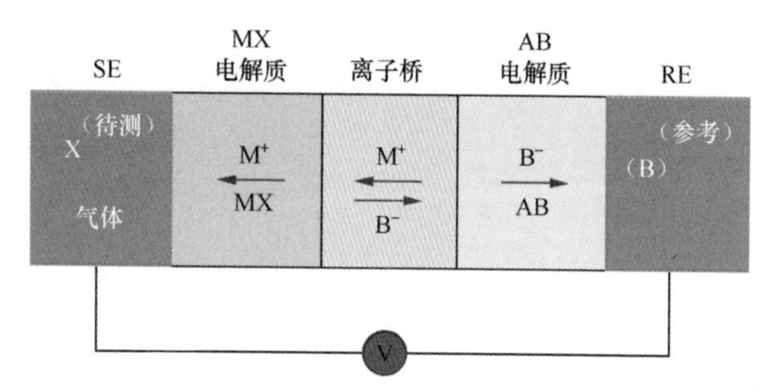

图 2.12 Type Ⅲc 电位型气体传感器的结构

$$\text{Au, Air, } CO_2(p) \mid Li_2CO_3 \mid \text{Mg-}ZrO_2 \mid \text{Air, Pt} \tag{2.20}$$

其中，左半部分电极为敏感电极，右半部分电极为参考电极，电极反应如式（2.21）所示：

$$2Li^+ + CO_2 + \frac{1}{2}O_2 + 2e^- \rightleftharpoons Li_2CO_3 \tag{2.21}$$

在此，为了使 Mg-ZrO_2（O^{2-}）和 Li_2CO_3（Li^+）两个固体电解质之间获得电位接触，界面处生成了包含两种导电离子的界面化合物 Li_2ZrO_3，它在 YSZ 和 Li_2CO_3 之间起到“离子桥”的作用[38]。反应过程为：

$$2Li^+ + O^{2-} + ZrO_2 \rightleftharpoons Li_2ZrO_3 \tag{2.22}$$

假设在参考电极和敏感电极处的氧分压相同，结合式（2.18）和式（2.22），电动势（E）可以表示为：

$$E = E_0 + \frac{RT}{2F}\ln p \tag{2.23}$$

2. 混成电位型气体传感器

由于匹配的固体电解质或辅助相电极材料不容易寻找，特别是在工作温度高于 600 ℃的应用环境中，用来检测还原性气体（CO、HC 或 VOC 等）的平衡电位型气体传感器鲜有报道。在这种情况下，非平衡电位的检测方法可以作为一种选择，即气体在固体电解质和电极的界面处发生的反应不符合热力学平衡状态。Fleming[39]首次观察到 YSZ 基混成电位型 O_2 传感器的非平衡（非能斯特）现象：当传感器暴露于 CO 和空气的混合气体中时，电动势与氧分压的线性关系与理论预测存在偏差。Fleming 认为，CO 可能从两个方面影响器件的敏感特性：一个是敏感电极处的 CO 可能会减少局部氧浓度；另一个是 CO 可能在敏感电极上发生电化学反应 $CO+O^{2-} \rightleftharpoons CO_2+2e^-$。也就是说，在敏感电极上除了进行式（2.14）中 O_2 的还原反应外，CO 的氧化反应也同时进行。通常来说，在同一个电极上发生一个以上的电化学反应，当电化学氧化反应和还原反应的速率相等时，获得的稳态电位被称为混成电位。混成电位源于同时发生在相同电极上的不同电化学反应之间的相互竞争。混成电位型气体传感器的器件结构与平衡电位型气体传感器相似，都是由两个不同的电极构成。对于平衡电位型气体传感器来说，氧化反应和还原反应分别发生在不同的电极上；而对于混成电位型气体传感器来说，氧化反应和还原反应同时发生在敏感电极上。如果选择了合适的固体电解质和敏感电极材料，混成电位型气体传感器能用来检测不同种类的待测气体。

实际上，针对不同领域的应用需求，基于 YSZ、CeO_2 和 NaSICON 等固体电解质的混成电位型 SO_2、NH_3、H_2S、Cl_2、H_2、NO_x、CO、HC 和 VOC 气体传感器[40-48]已经被众多科研团队广泛研究，其中以 YSZ 为固体电解质的混成电位型气体传感器的研究最为活跃。

2.3　本章小结

本章主要介绍了固体电解质气体传感器的分类和原理。相比其他类型的气体传感器，固体电解质气体传感器主要具有以下独特优点[49]：

（1）气体浓度可以较容易被转化为高精度的电信号（如电压、电流）进行检测；

（2）电位与电池几何形状无关，从而促进了传感器的微型化；

（3）传感器信号对固体电解质的转移成分具有选择性；

（4）制造成本低。

在固体电解质气体传感器中，电流型固体电解质气体传感器的响应信号与气体浓度呈线性关系，具有更高的灵敏度；阻抗型固体电解质气体传感器可以很好地表征电极-电解质界面。电流型和阻抗型固体电解质气体传感器都可以很好地表征电化学动力学过程，但是器件结构复杂（特别是阻抗型固体电解质气体传感器往往需要借助计算机的计算来得到最终的响应值）、需要外加激励源、检测量程窄。相比而言，电位型固体电解质气体传感器更利于产业化的发展，混成电位型气体传感器在进行待测气体的检测时，其电极同时暴露于待测气体和空气中，不需要设计独立的气腔，从而进一步简化了传感器的构造。在混成电位型气体传感器中，针对固体电解质 YSZ 的研究最为广泛，第 3 章主要介绍基于 YSZ 的混成电位型气体传感器。

参 考 文 献

[1] YAMAZOE N, MIURA N. Gas sensors using solid electrolytes [J]. MRS Bulletin, 1999, 24(6): 37-43.

[2] WACHSMAN E D, LEE K T. Lowering the temperature of solid oxide fuel cells [J]. Science, 2011, 334(6058): 935-939.

[3] YAROSLAVTSEV A B. Solid electrolytes: main prospects of research and development [J]. Russian Chemical Reviews, 2016, 85(11): 1255-1276.

[4] PARK C O, AKBAR S A, WEPPNER W. Ceramic electrolytes and electrochemical sensors [J]. Journal of Materials Science, 2003, 38(23): 4639-4660.

[5] LEE J H. Review on zirconia air-fuel ratio sensors for automotive applications [J]. Journal of Materials Science, 2003, 38: 4247-4257.

[6] OH S, MADOU M. Planar-type, gas diffusion-controlled oxygen sensor fabricated by the plasma spray method [J]. Sensors and Actuators B: Chemical, 1993, 14: 581-582.

[7] PARK C O, FERGUS J W, MIURA N, et al. Solid-state electrochemical gas sensors [J]. Ionics, 2009, 15(3): 261-284.

[8] DUTTA A, ISHIHARA T. Sensitive amperometric NO sensor using $LaGaO_3$-based oxide ion conducting electrolyte [J]. Electrochemical and Solid State Letters, 2005, 8(5): H46-H48.

[9] UEDA T, PLASHNITSA V V, NAKATOU M, et al. Zirconia-based amperometric sensor using ZnO sensing-electrode for selective detection of propene [J]. Electrochemistry Communications, 2007, 9: 197-200.

[10] SOMOV S I, REINHARDT G, GUTH U, et al. Multi-electrode zirconia electrolyte amperometric sensors [J]. Solid State Ionics, 2000, 136: 543-547.

[11] EGUCHI Y, WATANABE S, KUBOTA N, et al. A limiting current type sensor for hydrocarbons [J]. Sensors and Actuators B: Chemical, 2000, 66: 9-11.

[12] FERGUS J W. Solid electrolyte based sensors for the measurement of CO and hydrocarbon gases [J]. Sensors and Actuators B: Chemical, 2007, 122(2): 683-693.

[13] STETTER J R, LI J. Amperometric gas sensors—a review [J]. Chemical Reviews, 2008, 108(2): 352-366.

[14] DAI L, WANG L, WU Y, et al. Influence of process parameters on the sensitivity of an amperometric NO_2 sensor with $La_{0.75}Sr_{0.25}Cr_{0.5}Mn_{0.5}O_3$-delta sensing electrode prepared by the impregnation method [J]. Ceramics International, 2015, 41: 3740-3747.

[15] RUCHETS A, DONKER N, Zosel J, et al. Cyclic and square-wave voltammetry for selective simultaneous NO and O_2 gas detection by means of solid electrolyte sensors [J]. Journal of Sensors and Sensor Systems, 2020, 9: 355-362.

[16] PARTH W H. On-line coulometer for chlorine gas [J]. ISA Transactions, 1973, 12: 142.

[17] G SBERVEGLIERI. Gas sensors principles, operation and developments [M]. Italy: Kluwer Academic Publishers, 1992.

[18] KALYAKIN A, VOLKOV A, DEMIN A, et al. Determination of nitrous oxide concentration using a solid-electrolyte amperometric sensor [J]. Sensors and Actuators B: Chemical, 2019, 297: 126750.

[19] SCHELTER M, ZOSEL J, OELSSNER W, et al. A solid electrolyte sensor for trace gas analysis [J]. Sensors and Actuators B: Chemical, 2013, 187: 209-214.

[20] MIURA N, NAKATOU M, ZHUIYKOV S. Impedancemetric gas sensor based on zirconia solid electrolyte and oxide sensing electrode for detecting total NO_x at high temperature [J]. Sensors and Actuators B: Chemical, 2003, 93: 221-228.

[21] MIURA N, ZHUIYKOV S, ONO T, et al. Mixed potential type sensor using stabilized zirconia and $ZnFe_2O_4$ sensing electrode for NO_x detection at high temperature [J]. Sensors and Actuators B: Chemical, 2002, 83: 222-229.

[22] MIURA N, YAMAZOE N. Approach to high performance electrochemical NO_x sensors based on solid electrolytes [J]. Advanced Micro and Nanosystems, 2015, 6: 191-210.

[23] BROSHA E L, MUKUNDAN R, BROWN D R, et al. Development of ceramic mixed potential sensors for automotive applications [J]. Solid State Ionics, 2001, 148: 61-69.

[24] GUTH U, ZOSEL J. Electrochemical solid electrolyte gas sensors-Hydrocarbon and NO_x analysis in exhaust gases [J]. Ionics, 2004, 10: 366-377.

[25] ZHUIYKOV S, ONO T, YAMAZOE N, et al. High-temperature NO_x sensors using zirconia solid electrolyte and zinc-family oxide sensing electrode [J]. Solid State Ionics Diffusion & Reactions, 2002, 152-153: 801-807.

[26] WEPPNER W. Solid-state electrochemical gas sensors [J]. Sensors and Actuators,

1987, 12: 107-119.

[27] WEPPNER W. Advanced principles of sensors based on solid state ionics [J]. Materials Science & Engineering B, 1992, 15(1): 48-55.

[28] LUNDSGAARD J S, MALLING J, BIRCHALL M. A novel hydrogen gas sensor based on hydrogen uranyl phosphate [J]. Solid State Ionics, 1982, 7(1): 53-56.

[29] PELLOUX A, GONDRAN C. Solid state electrochemical sensor for chlorine and hydrogen chloride gas trace analysis [J]. Sensors and Actuators B: Chemical, 1999, 59: 83-88.

[30] AONO H, YAMABAYASHI A, SUGIMOTO E, et al. Potentiometric chlorine gas sensor using $BaCl_2$-KCl solid electrolyte: the influences of barium oxide contamination [J]. Sensors and Actuators B: Chemical, 1997, 40(1): 7-13.

[31] GAUTHIER M, CHAMBERLAND A. Solid state detector for the potentiometric determination of gaseous oxides [J]. Journal of the Electrochemical Society, 1977, 124: 1579-1583.

[32] JIANG M, R M, WELLER M T. A nitrite sodalite-based NO_2 gas sensor [J]. Sensors and Actuators B: Chemical, 1996, 30(1): 3-6.

[33] JACOB K T, RAO D B. A solid-state probe for SO_2/SO_3 based on Na_2SO_4-I electrolyte [J]. Journal of the Electrochemical Society, 1979, 126: 1842-1847.

[34] GAUTHIER M. Progress in the development of solid-state sulfate detectors for sulfur oxides [J]. Journal of the Electrochemical Society, 1981, 128: 371-378.

[35] IMANAKA N, YAMAGUCHI Y, ADACHI G, et al. The electrical and thermal properties of sodium sulfate mixed with lanthanum sulfate and aluminum oxide [J]. Solid State Ionics, 1986, 20: 153-157.

[36] YAMAZOE N, MIURA N. Prospect and problem of solid electrolyte-based oxygenic gas sensors [J]. Solid State Ionics, 1996, 86-88: 987-993.

[37] TADASHI, OGATA. CO_2 gas sensor using-Al_2O_3 and metal carbonate [J]. Journal of Materials Science Letters, 1986, 5: 285-286.

[38] PASIERB P, REKAS M. Solid-state potentiometric gas sensors—current status and future trends [J]. Journal of Solid State Electrochemical, 2009, 13: 3-25.

[39] FLEMING W J. Physical principles governing nonideal behavior of the zirconia oxygen sensor [J]. Journal of the Electrochemical Society, 1977, 124: 21-28.

[40] HAO X, LU Q, ZHANG Y, et al. Insight into the effect of the continuous testing and aging on the SO_2 sensing characteristics of a YSZ (yttria-stabilized zirconia)-based

sensor utilizing $ZnGa_2O_4$ and Pt electrodes [J]. Journal of Hazardous Materials, 2020, 388: 121772.

[41] BHARDWAJ A, KIM I-H, MATHUR L, et al. Ultrahigh-sensitive mixed-potential ammonia sensor using dual-functional $NiWO_4$ electrocatalyst for exhaust environment monitoring [J]. Journal of Hazardous Materials, 2021, 403: 123797.

[42] WANG C, JIANG L, WANG J, et al. Mixed potential type H_2S sensor based on stabilized zirconia and a Co_2SnO_4 sensing electrode for halitosis monitoring [J]. Sensors and Actuators B: Chemical, 2020, 321: 128587.

[43] ZHANG H, LI J, ZHANG H, et al. NaSICON-based potentiometric Cl_2 sensor combining NaSICON with Cr_2O_3 sensing electrode [J]. Sensors and Actuators B: Chemical, 2013, 180: 66-70.

[44] AKAMATSU T, ITOH T, MASUDA Y. Sensor properties of series-connected mixed-potential H_2 Gas Sensor [J]. Sensors and Materials, 2019, 31: 1351-1356.

[45] ANGGRAINI S A, FUJIO Y, IKEDA H, et al. YSZ-based sensor using Cr-Fe-based spinel-oxide electrodes for selective detection of CO [J]. Analytica Chimica Acta, 2017, 982: 176-184.

[46] JIN H, PLASHNITSA V V, BREEDON M, et al. Compact YSZ-rod-based hydrocarbon sensor utilizing metal-oxide sensing-electrode and Mn-based reference-electrode combination [J]. Electrochemical and Solid State Letters, 2011, 14: J23-J25.

[47] LIU T, LI W, ZHANG Y, et al. Acetone sensing with a mixed potential sensor based on $Ce_{0.8}Gd_{0.2}O_{1.95}$ solid electrolyte and Sr_2MMoO_6 (M: Fe, Mg, Ni) sensing electrode [J]. Sensors and Actuators B: Chemical, 2019, 284: 751-758.

[48] MA C, WANG L, ZHANG Y, et al. Mixed-potential type triethylamine sensor based on NaSICON utilizing $SmMO_3$ (M=Al, Cr, Co) sensing electrodes [J]. Sensors and Actuators B: Chemical, 2019, 284: 110-117.

[49] MULMI S, THANGADURAI V. Editors' choice-review-solid-state electrochemical carbon dioxide sensors: fundamentals, materials and applications [J]. Journal of the Electrochemical Society, 2020, 167: 037567.

第 3 章　基于钇稳定氧化锆（YSZ）的混成电位型气体传感器

3.1　稳定氧化锆固体电解质概述

3.1.1　稳定氧化锆的结构

绝大多数以氧化锆为主的固体电解质可以用两种氧化物的固溶体来表示，即 ZrO_2+M_1O（M 为金属元素）或 $ZrO_2+R_2O_3$（R 为稀土元素）。这些固溶体具有中心立方晶格（萤石）结构，当金属阳离子 M^{4+}和取代阳离子（M_1^{2+}、R^{3+}）的尺寸足够接近时，就会形成氧化锆基固溶体。一般而言，氧化锆基固溶体可表示为：

$$ZrO_2+xM_1O \tag{3.1}$$

$$ZrO_2+xR_1O_{1.5} \tag{3.2}$$

$$ZrO_2+xR_2O_3 \tag{3.3}$$

其中，x 是取代阳离子的摩尔分数或者 R_2O_3 的摩尔分数。

在氧化锆中加入 CaO、MgO、Sc_2O_3 和 Y_2O_3 等二元氧化物可以稳定氧化锆陶瓷。然而，Y_2O_3 掺杂更容易产生高的离子电导率，是应用最广泛的固体电解质[1, 2]。钇稳定氧化锆固体电解质在高温下具有良好的氧离子导电性和良好的热/化学/机械稳定性，因此 YSZ 作为固体电解质材料广泛应用于气体传感器领域。

纯氧化锆（ZrO_2）存在 3 种晶体结构，分别为单斜相氧化锆（m-ZrO_2）、四方相氧化锆（t-ZrO_2）和立方相氧化锆（c-ZrO_2）。其中，c-ZrO_2 具有理想的萤石结构。纯 ZrO_2 的相转变过程与温度的关系如图 3.1 所示[3, 4]，在室温下，ZrO_2 以单斜相氧化锆形式存在。当温度上升到 1170 ℃和 2370 ℃时，分别出现四方相和立方相的晶体结构，3 种相结构的转变具有可逆性，温度继续升高到 2680 ℃以上时达到熔点，发生熔化现象。具有不同相结构的氧化锆的密度不同，在相转变过程中会产生一定的体积效应，从单斜相转变为四方相晶体结构的同时会伴随有 7%～9%的体积收缩，而从四方相转变为单斜相晶体结构时会发生体积膨胀，这种变化不利于固体电解质陶瓷的完整性，从而会影响其使用价值。因此，需要进一步对纯 ZrO_2 进行稳定化处理。

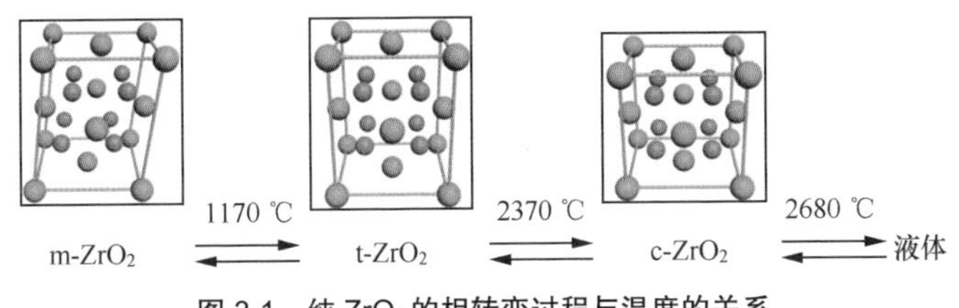

图 3.1　纯 ZrO_2 的相转变过程与温度的关系

研究表明，对纯 ZrO_2 进行稳定化处理最可行的方法是向 ZrO_2 中掺杂一定量与 Zr^{4+} 离子半径相近的二价或三价金属离子（如碱土或稀土离子 Mg^{2+}、Ca^{2+}、Y^{3+}、Sc^{3+}、Yb^{3+} 等）。通过对 Zr^{4+} 的部分取代可以明显降低相转变温度，在高温烧结过程中使得原始晶格发生应力变化，形成置换固溶体，并在较大的温度范围内保持稳定的立方萤石结构，即稳定 ZrO_2（见图 3.2）。在此晶体结构中，Zr^{4+} 构成面心立方结构，O^{2-} 位于 Zr^{4+} 构成的四面体中心，每个 Zr^{4+} 周围有 6 个 O^{2-}，每个 O^{2-} 周围有 4 个 Zr^{4+}，处于面心位置的 Zr^{4+} 与周围 6 个 O^{2-} 构成一个八面体，其内部就是较大的八面体空隙，这些空隙为 O^{2-} 的传输提供通道。Y_2O_3 掺杂的 ZrO_2 是等电子体，当 $2Y^{3+}$ 替换 $2Zr^{4+}$ 构建置换固溶体时，会形成氧离子空位以保持电中性。根据 Kroger-Vink 标记法，置换产生的缺陷平衡可表示为：

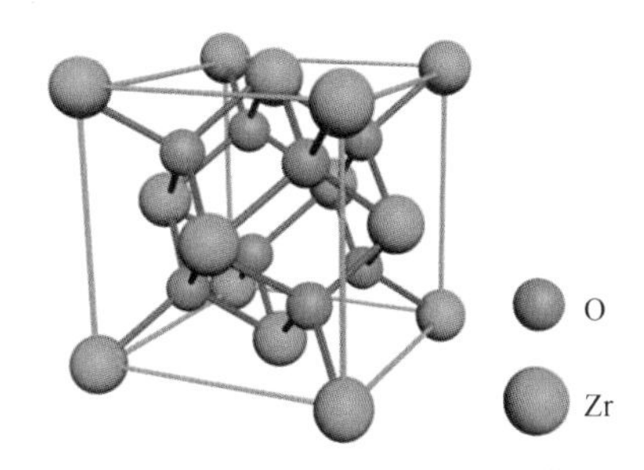

图 3.2　ZrO_2 典型的立方晶体结构

$$Y_2O_3 \overset{ZrO_2}{=} 2Y_{Zr}^{'} + V_O^{\cdot\cdot} + 3O_O^{\times} \tag{3.4}$$

其中，$Y_{Zr}^{'}$ 为替代 Zr^{4+} 的 Y^{3+}；$V_O^{\cdot\cdot}$ 是氧离子空位；$O_O^{\times}$ 代表晶格氧离子（O^{2-}）。在 Y_2O_3 掺杂的 ZrO_2 中，$V_O^{\cdot\cdot}$ 的存在为 O^{2-} 的转移提供了导电通道，因此 O^{2-} 在 Y_2O_3 掺杂的 ZrO_2 固体电解质中的转移机理可以称为空位机制，空位表现为带电荷的粒子。基于空位机制，高温下氧离子空位有助于 O^{2-} 在晶格中的传导，产生良好的离子导电性。此外，YSZ 的相结构和离子导电性大小与 Y_2O_3 的掺杂量有关[5]。在较低的 Y_2O_3 掺杂量范围内，离子导电性随掺杂量的增加快速升高，在 Y_2O_3 掺杂量为 8%（摩尔分数）时达到最大值，此时为立方相晶体结构。但是，掺杂量较高时，离子导电性会随掺杂量的增加逐渐降低，主要是由于掺杂剂间的相互作用抑制了 O^{2-} 的传导，这是掺杂的 Y^{3+} 与空位之间的静电作用增强所引起的[6, 7]。因此，我们选用 8YSZ 作为气体传感器的固体电解质。

3.1.2　YSZ 的电化学性质

YSZ 固体电解质的电化学性能取决于 YSZ 晶格与含氧环境之间的电荷转移机理

和动力学过程。一般认为，氧气与 YSZ 之间的电荷转移发生在三相界面（Three-Phase-Boundary，TPB）上：YSZ、气体和电极[8-10]。氧气进入 YSZ 晶格是一个复杂的过程，涉及几个反应，包括氧气分子吸附、分解成原子、物理吸附氧的电离作用导致一些离子化学吸附物种的形成、将氧物种引入表面层、输运氧物种穿过表面层和输运体相中的氧离子输运过程。图 3.3 描述了与氧气进入 YSZ 晶格相反的过程，即阳极反应过程[2]。

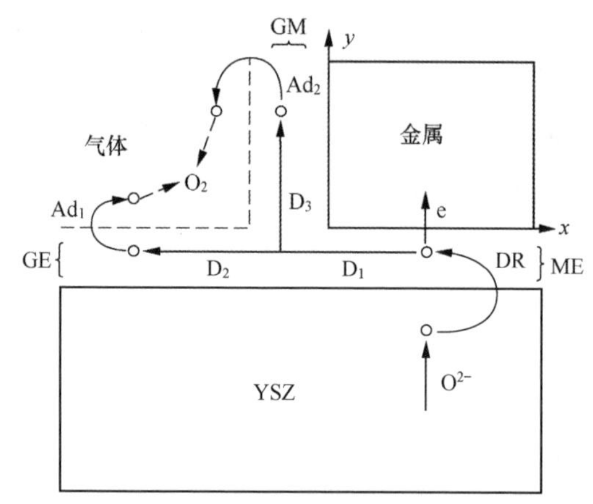

图 3.3 不考虑电子和空穴表面扩散的氧传感器在 TPB 处的阳极反应过程示意
（注：DR 为伴随电子转移的放电反应；D_1、D_2、D_3 为通过 TPB 的氧扩散；Ad_1、Ad_2 为氧解吸反应[2]；GE 为气体-电解质界面；GM 为气体-电极界面；ME 为电极-电解质界面）

（1）电极-电解质界面上氧离子对原子的放电（DR）；氧原子在电极-电解质、气体-电解质、气体-电极界面上的扩散（分别是 D_1 阶段、D_2 阶段、D_3 阶段）以及在气体-电解质和气体-电极界面的解吸（Ad_1 和 Ad_2）。

（2）O^{2-}向 O^-放电；O^-在电极-电解质和气体-电解质界面的扩散；随着氧气分子解吸到气相中，气体-电解质界面上 O^-、O^{2-}和 O 的比例失调，O^{2-}转移到固体电解质中，这种情况可能发生在亚离子的表面扩散处。

（3）气体-电解质界面氧离子放电，固体电解质表层电子抽离（空穴进入）；解吸过程使电解质表面的氧分子脱除，也有可能在气体-电极界面上发生扩散，然后发生氧解吸反应。

3.2 混成电位原理概述

3.2.1 混成电位的发展历程

1977 年，Fleming 和 Pebler 在含有空气和 CO 的燃料混合气体中首次观察到 YSZ

基氧传感器中的异常电位信号现象，即非能斯特行为[11]。1978 年，Shimizu 等人[12]报道了基于氧化钙稳定氧化锆（Calcia Stabilized Zirconia，CSZ）和贵金属敏感电极的电位型气体传感器，其在 550～600 ℃的工作温度范围内可以实现在可燃性气体与氧气的混合气体中对多种可燃性气体（1-丁烯、异丁烷、丙烷、CO 和 H_2）的检测。Shimizu 等人假设可燃性气体在氧气气氛中完全氧化，根据能斯特方程来计算 EMF（Electromotive Force，电动势），也观察到了理论 EMF 与实际 EMF 的偏差。他们认为，这种偏差的出现是因为可燃性气体在电极上选择性吸附，在电极附近发生氧化反应消耗氧气。结果，氧化锆-电极界面的局部氧分压降低到远低于均相气相氧化的水平。他们将这种非能斯特的偏差行为归因于局部气相催化反应的作用，并没有提出可燃性气体也会发生电化学反应的猜想，没有完全理解非能斯特行为的产生机制。1980 年，Okamoto 等人[13, 14]使用涂有 Al_2O_3（+Pt）或 SnO_2 催化层的 Pt 敏感电极制备了 YSZ 基 CO 传感器，该器件的工作温度为 300 ℃。在这项工作中，对于实际 EMF 和理论 EMF 的偏差，他们认为，这是 CO 在 Pt 电极上的氧化过程中，固体电解质中的 O^{2-}与吸附在 Pt 电极上的 CO 和氧发生电化学反应的结果。他们首次提出了可燃性气体与氧气同时在电极处发生电化学反应的猜想，并提出了“混成电位”的概念。同时，他们还利用红外光谱法研究 Pt 电极上 CO 和 O_2 的吸附，发现 EMF 主要由 Pt 电极上的吸附态所决定。1987—1995 年，Moseley 和 Tofield、Vogel、Tan、Narducci、Can 等人[15-20]采用不同的贵金属作为敏感电极，开发了一系列非平衡电位型 YSZ 基 HC 或 CO 传感器，敏感电极分别为 Pt、Mo（或 Pt 合金），催化层为 Pt、RuO_2 等。随后，Miura 和 Lu 等人[21-23]使用廉价的金属氧化物代替贵金属作为敏感电极，构建了一些 YSZ 基混成电位型气体传感器，提出混成电位模型，并且通过极化曲线验证了混成电位原理。

3.2.2　混成电位原理

典型的 YSZ 基混成电位型气体传感器的主要构造包括 YSZ 固体电解质、敏感电极和参考电极。与平衡电位相比，混成电位的大小与不同反应的动力学过程有关。该反应过程包括在敏感电极与固体电解质界面处发生的电化学反应和通过敏感电极层发生的异质气相催化反应。敏感电极材料的种类、粒径、多孔性、微结构、氧化物敏感电极与 YSZ 固体电解质形成的界面状态是决定混成电位大小的关键因素。

在此，我们以金属氧化物（MO_x）为敏感电极的 YSZ 基混成电位型 CO 气体传感器为例来阐述机理。图 3.4 所示为典型的 YSZ 基混成电位型气体传感器结构及反应过程。以还原性气体 CO 为例，CO 通过敏感电极层扩散到 TPB 处。在扩散过程中，CO 发生化学反应（3.5），在敏感电极层中被消耗掉一部分，影响传感器的响应值。因此，按照气体发生的反应分类，混成电位型气体传感器对 CO 的敏感特性由 3 个因素决定：

CO 的电化学氧化反应和 O_2 的电化学还原反应，以及 CO 的异质气相催化反应。当 CO 和 O_2 一起到达 TPB 时，CO 和 O_2 会在 TPB 处发生式（3.6）和式（3.7）所示的电化学反应，当这两个电化学反应达到平衡时，会形成混成电位。

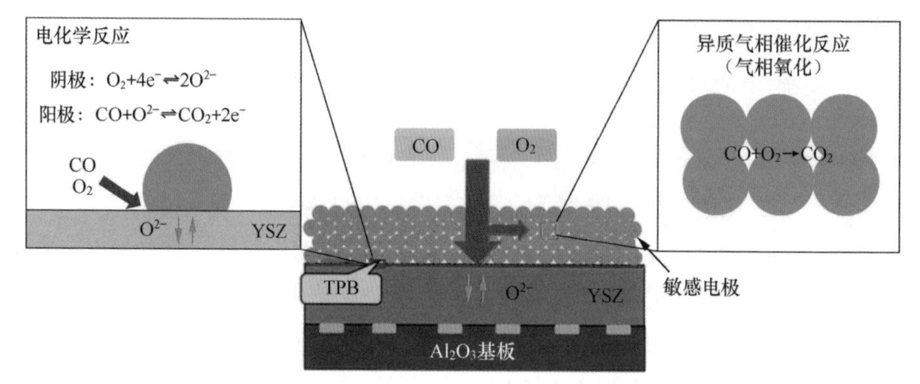

图 3.4　典型的 YSZ 基混成电位型气体传感器结构及反应过程

$$CO+O_2 \rightarrow CO_2 \tag{3.5}$$

$$O_2+4e^- \rightleftharpoons 2O^{2-} \tag{3.6}$$

$$CO+O^{2-} \rightleftharpoons CO_2+2e^- \tag{3.7}$$

因此，两个反应产生的局部电流，用巴特勒–福尔默（Butler-Volmer）方程描述为：

$$I_{O_2}=I_{0,O_2}\left[\exp\left(4\beta_{O_2}F\frac{V-V_{0,O_2}}{RT}\right)-\exp\left(-4\alpha_{O_2}F\frac{V-V_{0,O_2}}{RT}\right)\right] \tag{3.8}$$

$$I_{CO}=I_{0,CO}\left[\exp\left(2\beta_{CO}F\frac{V-V_{0,CO}}{RT}\right)-\exp\left(-2\alpha_{CO}F\frac{V-V_{0,CO}}{RT}\right)\right] \tag{3.9}$$

在式（3.8）和式（3.9）中，每一个反应的电流是由电极电位决定的，V 是实时电位，$V_{0,x}$ 是平衡电位，$I_{0,x}$ 是交换电流，I_x 是电流，T 是温度，R 是摩尔气体常数，F 是法拉第常数，α_x 是电荷转移系数，其中 $\alpha_x+\beta_x=1$，n_x 是转移载流子数 [式（3.8）和式（3.9）中的 4 和 2 分别是 O_2 和 CO 发生反应时的转移载流子数]。假设式（3.8）和式（3.9）中的交换电流 $I_{0,x}$ 遵循动力学方程（3.10）和（3.11）：

$$I_{0,O_2}=B_1c_{O_2}^m \tag{3.10}$$

$$I_{0,CO}=B_2c_{CO}^n \tag{3.11}$$

其中，B_1、B_2、m 和 n 为常数；c_{O_2} 和 c_{CO} 分别表示 O_2 和 CO 的浓度。

假设 O_2 主要被还原，而 CO 只被氧化，即忽略逆反应过程，式（3.6）～式（3.9）可以简化成如下形式：

$$O_2+4e^- \rightarrow 2O^{2-} \tag{3.12}$$

$$CO+O^{2-} \rightarrow CO_2+2e^- \tag{3.13}$$

$$I_{O_2}=I_{O_2,c}=I_{0,O_2}\left[\exp\left(-4\alpha_{O_2}F\frac{V-V_{0,O_2}}{RT}\right)\right] \tag{3.14}$$

$$I_{CO}=I_{CO,a}=I_{0,CO}\left[\exp\left(2\beta_{CO}F\frac{V-V_{0,CO}}{RT}\right)\right] \tag{3.15}$$

其中，$I_{O_2,c}$ 表示 O_2 的阴板反应电流；$I_{CO,a}$ 表示 CO 的阳极反应电流。当 $I_{O_2}+I_{CO}=0$，即反应（3.12）和（3.13）达到平衡时，定义此时的电位为混成电位，结合式（3.10）、式（3.11）、式（3.14）和式（3.15），可得到混成电位：

$$V_{mix}=V_0+m\frac{RT}{\left(4\alpha_{O_2}+2\beta_{CO}\right)F}\ln c_{O_2}-n\frac{RT}{\left(4\alpha_{O_2}+2\beta_{CO}\right)F}\ln c_{CO} \tag{3.16}$$

$$V_0=\frac{RT}{\left(4\alpha_{O_2}+2\beta_{CO}\right)F}\ln\frac{B_1}{B_2}+\frac{2\alpha_{O_2}V_{0,O_2}+\beta_{CO}V_{0,CO}}{2\alpha_{O_2}+\beta_{CO}} \tag{3.17}$$

当 O_2 浓度为固定值时，式（3.16）可以简化为：

$$V_{mix}=V_0^*-nA^*\ln c_{CO} \tag{3.18}$$

其中，$V_0^*=V_0+m\frac{RT}{(4\alpha_{O_2}+2\beta_{CO})\ F}\ln c_{O_2}=\frac{RT}{(4\alpha_{O_2}+2\beta_{CO})\ F}\ln\frac{B_1}{B_2}+$

$\frac{2\alpha_{O_2}V_{0,O_2}+\beta_{CO}V_{0,CO}}{2\alpha_{O_2}+\beta_{CO}}+m\frac{RT}{(4\alpha_{O_2}+2\beta_{CO})\ F}\ln c_{O_2}$，$A^*=\frac{RT}{\left(4\alpha_{O_2}+2\beta_{CO}\right)F}$。

当 O_2 浓度为定值时，V_0^* 和 A^* 均为常数。

Butler-Volmer 速率决定动力学的假设并不一定适用于混成电位型气体传感器的所有情况。Garzon 在他的文章中报道了其他的依赖关系[24]：传感器的典型研究条件是，被测气体的浓度远低于 O_2 的浓度。这表明，氧化反应在某些情况下可能是有限的质量输运。在基于扩散的质量输运限制的情况下，CO 的氧化电流可能服从以下关系：

$$I_{CO}=2FAD_{CO}\frac{c_{CO}}{\delta} \tag{3.19}$$

其中，A 为电极面积，D_{CO} 为 CO 的扩散系数，δ 为扩散边界层厚度。如果仍然满足式（3.10），则得到混成电位：

$$V_{mix}=V_{0,O_2}-\frac{RT}{4\alpha_{O_2}F}\ln\frac{2FAD_{CO}c_{CO}}{\delta B_1c_{O_2}^m} \tag{3.20}$$

在 O_2 浓度固定的条件下，混成电位和 CO 浓度仍为对数线性关系。

当 $V-V_{0,O_2}$ 趋近于 0 时，此时反应（3.6）的逆反应过程不可忽略，电流方程应满足式（3.9）。此时，反应（3.6）的阴极电流和阳极电流在氧平衡电位附近可以简化为：

$$I_{O_2,c}=I_{0,O_2}\left[\exp\left(-4\alpha_{O_2}F\frac{V-V_{0,O_2}}{RT}\right)\right]\approx I_{0,O_2}\left(1-4\alpha_{O_2}F\frac{V-V_{0,O_2}}{RT}\right) \tag{3.21}$$

$$I_{O_2,a} = I_{0,O_2}\left[\exp\left(4\beta_{O_2}F\frac{V-V_{0,O_2}}{RT}\right)\right] \approx I_{0,O_2}\left(1+4\beta_{O_2}F\frac{V-V_{0,O_2}}{RT}\right) \quad (3.22)$$

因此，在氧平衡电位附近，氧气的净电流可以近似表示为：

$$I_{O_2} = 4J_{0,O_2}F\frac{V-V_{0,O_2}}{RT} \quad (3.23)$$

此时，CO 电流满足式（3.11）和式（3.15），结合式（3.10）和式（3.23），也可得到V_{mix}与 CO 浓度的对数依赖关系式（3.24）：

$$V_{mix} = V_{0,CO} + \frac{RT}{2\beta_{CO}F}\left[\ln\frac{4F}{RT}\left(V_{mix}-V_{0,O_2}\right) + \ln\frac{B_1}{B_2} + m\ln c_{O_2} - n\ln c_{CO}\right] \quad (3.24)$$

当混成电位发生在氧平衡电位V_{0,O_2}附近，且 CO 动力学方程受基于扩散的质量输运限制时，结合式（3.10）、式（3.19）、式（3.23）可得到混成电位与 CO 浓度的关系式如下：

$$V_{mix} = V_{0,O_2} - RT\frac{AD_{CO}c_{CO}}{2B_1\delta c_{O_2}^m} \quad (3.25)$$

此时得到V_{mix}与c_{CO}的线性关系，这种线性关系已被报道[25]。Garzon 根据氧气和待测气体的动力学方程报道了式（3.16）、式（3.20）、式（3.24）、式（3.25）中的 4 种混成电位与待测气体相关参数的依赖关系，但是目前还没有文章完整地报道这 4 种关系，在应用时根据具体需要再选择可能对应的依赖关系。

下面再以第一种关系为例介绍NO_2的推导过程，即 Butler-Volmer 速率决定动力学。O_2和NO_2电化学反应以及电流方程如下：

$$2O^{2-} \rightarrow O_2+4e^- \quad (3.26)$$

$$NO_2+2e^- \rightarrow NO+O^{2-} \quad (3.27)$$

$$I_{O_2} = I_{O_2,a} = I_{0,O_2}\left[\exp\left(4\beta_{O_2}F\frac{V-V_{0,O_2}}{RT}\right)\right] \quad (3.28)$$

$$I_{NO_2} = I_{NO_2,c} = I_{0,NO_2}\left[\exp\left(-2\alpha_{NO_2}F\frac{V-V_{0,NO_2}}{RT}\right)\right] \quad (3.29)$$

假设式（3.28）和式（3.29）中的交换电流$I_{0,x}$遵循式（3.30）和式（3.31）：

$$I_{0,O_2} = B_1c_{O_2}^m \quad (3.30)$$

$$I_{0,NO_2} = -B_2c_{NO_2}^n \quad (3.31)$$

当$I_{O_2}+I_{NO_2}=0$，即反应（3.26）和（3.27）达到平衡时，定义此时的电位为混成电位，结合式（3.28）～式（3.31），可得到混成电位：

$$V_{mix} = V_0 - m\frac{RT}{\left(4\beta_{O_2}+2\alpha_{NO_2}\right)F}\ln c_{O_2} + n\frac{RT}{\left(4\beta_{O_2}+2\alpha_{NO_2}\right)F}\ln c_{NO_2} \quad (3.32)$$

$$V_0=\frac{RT}{\left(4\beta_{O_2}+2\alpha_{NO_2}\right)F}\ln\frac{B_2}{B_1}+\frac{2\beta_{O_2}V_{0,O_2}+\alpha_{NO_2}V_{0,NO_2}}{2\beta_{O_2}+\alpha_{NO_2}} \tag{3.33}$$

当 O_2 浓度为固定值时，式（3.32）可以简化为：

$$V_{mix}=V_0^*+nA^*\ln c_{NO_2} \tag{3.34}$$

其中，$V_0^*=V_0-m\frac{RT}{\left(4\beta_{O_2}+2\alpha_{NO_2}\right)F}\ln c_{O_2}=\frac{RT}{\left(4\beta_{O_2}+2\alpha_{NO_2}\right)F}\ln\frac{B_2}{B_1}+$

$$\frac{2\beta_{O_2}V_{0,O_2}+\alpha_{NO_2}V_{0,NO_2}}{2\beta_{O_2}+\alpha_{NO_2}}-m\frac{RT}{\left(4\beta_{O_2}+2\alpha_{NO_2}\right)F}\ln c_{O_2}，A^*=\frac{RT}{\left(4\beta_{O_2}+2\alpha_{NO_2}\right)F}。$$

当 O_2 浓度为固定值时，V_0^* 和 A^* 均为常数。

事实上，由于大多数传感器采用金属氧化物作为敏感电极，这些电极材料在气体中的半导体性质发生了变化，也会与混成电位原理一起，共同影响传感器的性能。然而，目前仍不清楚敏感电极材料半导体性质的变化是如何影响电极电位的，这在未来值得进一步研究以作为对混成电位原理的补充。

3.3 YSZ 基混成电位型气体传感器的研究进展

在新型 YSZ 基混成电位型气体传感器的开发设计中，许多研究团队相继开展了相关研究，开发了多种氧化物敏感电极及混成电位型气体传感器[26-33]，并提出了许多增感策略，包括敏感电极的设计、TPB 的构筑以及构筑传感器阵列等其他增感技术。

3.3.1 敏感电极的设计

从电位模型的角度来看，可以通过以下条件之一或其组合来实现更高的气敏性（以还原性气体为例）：促进待测气体的阳极反应，抑制氧气的阴极反应，抑制待测气体的气相催化反应过程。因此，在敏感电极的设计中，主要关注敏感电极对待测气体、氧气的电化学催化活性的影响，敏感电极对待测气体的气相催化反应过程的影响，敏感电极材料的微观结构对待测气体的扩散过程的影响，以及敏感电极的设计对选择性的影响。

1. 敏感电极对待测气体电化学催化活性的影响

为了提高传感器的敏感特性，设计和制备具有高电化学催化活性的新型复合金属氧化物材料并将其作为敏感电极是一种有效的策略。截至目前，一些钙钛矿型、尖晶石型及其他复合金属氧化物材料被广泛用于制作 YSZ 基混成电位型气体传感器的敏感电极。Hao 等人[27]利用溶胶-凝胶法合成了一系列 $Co_{1-x}Zn_xFe_2O_4$（x=0, 0.3, 0.5, 0.7, 1）敏感电极材料，用来构建 YSZ 基混成电位型丙酮传感器。主要研究 Co 和 Zn 的比例对传感器的丙酮敏感特性的影响。结果表明，当 x=0.5，传感器对丙酮展现了最好的敏感特性。如图 3.5 所示，在复阻抗测试中，当 Zn^{2+}以 1∶1 的比例替代 Co^{2+}后，与其他传感器相比，其界面电阻最小，证明 $Co_{0.5}Zn_{0.5}Fe_2O_4$-SE 对丙酮表现出了最高的电化学催化活性，这与传感器对丙酮的敏感特性测试结果相对应。

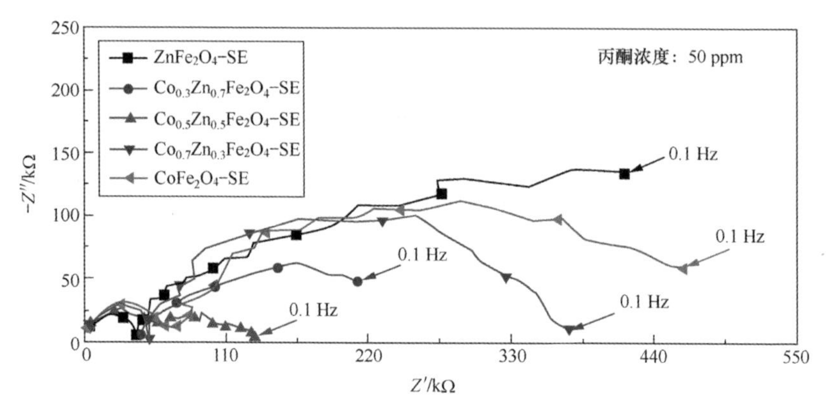

图 3.5 以 $Co_{1-x}Zn_xFe_2O_4$（x=0, 0.3, 0.5, 0.7, 1）为敏感电极的传感器在 50 ppm 丙酮中的复阻抗曲线[27]

2. 敏感电极对氧气电化学催化活性的影响

在敏感电极的制备上，Zhang 等人[34]通过不同的烧结工艺制备了具有不同金分布状态的敏感电极。首先，通过丝网印刷技术将烧结厚膜 Pt-YSZ（Pt 和 YSZ 的质量分数分别为 90%、10%）涂覆在固体电解质 YSZ 上；然后，通过物理气相沉积技术将金薄膜沉积在 Pt-YSZ 层上，并再次烧结。根据不同的烧结工艺，传感器分为两种类型：Ⅰ型，在 850 ℃烧结 10 min；Ⅱ型，在 1050 ℃烧结 4 h。Ⅱ型传感器相较于Ⅰ型传感器，在敏感电极表面和内部具有更均匀的金分布。如图 3.6（a）所示，空气中的循环伏安测试结果表明，与Ⅰ型传感器相比，Ⅱ型传感器在阳极和阴极范围内的电流绝对值显著降低。这表明Ⅱ型传感器的电化学催化活性低于Ⅰ型传感器，说明更均匀的金分布抑制了氧气的电化学反应。如图 3.6（b）所示，根据混成电位原理，Ⅱ型传感器更低的电化学催化活性使其具有更高的混成电位响应信号，进一步提高了传感器的敏感特性。开路电压测试中，Ⅱ型传感器对 CO 的响应远高于Ⅰ型传感器，与循环伏安测试结果一致。

3. 敏感电极对待测气体的气相催化反应过程的影响

为了研究敏感电极对待测气体的气相催化反应过程的影响，Ritter 等人[35]分别制备了直径相同的网状圆铂和完整圆铂作为敏感电极。如图 3.7（a）和图 3.7（b）所示，完整圆铂电极的实测值与计算曲线存在偏差，而网状圆铂电极在不同温度下的实测值与计算曲线没有明显的偏差。这说明，以完整圆铂为敏感电极的传感器存在丙烯的气相输运限制，使得到达 TPB 的丙烯浓度显著降低，从而限制了混成电位的形成。一种可能的解释是，铂催化了丙烯的气相催化反应，在气相催化反应中，丙烯被转化为二氧化碳和水。这种气相催化反应没有电荷载流子被交换，对信号形成没有直接影响。如图 3.7（c）所示，通过进一步极化曲线验证发现，两种电极构型下产生的电流基本是相同的。这说明，使用网状圆铂电极时，系统的总电阻几乎没有变化，并且网状圆铂电极的丙烯感应电流水平明显高于完整圆铂电极，证明在完整圆铂电极中，到达 TPB 的丙烯很少，即丙烯在完整圆铂电极中发生气相催化反应后被消耗了。

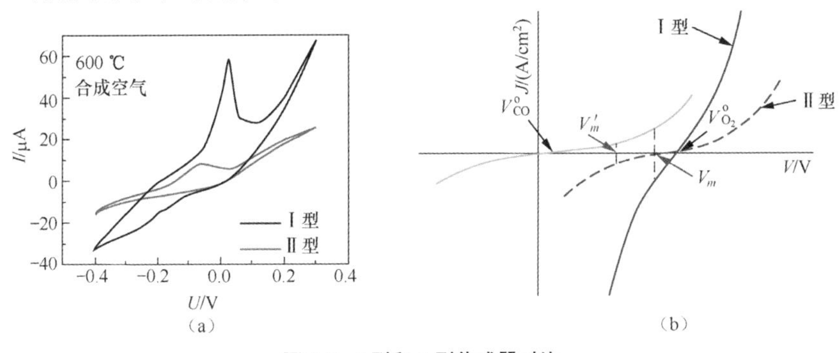

图 3.6　Ⅰ型和Ⅱ型传感器对比

（a）在 600 ℃ 的合成空气中的循环伏安曲线；（b）在相同的假设前提（基于 CO 电化学动力学）下，不同 ORR 动力学下混成电位形成的示意[34]

（注：ORR 为 Oxygen Reductive Reaction，氧还原反应；V 为电位；V'_m 为混成电位；V^{o}_{CO} 为 CO 电化学反应的平衡电极电位；$V^{o}_{O_2}$ 为 O_2 电化学反应的平衡电极电位）

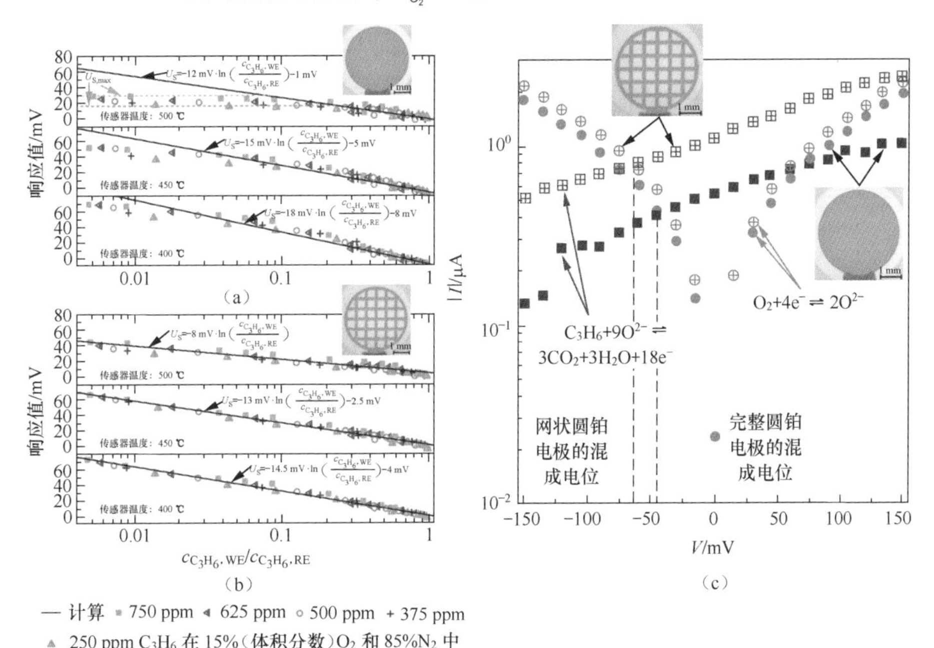

图 3.7　不同敏感电极构型对传感器性能的影响

以（a）完整圆铂和（b）网状圆铂为敏感电极的传感器的信号与 $c_{C_3H_6,WE}/c_{C_3H_6,RE}$ 的对数的关系（WE 为工作电极）；（c）在 Tafel 图中，当极化完整圆铂电极和网状圆铂电极时，电流相对电极电位的绝对值[35]

4．敏感电极材料的微观结构对待测气体扩散过程的影响

敏感电极材料的微观结构（如粒径和孔隙尺寸）是决定混成电位型气体传感器灵敏度的另一个关键因素，因为它会影响待测气体在敏感电极材料上的吸附和解吸以及在敏感电极层中的扩散。在到达 TPB 之前，待测气体必须扩散通过敏感电极层，部分待测气体可能发生气相催化反应而被损耗掉。因此，为了使气体快速扩散通过敏感电极层，从而达到增强敏感特性的目的，敏感电极的孔隙率是不容忽视的作用因素。通常采用两种策略来提高敏感电极的孔隙率：通过提高烧结温度来增大粒径，通过使用特殊的硬模板来控制敏感电极的孔隙尺寸和孔数量。Lu 等人制备了以 W 为硬模板的 W/Cr 二元氧化物，它在 800 ℃后能升华，即使在很高的温度下也能形成稳定的多孔结构。W/Cr 二元氧化物的孔隙率和组成强烈依赖 W/Cr 的摩尔比和烧结温度。如图 3.8 所示，当 W/Cr 的摩尔比为 3∶2 时，W/Cr 二元氧化物显示出了优异的孔隙率，并形成了被 WO_3 小颗

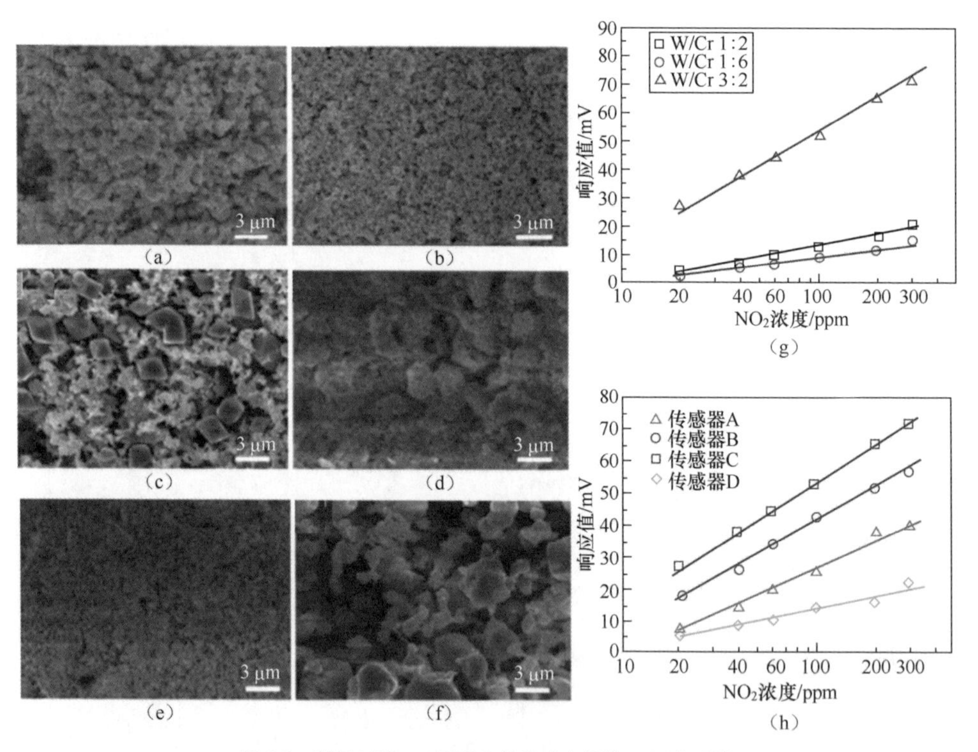

图 3.8　基于 W/Cr 二元氧化物敏感电极的 NO_2 传感器

不同 W/Cr 摩尔比的 W/Cr 二元氧化物（1000 ℃烧结）敏感电极的表面扫描电子显微镜（Scanning Electron Microscope，SEM）图：（a）1∶6；（b）1∶2；（c）3∶2；在不同烧结温度下，W/Cr 摩尔比为 3∶2 的 W/Cr 二元氧化物敏感电极的表面 SEM 图：（d）800 ℃；（e）900 ℃；（f）1100 ℃；以 W/Cr 二元氧化物为敏感电极的传感器对 NO_2 的连续响应：（g）1000 ℃烧结的不同 W/Cr 摩尔比和（h）不同烧结温度下的 W/Cr 摩尔比为 3∶2 的 W/Cr 二元氧化物为敏感电极的传感器的响应值与 NO_2 浓度关系，其中传感器 A 对应 800 ℃、传感器 B 对应 900 ℃、传感器 C 对应 1000 ℃、传感器 D 对应 1100 ℃[36]

粒包围的新相（Cr_2WO_6）。传感器输出也与 W/Cr 摩尔比和烧结温度有关。在 1000 ℃下获得的摩尔比为 3∶2 的 W/Cr 二元氧化物为敏感电极的传感器显示出了最大的响应值。上述结果表明了混成电位型 NO_x 传感器中敏感电极的孔隙率的重要性。

5. 敏感电极的设计对选择性的影响

除了增强传感器的敏感特性，敏感电极的设计还可以改善传感器的其他性能，如选择性和响应恢复特性。为了改善传感器在 NH_3 测试中对 NO 和 NO_2 的抗干扰性，Meng 等人[30]在敏感电极 $CoWO_4$ 中引入了 PdO。如图 3.9（a）和图 3.9（b）所示，为了检查共存的 NO 和 NO_2 浓度对传感信号的影响，Meng 等人测试了传感器在不同浓度的 NO 或 NO_2 存在情况下对 300 ppm NH_3 的响应和恢复曲线。共存的 NO 和 NO_2 对基于 $CoWO_4$ 的 NH_3 传感器有严重影响。共存气体浓度越高，影响越严重。例如，当向含有 300 ppm NH_3 的样气中注入 300 ppm NO 时，响应值绝对值几乎降低了 1/3。NO_2 对 NH_3 响应信号的影响更严重，当向含有 300 ppm NH_3 的样气中注入 300 ppm NO_2 时，传感器的响应信

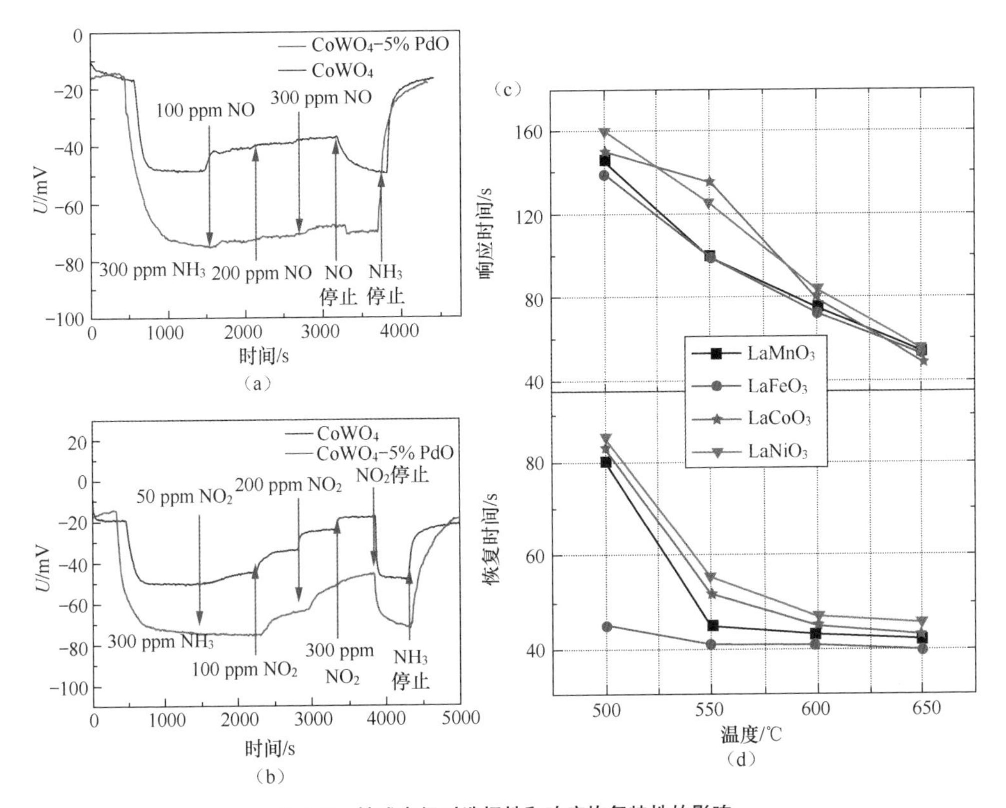

图 3.9　敏感电极对选择性和响应恢复特性的影响

在 400 ℃，基于 $CoWO_4$ 和 $CoWO_4$-5%（摩尔分数） PdO 的传感器在不同浓度干扰气体下对 300 ppm NH_3 的响应和恢复曲线[30]：（a）NO；（b）NO_2；不同工作温度下，$LaMO_3$ 传感器的（c）响应曲线和（d）恢复曲线[31]

号被完全抵消。对基于 $CoWO_4$-5% PdO 的传感器，在存在 300 ppm NO 的情况下，基于 $CoWO_4$-5% PdO 的传感器对 300 ppm NH_3 的响应值绝对值仅下降 11%，表明以 $CoWO_4$-5% PdO 为敏感电极的传感器对 NO 的选择性优于以 $CoWO_4$ 为敏感电极的传感器。同时，与基于 $CoWO_4$ 的传感器相比，NO_2 对 NH_3 响应信号的干扰显著降低。例如，向含有 300 ppm NH_3 的样气中注入 100 ppm NO_2 时，响应信号没有明显变化。在 NO_2 含量为 300 ppm 的情况下，传感器对 300 ppm NH_3 的响应值从−61 mV 变至−34 mV，绝对值降低约一半，表明通过引入第二相 PdO 对敏感电极进行修饰是提高 NH_3 传感器对 NO 和 NO_2 抗干扰性的有效方法。

Tho 等人[31]利用溶胶-凝胶法制备了敏感电极材料 $LaMO_3$（M 为 Mn、Fe、Co 和 Ni），并研究了不同种类的 $LaMO_3$ 材料对响应恢复特性的影响。如图 3.9（c）和图 3.9（d）所示，传感器 Pt|YSZ|$LaFeO_3$ 的响应和恢复时间均最小。传感器 Pt|YSZ|$LaMO_3$ 的响应和恢复时间与微孔电极膜引起的还原/氧化反应和 $LaMO_3$ 中 3d 过渡金属的价态变化有关。在 $LaMO_3$ 氧化物体系中，据报道 $LaFeO_3$ 在与还原/氧化性气体相互作用时具有最好的可逆催化还原/氧化特性[37]。此外，在该工作中，氧化电极 $LaFeO_3$ 的粒径略小于其他氧化电极的粒径。因此，传感器 Pt|YSZ|$LaFeO_3$ 具有最短的响应和恢复时间。

3.3.2 三相界面（TPB）的构筑

TPB 是待测气体-固体电解质-敏感电极的接触界面，是发生电化学反应的“反应场所”。电化学反应活性位点的数量与 TPB 的大小有关。混成电位型气体传感器的敏感特性由多种因素共同决定，不仅与敏感电极材料的电化学催化活性及微结构有关，还取决于 TPB 大小。传统的混成电位型气体传感器结构包括管状或平面 YSZ 板，及在 YSZ 两侧附加的敏感电极和参考电极[38]。此外，YSZ 电解质具有致密的形态，而参考电极和敏感电极具有多孔结构。虽然这种设计具有优势，如高比表面积的电极可以提高传感器的灵敏度，但由于待测气体在通往 TPB 的气路上发生的非均相反应，传感器耐久性和信号损失降低了实际应用中的有效性。然而，无论传感器的设计如何，TPB 在确定传感器信号强度方面起着至关重要的作用。低 TPB 的高比表面积催化剂比低比表面积催化剂具有更高的非均相反应贡献，灵敏度较低[39]。因此，高比表面积催化剂并不一定会得到更高的灵敏度；在传感器性能中，TPB 是不可忽视的重要作用因素；构筑高效 TPB 也是提高混成电位型气体传感器敏感特性的有效策略。

在高效 TPB 的构筑上，现有的主要方案是对 YSZ 表面进行处理，获得多孔粗糙 YSZ 表面。如图 3.10 所示，当 YSZ 表面从光滑变粗糙时，敏感电极与 YSZ 接触面积明显增大，电化学反应发生场所增加，达到对传感器增感的目的。例如，Yin 等人采用双层流延造孔法[40]、Guan 等人采用飞秒激光加工法[41]对 YSZ 表面进行处理，得到多孔 YSZ 固体电解质基板。相较于没有进行成孔剂处理的传感器，多孔层中含有 15% 淀粉的传感器对 10 ppm NO_2 的响应值几乎成倍增大，从约 14 mV 增大到约 27 mV。类似地，飞秒激光写入系统在 YSZ 上产生间距为 130 μm 的凹槽，以促进更高效 TPB 形成。未经激光处理的传感器对 NO_2 的灵敏度为 35 mV/decade，经过处理后，传感器的灵敏度提高到 55 mV/decade。研究人员[42]还发现用氢氟酸腐蚀 YSZ 表面可改善 TPB 并增大传感器响应值。腐蚀后，传感器的灵敏度从 37 mV/decade 提高到 76 mV/decade。以上研究证明，高效 TPB 的构筑是提升传感器灵敏度的有效策略。

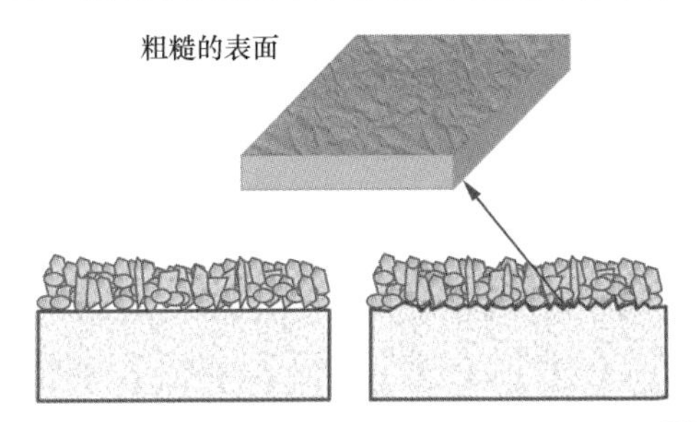

图 3.10　YSZ 表面为光滑和粗糙状态的 TPB 示意[29]

3.3.3　其他增感技术

除了对敏感电极和 TPB 进行研究，研究人员还设计出了许多策略用来增强混成电位型气体传感器性能，包括光增感、多电极催化增感、阵列结构增感等策略。例如 Jin 等人[43]以传统光敏材料 ZnO 作为基础敏感电极材料，并研究了不同 ZnO 基复合电极的光催化效应，即在 ZnO 中掺入不同的光活性添加剂，探究通过使用光活性更高的复合材料来进一步提高混成电位型气体传感器的敏感特性的潜在成功性。结果发现，以 ZnO 和复合材料（ZnO+质量分数为 30%的 In_2O_3）作为敏感电极材料时，传感器对 1 ppm 苯的响应值分别为−1.54 mV 和−5.38 mV；在照明后，响应值变为−2.22 mV 和−8.6 mV。这证明通过设计良好的光敏复合材料和光照，可以增强混成电位型气体传感器的敏感特性。Yang 和 Dutta[44]提出串联多个传感器的设计方案，如图 3.11 所示。对于这种集成的器件，传感器的总响应值为几个器件响应值的总和，传感器数量的增加可以有效降低对待测气体的检测下限。

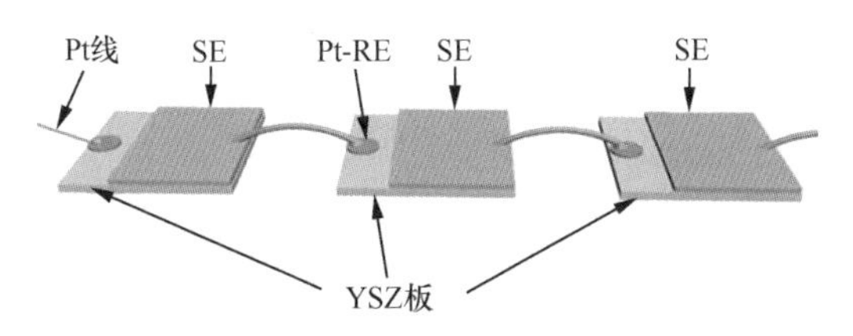

图 3.11　YSZ 基混成电位型气体传感器的阵列结构示意[44]

3.4 本章小结

YSZ 具有优异的化学稳定性，特别是在高温环境中具有优异的化学稳定性和离子导电性。作为固体电解质，YSZ 优异的性能使得混成电位型气体传感器可以应用在高温场景中，如机动车尾气、排烟管道等高温恶劣应用场景。目前，混成电位型气体传感器主要遵循 Miura 和 Lu 提出的混成电位原理。Garzon 进一步对混成电位原理进行完善。同时，为了改善传感器的性能，研究人员提出了许多重要的增感策略。本章简要介绍了敏感电极的设计、TPB 的构筑、阵列结构增感、光增感等手段，在随后的章节中，我们将围绕不同增感策略进行详细阐述。

参考文献

[1] BODWAL S P S, et al. Electrical conductivity of single crystal and polycrystalline yttria-stabilized zirconia [J]. Journal of Materials Science, 1984, 19: 1767-1776.

[2] ZHUIYKOV S. Electrochemistry of zirconia gas sensors [M]. Boca Raton: CRC Press, 2007.

[3] HOWARD C J, HILL R J, REICHERT B E. Structures of ZrO_2 polymorphs at room temperature by high-resolution neutron powder diffraction [J]. Acta Crystallographica, 2010, 44(2): 116-120.

[4] BASU B. Toughening of Y-stabilized tetragonal zirconia ceramics [J]. International Materials Reviews, 2005, 50: 239-256.

[5] LU G Y. Development of new-type electrochemical gas sensors using stabilized zirconia electrolyte and oxide electrodes [D]. Kyushu: Kyushu University, 1998.

[6] FERGUS J W. Electrolytes for solid oxide fuel cells [J]. Journal of Power Sources, 2006, 162(1): 30-40.

[7] PARKES M A, TOMPSETT D A, D'Avezac M, et al. The atomistic structure of yttria stabilised zirconia at 6.7mol%: an ab initio study [J]. Physical Chemistry Chemical Physics, 2016, 18: 31277.

[8] NOWOTNY J, BAK T, NOWOTNY M K, et al. Charge transfer at oxygen/zirconia interface at elevated temperatures - Part 1: basic properties and terms [J]. Advances in Applied Ceramics, 2005, 104: 147-153.

[9] BADWAL S. Zirconia-based solid electrolytes: microstructure, stability and ionic conductivity [J]. Solid State Ionics, 1992, 52: 23-32.

[10] BADWAL S, CIACCHI F T. Microstructure of Pt electrodes and its influence on the

oxygen transfer kinetics [J]. Solid State Ionics, 1986, 18: 1054-1059.
[11] FLEMING W J. Physical principles governing nonideal behavior of the zirconia oxygen sensor [J]. J Electrochem Soc (United States), 1977, 124(1): 21-28.
[12] SHIMIZU F, YAMAZOE N, SEIYAMA T. Detection of combustible gases with stabilized zirconia sensor [J]. Chemistry Letters, 1978, 21: 299-300.
[13] OKAMOTO H, OBAYASHI H, KUDO T. Carbon monoxide gas sensor made of stabilized zirconia [J]. Solid State Ionics, 1980, 1: 319-326.
[14] OKAMOTO H, OBAYASHI H, KUDO T. Non-ideal EMF behavior of zirconia oxygen sensors [J]. Solid State Ionics, 1981, 3: 453-456.
[15] MOSELEY P T, TOFIELD B C. Solid state gas sensors [M]. Bristol: AdamHilger, 1987.
[16] VOGEL A, BAIER G, SCHÜLE V. Non-Nernstian potentiometric zirconia sensors: screening of potential working electrode materials [J]. Sensors and Actuators B Chemical, 1993, 15: 147-150.
[17] Li N, TAN T C, Zeng H C. High-temperature carbon monoxide potentiometric sensor [J]. Journal of the Electrochemical Society, 1993, 140(4): 1068-1072.
[18] TAN. Characteristics and modeling of a solid state hydrogen sensor [J]. Journal of the Electrochemical Society, 1994, 141: 461-467.
[19] NARDUCCI D, ORNAGHI A, MARI C M. CO determination in air by YSZ-based sensors [J]. Sensors and Actuators B: Chemical, 1994, 19: 566-568.
[20] CAN Z. Y, NARITA H, MIZUSAKI J, et al. Detection of carbon monoxide by using zirconia oxygen sensor [J]. Solid State Ionics, 1995, 79: 344-348.
[21] MIURA N, YAN Y, LU G Y, et al. Sensing characteristics and mechanism of hydrogen sulfide sensor using stabilized zirconia and oxide sensing electrode [J]. Sensors and Actuators B: Chemical, 1996, 34: 367-372.
[22] LU G Y, MIURA N, YAMAZOE N. Mixed potential hydrogen sensor combining oxide ion conductor with oxide electrode [J]. Journal of the Electrochemical Society, 1996, 143: L154-L155.
[23] MIURA N, LU G Y, YAMAZOE N. Mixed potential type NO_x sensor based on stabilized zirconia and oxide electrode [J]. Journal of the Electrochemical Society, 1996, 143: L33-L35.
[24] GARZON F H, MUKUNDAN R, BROSHA E L. Solid-stale mixed potential gas sensors: theory, experiments and challenges [J]. Solid State Ionics, 2000, 136: 633-638.

[25] ZHANG Y, MA C, YANG X, et al. NaSICON-based gas sensor utilizing $MMnO_3$ (M: Gd, Sm, La) sensing electrode for triethylamine detection [J]. Sensors and Actuators B: Chemical, 2019, 295: 56-64.

[26] WANG B, YANG X, GUAN Y, et al. High-temperature stabilized zirconia-based sensors utilizing MNb_2O_6 (M: Co, Ni and Zn) sensing electrodes for detection of NO_2 [J]. Sensors and Actuators B: Chemical, 2016, 232: 523-530.

[27] HAO X, WANG B, MA C, et al. Mixed potential type sensor based on stabilized zirconia and $Co_{1-x}Zn_xFe_2O_4$ sensing electrode for detection of acetone [J]. Sensors and Actuators B: Chemical, 2018, 255: 1173-1181.

[28] MARTIN L P, PHAM A Q, GLASS R S. Effect of Cr_2O_3 electrode morphology on the nitric oxide response of a stabilized zirconia sensor [J]. Sensors and Actuators B: Chemical, 2003, 96: 53-60.

[29] LU G, DIAO Q, YIN C, et al. High performance mixed-potential type NO_x sensor based on stabilized zirconia and oxide Electrode [J]. Solid State Ionics, 2014, 262: 292-297.

[30] MENG W, WANG L, LI Y, et al. Mixed-potential type NH_3 sensor based on $CoWO_4$-PdO sensing electrode prepared by self-demixing [J]. Electrochimica Acta, 2019, 321: 134668.

[31] THO N D, HUONG D V, et al. High temperature calcination for analyzing influence of 3d transition metals on gas sensing performance of mixed potential sensor Pt/YSZ/$LaMO_3$ (M = Mn, Fe, Co, Ni) [J]. Electrochimica Acta, 2016, 190: 215-220.

[32] CHENG C, ZOU J, ZHOU Y, et al. Fabrication and electrochemical property of $La_{0.8}Sr_{0.2}MnO_3$ and $(ZrO_2)_{0.92}(Y_2O_3)_{0.08}$ interface for trace alcohols sensor [J]. Sensors and Actuators B: Chemical, 2021, 331: 129421.

[33] WANG C, JIANG L, WANG J, et al. Mixed potential type H_2S sensor based on stabilized zirconia and a Co_2SnO_4 sensing electrode for halitosis monitoring [J]. Sensors and Actuators B: Chemical, 2020, 321: 128587.

[34] ZHANG X, KOHLER H, SCHWOTZER M, et al. Layered Au, Pt-YSZ mixed potential gas sensing electrode: correlation among sensing response, dynamic electrochemical behavior and structural properties [J]. Sensors and Actuators B: Chemical, 2019, 278: 117-125.

[35] RITTER T, LATTUS J, HAGEN G, et al. Effect of the heterogeneous catalytic activity of electrodes for mixed potential sensors [J]. Journal of the Electrochemical

Society, 2018, 165: B795-B803.

[36] DIAO Q, YIN C, LIU Y, et al. Mixed-potential-type NO_2 sensor using stabilized zirconia and Cr_2O_3-WO_3 nanocomposites [J]. Sensors and Actuators B: Chemical, 2013, 180: 90-95.

[37] KREMENI G, NIETO J, TASCÓN J, et al. Chemisorption and catalysis on $LaMO_3$ oxides [J]. Journal of the Chemical Society, Faraday Transactions 1: Physical Chemistry in Condensed Phases, 1985, 81: 939-949.

[38] MIURA N, SATO T, ANGGRAINI S A, et al. A review of mixed-potential type zirconia-based gas sensors [J]. Ionics, 2014, 20: 901-925.

[39] RAMAIYAN K P, MUKUNDAN R. Editors′ choice-review-recent advances in mixed potential sensors [J]. Journal of the Electrochemical Society, 2020, 167: 037547.

[40] YIN C, GUAN Y, ZHU Z, et al. Highly sensitive mixed-potential-type NO_2 sensor using porous double-layer YSZ substrate [J]. Sensors and Actuators B: Chemical, 2013, 183: 474-477.

[41] GUAN Y, LI C, CHENG X, et al. Highly sensitive mixed-potential-type NO_2 sensor with YSZ processed using femtosecond laser direct writing technology [J]. Sensors and Actuators B: Chemical, 2014, 198: 110-113.

[42] LIANG X, YANG S, LI J, et al. Mixed-potential-type zirconia-based NO_2 sensor with high-performance three-phase boundary [J]. Sensors and Actuators B: Chemical, 2011, 158: 1-8.

[43] JIN H, ZHANG X, HUA C, et al. Further enhancement of the light-regulated mixed-potential signal with ZnO-based electrodes [J]. Sensors and Actuators B: Chemical, 2018, 255: 3516-3522.

[44] YANG J C, DUTTA P K. Promoting selectivity and sensitivity for a high temperature YSZ-based electrochemical total NO_x sensor by using a Pt-loaded zeolite Y filter [J]. Sensors and Actuators B: Chemical, 2007, 125: 30-39.

第 4 章 YSZ 基混成电位型气体传感器的敏感电极材料设计

YSZ 基混成电位型气体传感器的敏感特性与 TPB（待测气体–固体电解质–敏感电极）处电化学反应的程度有关，敏感电极材料的电化学催化活性越强，相应的电化学反应越剧烈，同时传感器的性能也会得到一定的改善。因此，制备具有合适微结构、较低的化学催化活性以及较高电化学催化活性的敏感电极材料对提高混成电位型气体传感器敏感特性具有十分重要的意义。本章先针对 YSZ 基混成电位型气体传感器的敏感电极材料种类和增感策略进行介绍，再具体总结目前该类型传感器的敏感电极材料的常用制备方法，以及概述基于不同敏感电极的气体传感器的构建和应用领域。

4.1 敏感电极材料的种类和增感策略

自从 1977 年 Fleming 首次在空气和 CO 的混合气体中观察到 YSZ 基氧传感器的非能斯特行为后，1978 年 Shimizu 等人[1]开发了基于氧化钙稳定氧化锆和贵金属敏感电极的混成电位型 CO、HC 和 H_2 传感器，但是对非能斯特行为的产生机制没有完全理解。到了 1980 年，Okamoto 等人[2, 3]利用涂有 Al_2O_3（+Pt）或 SnO_2 催化层的 Pt 敏感电极制作了 YSZ 基 CO 传感器，在这项工作中，他们提出了“混成电位”的概念。根据混成电位原理，决定传感器敏感特性的重要因素之一就是敏感电极材料的特性，包括材料的种类、微结构（粒径、多孔性等）、化学催化活性及电化学催化活性等。对此，研究人员已经开发了一系列具有不同组成成分和结构的敏感电极材料用于制作混成电位型气体传感器，包括单一金属氧化物、复合金属氧化物等材料。其中，复合金属氧化物又包括尖晶石型、钙钛矿型氧化物以及多种氧化物的混合物。

4.1.1 贵金属/合金

Vogel 等人[4]使用 Pt 作为参考电极，以 Mo 或 Pt 与其他贵金属组成的二元合金为敏感电极，构建了稳定氧化锆基固体电解质气体传感器。如图 4.1（a）和图 4.1（b）所示，以不同贵金属为敏感电极制作的传感器对 CO 和 H_2 的响应值表现出很大的不同。

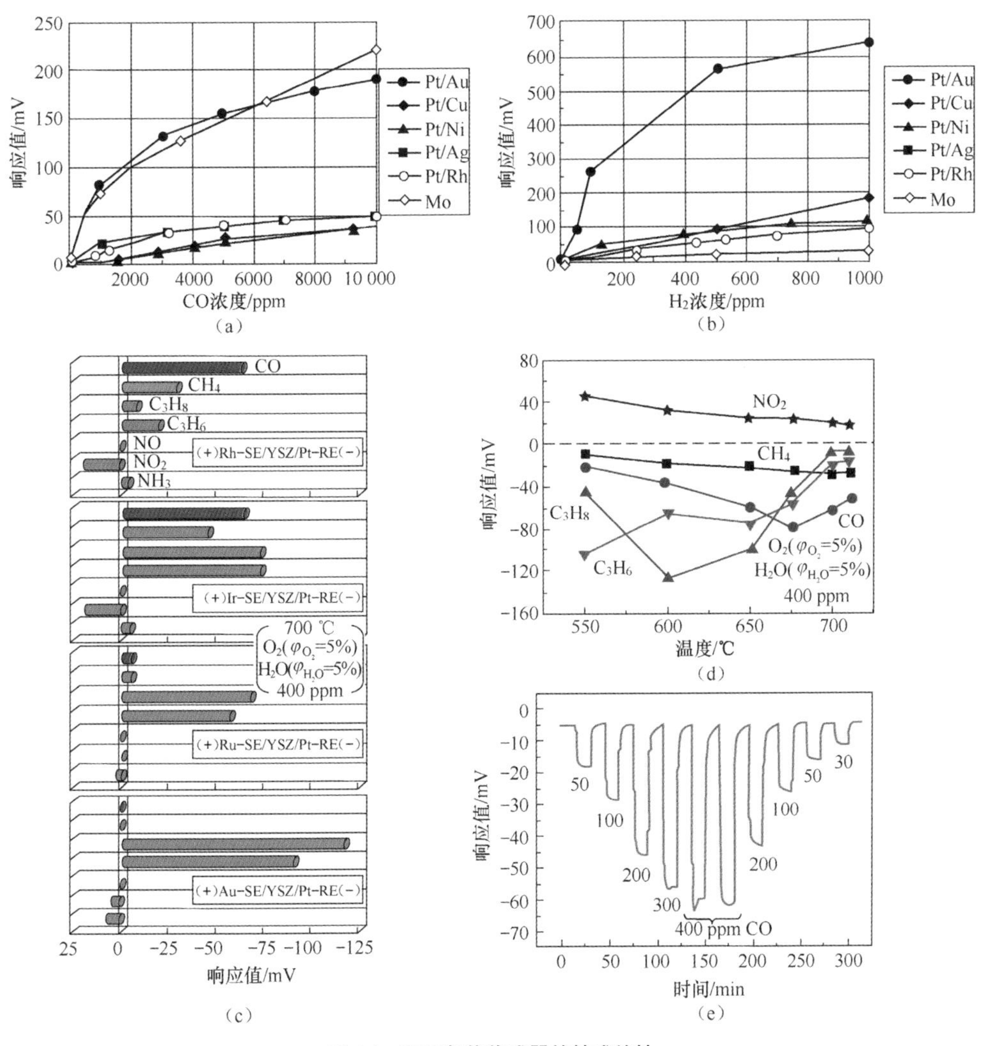

图4.1　不同气体传感器的敏感特性

（a）和（b）为以Mo或Pt与其他贵金属组成的二元合金为敏感电极制作的固体电解质气体传感器对CO和H_2的响应值[4]；（c）以不同贵金属为电极的传感器的交叉选择性；（d）以Rh为敏感电极的传感器在不同工作温度下对NO_2、CH_4、C_3H_8、C_3H_6和CO的响应值；（e）以Rh为敏感电极的传感器对不同浓度CO的响应恢复曲线[5]

其中，以Pt/Au和Mo为敏感电极构建的传感器对CO具有最高的灵敏度，以Pt/Au和Pt/Ni为敏感电极构建的传感器对H_2表现出最高的灵敏度。由于非能斯特行为依赖于多种物理、化学性质，如表面迁移率、吸附位点密度、催化活性和电极表面的反应动力学，因此不同的敏感电极材料具有不同的性质，从而对气体表现出不同的敏感特性。Plashnitsa等人[5]采用胶体溶液法制备了贵金属金（Au）、铑（Rh）、钌（Ru）和铱（Ir）敏感电极，如图4.1（c）～图4.1（e）所示，其中以Rh和Ir为敏感电极、Pt

为参考电极的传感器对 CO 的响应最强，对 400 ppm CO 的响应值约为−70 mV。与 Ir 敏感电极相比，以 Rh 为敏感电极的传感器展现出了更好的选择性，检测范围为 30～400 ppm CO。同时，Plashnitsa 等人通过改变传感器的工作温度，降低了传感器对某些干扰气体［如丙烷（C_3H_8）、丙烯（C_3H_6）］的响应。在 700 ℃的工作温度下，传感器表现出了最佳的选择性。一方面，Rh 亚微米颗粒的形状和取向可能对 CO 的敏感特性和选择性具有明显的提升作用，从而为 CO 和 O_2 共吸附创造了特殊的位点。另一方面，影响 CO 化学吸附行为的重要原因是贵金属在高温下的氧化程度不同。

用于构筑传感器的单质材料通常都是贵金属，这些贵金属材料虽然足够稳定且电导率较高，但其在地表中含量很低，因此成本很高，并且大部分贵金属的气相催化能力较强，不适用于低浓度气体的检测，应用领域较窄。

4.1.2 单一金属氧化物

为了降低传感器制作成本，实现对低浓度气体的检测，研究人员开发了一系列以廉价单一金属氧化物（如 SnO_2、NiO、WO_3 等）作为敏感电极的混成电位型气体传感器[6, 7]。Lu 等人[8]开发了不同的单一金属氧化物敏感电极材料，并构建了 YSZ 基混成电位型车载气体传感器，在高温下检测 NO_x。600 ℃时，以不同氧化物为敏感电极的传感器对 200 ppm NO 和 200 ppm NO_2 的响应值对比如图 4.2（a）所示。发现在 600 ℃的工作温度下，以 WO_3 为敏感电极的传感器对 NO 和 NO_2 均表现出了最大的响应值绝对值，但是响应值大小不同、方向相反。研究结果表明：在 500～700 ℃的工作温度范围内，在所研究的单一金属氧化物敏感电极中，WO_3 是最适合用来构建 YSZ 基混成电位型 NO_x 传感器的敏感电极材料。此外，混成电位型 NO_x 传感器的灵敏度受工作温度的影响，在一定温度范围内，传感器的灵敏度随工作温度的升高呈现先升高后下降的趋势[9]。因此，混成电位型气体传感器的敏感特性除了与敏感电极材料种类密切相关以外，工作温度也会对其产生一定的影响。图 4.2（b）展示了在 850 ℃时，以不同单一金属氧化物为敏感电极的传感器对 400 ppm NO_2 的响应值对比。发现以 NiO 为敏感电极的传感器表现出了最好的敏感特性[10, 11]。因此，在较高工作温度时，NiO 是感知 NO_2 的优异电极材料。

根据混成电位型气体传感器的敏感机理，待测气体通过敏感电极层时由于气相催化反应会消耗气体，因此，传感器的敏感特性不仅与敏感电极材料的组成有关，还与电极的微结构（粒径、敏感电极层厚度、多孔性、特殊形貌等）有关。即使敏感电极材料的化学组成相同，但是合成方法、膜厚或烧结温度的不同也会影响传感器的敏感特性。Zhang 等人[11]利用单层聚苯乙烯（Polystyrene，PS）球模板法在 YSZ 表面生长了 SnO_2 多孔膜，并以不同膜厚的 SnO_2 多孔膜为敏感电极制作了混成电位型气体传感器，图 4.2（c）和图 4.2（d）是传感器在 450 ℃和 500 ℃对 20～2000 ppm H_2 的响应恢复曲线。同时，以 SnO_2 多孔膜为敏感电极的传感器对 H_2 显示出了高敏感特性，如图 4.2（e）所示，以直径为 200 nm 的 PS 球为模板制备的 SnO_2 多孔膜为敏感电极的传感器响应值绝对值最高，对 100 ppm H_2 的响应值接近 40 mV。随着 SnO_2 多孔膜膜厚的

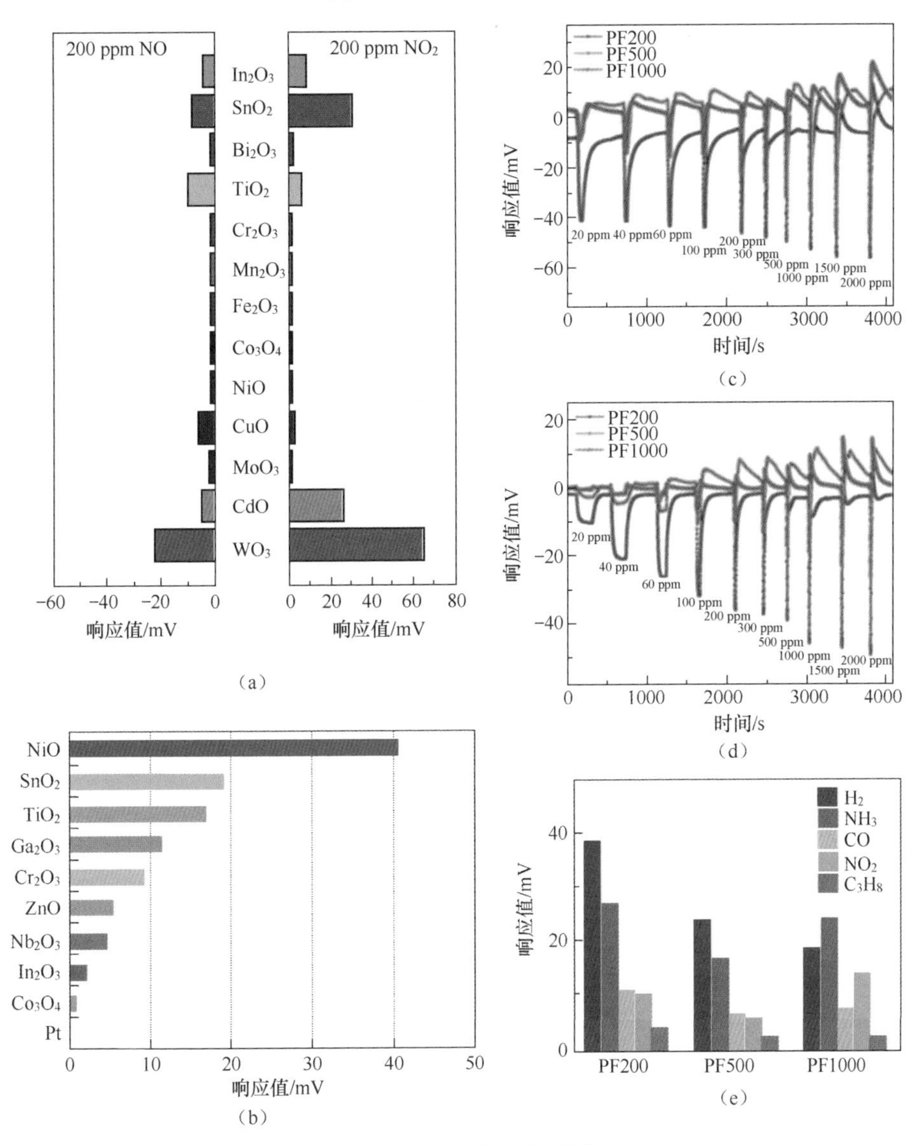

图 4.2　不同传感器的敏感特性

（a）在 600 ℃，以不同氧化物为敏感电极的传感器对 200 ppm NO 和 200 ppm NO_2 的响应值[8]；（b）在 850 ℃，以不同单一金属氧化物为敏感电极的传感器对 400 ppm NO_2 的响应值对比[10]；以不同的 SnO_2 多孔膜为敏感电极的传感器在（c）450 ℃和（d）500 ℃对 20~2000 ppm H_2 的响应恢复曲线；（e）在 450 ℃，以不同的 SnO_2 多孔膜为敏感电极的传感器对 100 ppm 不同气体的响应值（取绝对值）[12]

（注：PF200、PF500、PF1000 分别表示以直径为 200 nm、500 nm、1000 nm 的 PS 球为模板制备的 SnO_2 多孔膜）

增加，传感器的响应值绝对值逐渐减小，并且对 NH_3、NO_2 等气体的选择性逐渐变差。这主要是由于 SnO_2 对 H_2 的高气相催化能力，厚膜使 H_2 穿越敏感电极层的时间延长，导致 H_2 的消耗变多，传感器的响应值绝对值降低。在实际测试过程中，可以根据需要选用不同膜厚的电极构建混成电位型气体传感器。Liu 等人[13]制备了花状分等级结构的 In_2O_3 材料［如图 4.3（a）所示］，并将其作为敏感电极构建了稳定氧化锆基混成电位型 NO_2 传感器，研究了烧结温度（800 ℃、1000 ℃和 1200 ℃）对传感器灵敏度的影响，发现具有特殊形貌的 In_2O_3 对 NO_2 具有良好的灵敏度，以在 1000 ℃下烧结的 In_2O_3 为敏感电极制作的传感器对 5～300 ppm NO_2 展现了最高的灵敏度［68 mV/decade；如图 4.3（b）所示］。经过 30 天高温老化后，以 1000 ℃下烧结的具有花状分等级结构的 In_2O_3 为敏感电极制作的传感器仍然对 NO_2 表现出良好的响应恢复特性和重复性。随后，不同的科学研究团队相继开发了 ZnO[14]、CdO[15]、Nb_2O_5[16]、MoO_3[17]等单一金属氧化物敏感电极材料，并用来检测不同种类的气体（CO、NO_x、HC、H_2、NH_3 等）。

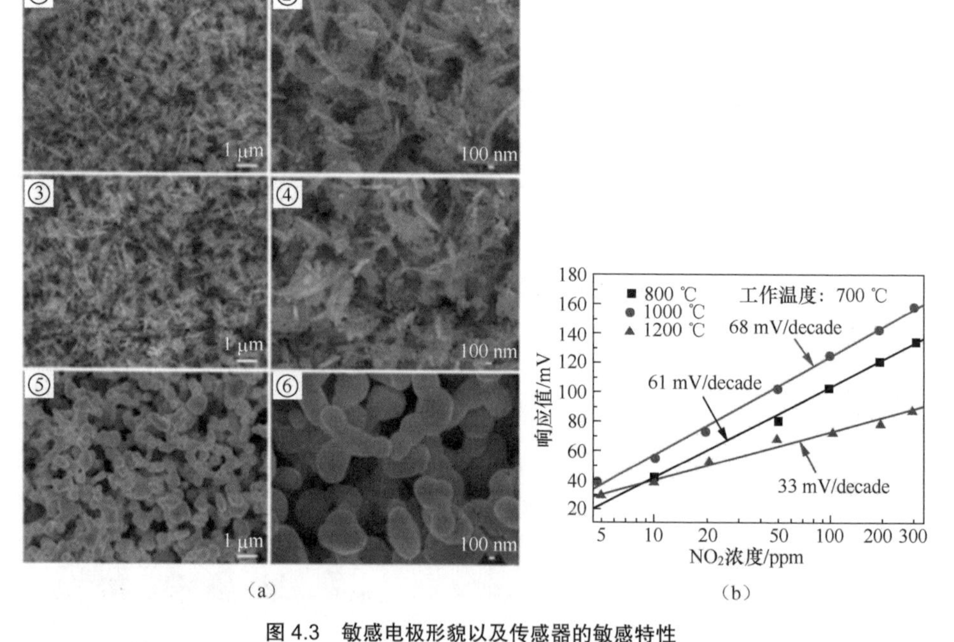

图 4.3 敏感电极形貌以及传感器的敏感特性

（a）在不同温度（800 ℃、1000 ℃和 1200 ℃）下烧结的 In_2O_3 敏感电极的 SEM 图；（b）以在不同温度下烧结的 In_2O_3 为敏感电极制作的传感器对 5~300 ppm NO_2 的灵敏度曲线

然而，市售的单一金属氧化物敏感电极虽然造价便宜，但电化学催化活性一般，构建的传感器灵敏度不高，需要对材料进行贵金属掺杂和微结构改良等，以提高传感器的灵敏度。

4.1.3 混合金属氧化物

为了进一步提升传感器的敏感特性，通常采取在单一金属氧化物材料中掺杂贵金属或另一种氧化物等方法来对敏感电极材料的电化学催化活性进行优化，并基于此构建一系列高性能气体传感器。Elumalai 等人[18]将市售的 Au 粉掺杂到市售的 NiO 颗粒中，开发了 Au/NiO 敏感电极并构建了 YSZ 基丙烯传感器，如图 4.4 所示。其中掺杂的 Au 的质量分数为 5%时，传感器的响应值绝对值最高，对 400 ppm C_3H_6 的响应值为−400 mV，是纯 NiO 敏感电极制作的器件的 8 倍。传感器对 C_3H_6 的检测范围为10～400 ppm，兼具良好的湿度稳定性和长期稳定性。研究人员认为 Au 的掺杂可有效提高敏感电极的电化学催化活性。另外，与纯 Au 电极相比，Au 和氧化物结合后的电极稳定性大大提高，这是由于纯 Au 电极在长时间持续高温测试过程中逐渐生长，这导致传感器性能改变，但是 Au 在 NiO 的基体中比较稳定。

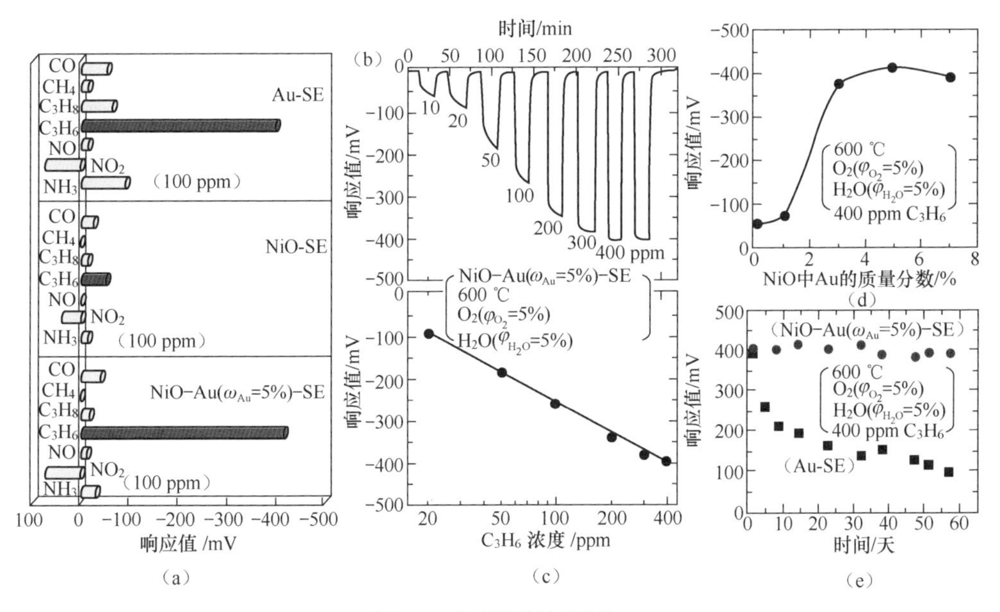

图 4.4 传感器的敏感特性

（a）基于不同电极材料的传感器在 600 ℃下的交叉选择性；（b）5%（质量分数）Au 掺杂的传感器的响应恢复曲线；（c）传感器响应值与 C_3H_6 浓度的关系；（d）Au 掺杂的传感器对 400 ppm C_3H_6 的响应值；（e）传感器对 400 ppm C_3H_6 表现出的长期稳定性[18]

Liu 等人[19]采用聚合物前驱体法制备了一系列不同摩尔比（1∶6、1∶2 和 3∶2）的 W/Cr 混合氧化物，并以它们为敏感电极构建了 YSZ 基混成电位型气体传感器，用于在高温下检测 NO_2。如图 4.5 所示，当 W 与 Cr 的比例为 3∶2 时，传感器对 20～300 ppm NO_2 表现出最高的灵敏度。并且，与单一的以 Cr_2O_3 和 WO_3 为敏感电极构建的传感器相比，其对 NO_2 表现出更好的响应恢复特性。以 Cr_2WO_6/WO_3 为敏感电极制作的传感器对 NO_2 表现出良好的敏感特性，这主要归因于敏感电极的优异电化学催化活性和在高温烧结过程中 WO_3 升华所导致的多孔结构。

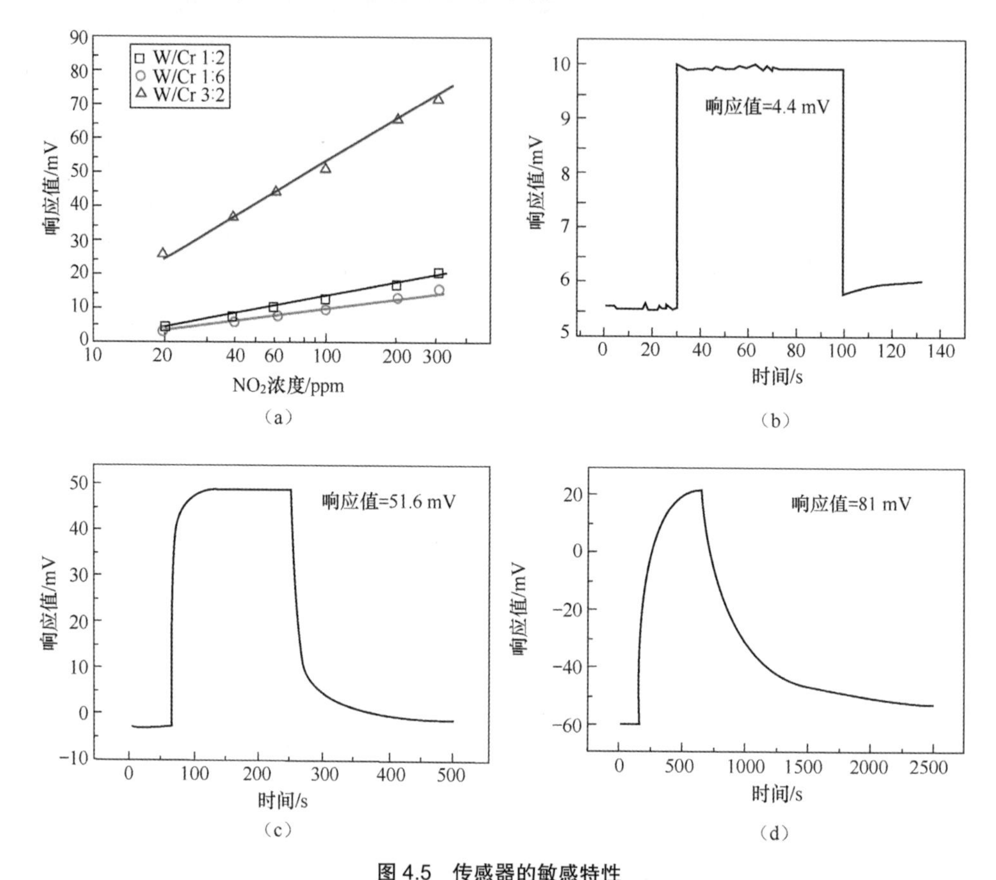

图 4.5 传感器的敏感特性

（a）以不同 W/Cr 氧化物为敏感电极制作的传感器对 20~300 ppm NO_2 的响应值曲线；以（b）Cr_2O_3、（c）W 与 Cr 比例为 3：2 的 W/Cr 氧化物、（d）WO_3 为敏感电极制作的传感器对 100 ppm NO_2 的响应恢复曲线[19]

4.1.4 催化层筛选

沸石是一种无机晶体材料，它是由铝硅酸盐（AlO_4、SiO_4 四面体块）相互连接所形成的具有大量通道和良好微孔、介孔的三维框架。沸石具有良好的吸附性、高比表面积、多孔性、催化特性以及存在可移动的离子，在化学传感器研究方面引起了广泛关注。Schönauer 等人[20]以 MFI 沸石为敏感电极，设计了两种混成电位型气体传感器，并研究了传感器对 NH_3 表现出的响应值和选择性。如图 4.6（a）和图 4.6（b）所示，Au|YSZ|Au 体系对 NH_3 表现出最高的灵敏度和良好的选择性。此外，Schönauer 等人

提出可以将电极和沸石催化层分开进行优化，从而提升传感器的敏感特性。

为了消除 C_3H_6 对 H_2 选择性的影响，Yamaguchi 等人[21]利用合适的催化剂材料对 C_3H_6 选择性氧化，设计了一种催化层与敏感电极层分隔的传感器结构。如图 4.6（c）和图 4.6（d）所示，与其他传感器相比，以 $Cr_2O_3/Al_2O_3/SnO_2\left[+YSZ(\omega_{YSZ}=30\%)\right]$ 为敏感电极制作的 YSZ 基混成电位型气体传感器在 550 ℃下对 H_2 的响应值大约为−70 mV，而对其他干扰气体的响应值绝对值都低于 15 mV，从而表现出良好的交叉选择性。这说明 Al_2O_3 作为中间层在敏感电极层和催化层之间对干扰气体的响应起到了减弱作用。此外，由于包覆在 SnO_2 表面的 Al_2O_3 具有狭窄的扩散通道，因此其被认为能够阻碍气体从敏感电极侧壁渗透进去。

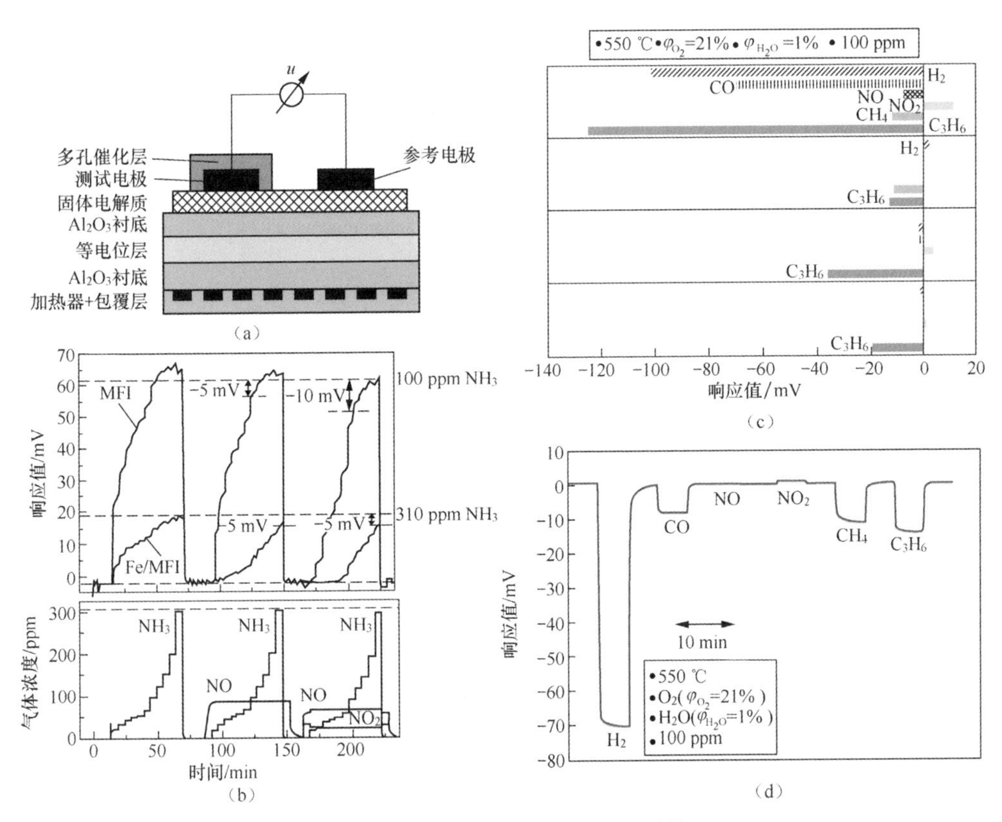

图 4.6 传感器结构及传感器的敏感特性

（a）基于 MFI 沸石敏感电极的混成电位型气体传感器结构示意；（b）在 550 ℃下，传感器对 NH_3 的响应值和选择性[20]；（c）以 SnO_2、Cr_2O_3/SnO_2 (+YSZ)、SnO_2 (+Cr_2O_3)和 Cr_2O_3（由上至下）为敏感电极制作的传感器对不同气体的交叉选择性；（d）以 $Cr_2O_3/Al_2O_3/SnO_2\left[+YSZ(\omega_{YSZ}=30\%)\right]$ 为敏感电极制作的传感器对不同气体的交叉选择性[21]

4.1.5 复合金属氧化物

近年来，复合金属氧化物已经被证明具备良好的稳定性和高电导率，广泛应用于各类电子器件中，例如钙钛矿太阳能电池和固体燃料电池等。在复合金属氧化物中，钙钛矿型、尖晶石型复合金属氧化物由于对气体表现出良好的电化学催化活性，从而被人们广泛用作 YSZ 基混成电位型气体传感器的敏感电极，并被用于研究其对气体的敏感特性。

第一种，尖晶石型。Lu 等人[22]开发了 12 种由二价过渡金属（Cu、Zn 和 Cd）和三价过渡金属（Co、Fe、Mn 和 Cr）构成的尖晶石型氧化物材料，并将它们分别作为敏感电极制作了 YSZ 基管式传感器，然后在 500～600 ℃的工作温度下，研究其对 NO_x 的敏感特性。如图 4.7（a）～图 4.7（c）所示，在 550 ℃下，以 $CdCr_2O_4$ 为敏感电极制作的传感器对 NO 和 NO_2 均表现出了最好的敏感特性，同时显示出良好的灵敏度和重复性。Hao 等人[23]采用简单的溶胶–凝胶法合成了一系列具有尖晶石结构的 AMn_2O_4（A 为 Co、Zn 和 Cd）敏感电极材料，并以此制作了不同的平面式混成电位型气体传感器。如图 4.7（d）～图 4.7（f）所示，以 $CdMn_2O_4$ 为敏感电极制作的传感器对 10 ppm 丙酮有最高的响应值绝对值，检测下限低至 200 ppb，且在 0.2～1 ppm 和 1～50 ppm 丙酮浓度范围内分段表现出良好的对数线性关系。

第二种，钙钛矿型。Yoon 等人[24]制作了基于 YSZ 和 $LaFeO_3$ 敏感电极的传感器，研究了其对 NO_2 的敏感特性。如图 4.8（a）所示，在 400 ℃和 450 ℃的工作温度下，传感器对 100 ppm NO_2 具有稳定和可重复的响应特性。Mukundan 等人[25]开发了 $La_{1-x}Sr_xBO_3$（B 为 Mn 和 Cr）敏感电极材料，并通过调节 La 和 Sr 元素的组成比例，制作了一系列 YSZ 基混成电位型气体传感器。如图 4.8（b）所示，在 600 ℃下，氧气浓度为 1%时，以 $La_{0.8}Sr_{0.2}MnO_3$ 为敏感电极制作的传感器只有在富氧条件下才对丙烯产生响应，且响应值不太稳定。而以 $La_{1-x}Sr_xCrO_3$ 为敏感电极制作的传感器在稀薄燃烧条件下可以对 0～500 ppm 丙烯表现出显著和稳定的响应。其中，在 $La_{1-x}Sr_xCrO_3$ 氧化物中，Sr 元素的含量越高，传感器对丙烯的响应值越高。$La_{0.8}Sr_{0.2}MnO_3$ 在固体氧化物燃料电池中是一种良好的氧还原电极，但氧还原动力学非常缓慢。因此，相同浓度的丙烯在铬酸盐和锰酸盐电极上发生电化学氧化反应时，由于锰酸盐电极氧还原反应的过电位较低，从而大大降低了混成电位值。$La_{1-x}Sr_xCrO_3$ 的电极组成变化导致传感器对丙烯的响应值不同，主要归因于不同电极上的氧还原动力学或烧结密度的差异性。此外，不同电极的多相催化活性可能也是导致传感器对丙烯具有不同敏感特性的原因之一。

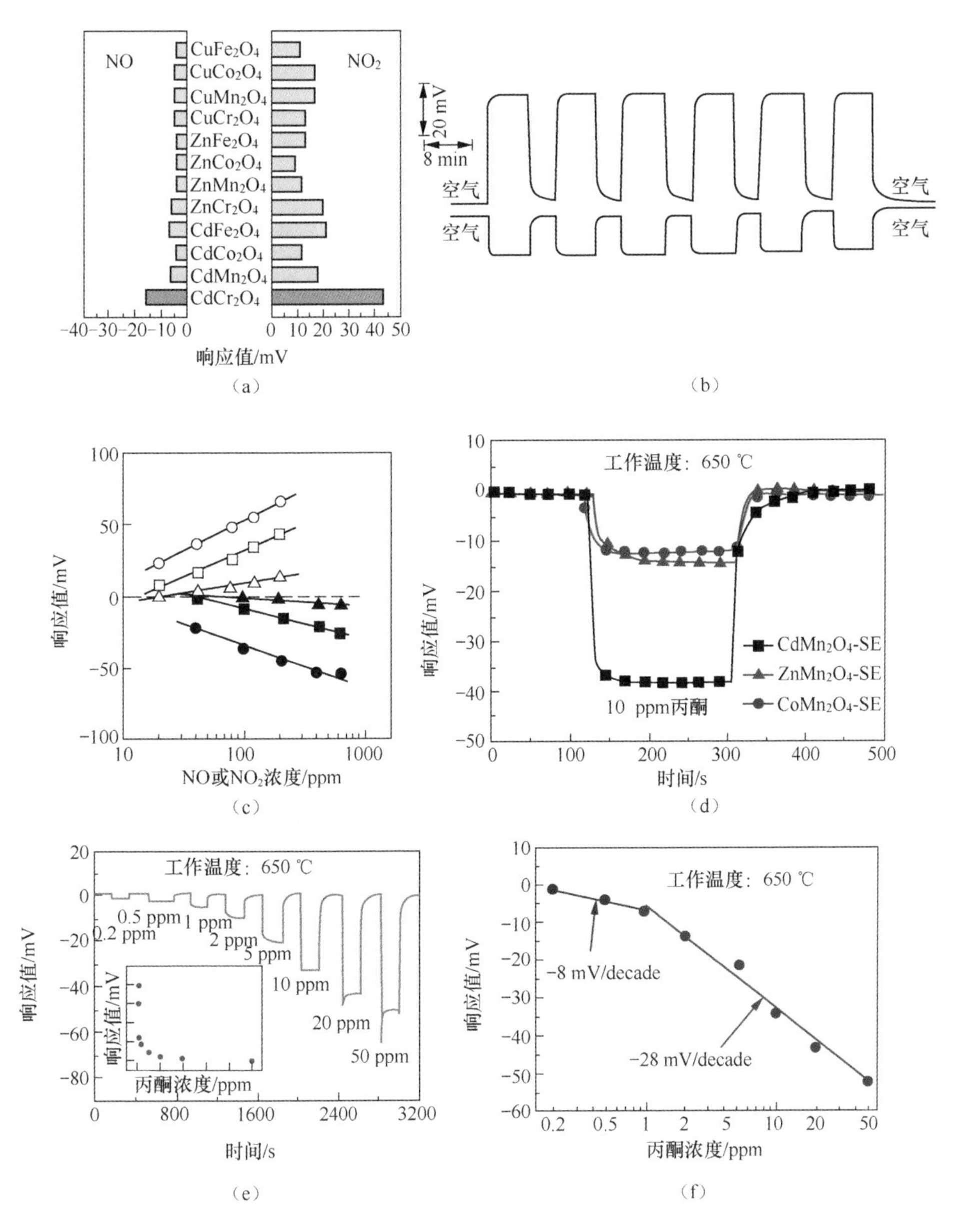

图 4.7　不同传感器的敏感特性

（a）在 550 ℃下，以不同氧化物为敏感电极制作的传感器对 NO 和 NO_2 的响应；（b）以 $CdCr_2O_4$ 为敏感电极制作的传感器对 200 ppm NO 和 NO_2 的重复性；（c）在不同温度[500 ℃（○●）、550 ℃（□■）和 600 °C（△▲）]下，响应值与 NO_2/NO 浓度的关系[22]；（d）基于 AMn_2O_4(A 为 Co、Zn 和 Cd)敏感电极的传感器对 10 ppm 丙酮的响应值对比；在 650 ℃下，以 $CdMn_2O_4$ 为敏感电极制作的传感器对 0.2~50 ppm 丙酮的（e）响应恢复曲线和（f）灵敏度曲线[23]

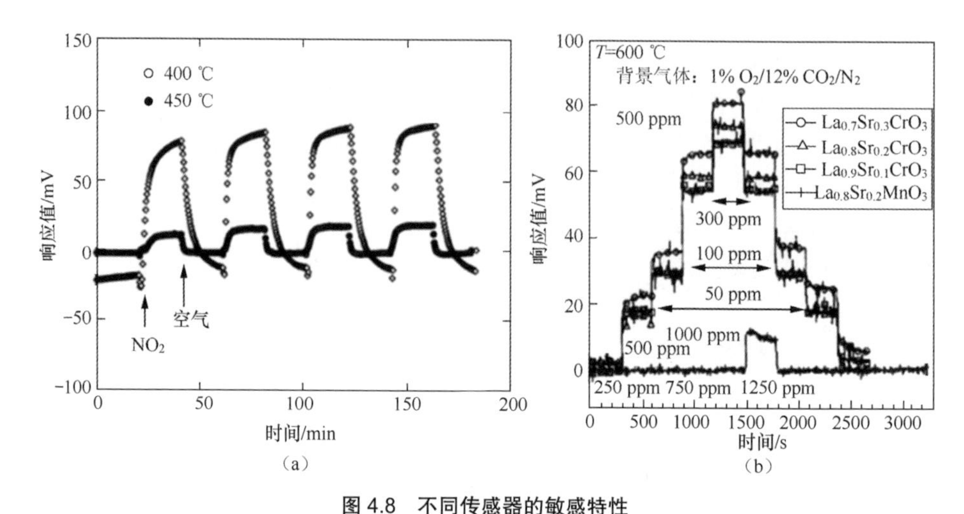

图 4.8　不同传感器的敏感特性

（a）在 400 ℃和 450 ℃下，以 $LaFeO_3$ 为敏感电极制作的传感器对 100 ppm NO_2 的敏感特性；
（b）在 600 ℃下，以不同钙钛矿型敏感电极制作的传感器对丙烯的响应值[25]

以上通过替换复合金属氧化物中某种元素或改变元素种类组成、比例的方法，可以有效提高传感器的灵敏度，拓宽传感器的检测范围，使其符合各领域生产中对不同气体的检测要求。研究表明，致密电极所表现出的敏感特性较低，这是由于此时的 TPB 只包含电极与电解质接触面的外围区域。虽然气体分子可以吸附在电极材料的整个表面，但是绝大多数电极电化学反应中，只有 TPB 处的气体分子可以与固体电解质中的离子发生反应，进而产生电极电位，故孔隙率低的电极材料产生的信号值较低。当前多数产业化的气体传感器都使用多孔贵金属电极，使更多的气体可以通过孔隙扩散到 TPB 并参与电极反应，促进传感器敏感特性的提升[26, 27]。图 4.9（a）展示了多孔电极结构，可以看出，直径较小的贵金属颗粒与电解质形成了更多的接触位点，大大增加了 TPB 的面积[28]，这种结构所产生的大量 TPB 位点还可以降低双电层电容，使传感器表现出更高的响应速率。例如，Diao 等人[29]使用聚合物前驱体法合成了 $MnCr_2O_4$ 敏感电极材料，并在不同温度（800 ℃、900 ℃、1000 ℃、1100 ℃和 1200 ℃）下对前驱体粉末材料进行烧结，然后构建混成电位型 NO_2 传感器。如图 4.9（b）和图 4.9（c）所示，随着烧结温度的升高，敏感电极材料的粒径逐渐增大，并呈现出明显的疏松多孔结构。经过测试发现，以在 1000 ℃下烧结得到的 $MnCr_2O_4$ 为敏感电极制作的传感器对 100 ppm NO_2 的响应值最高，约为 73 mV。原因可能如下：温度低于 1000 ℃时，随着温度的升高，$MnCr_2O_4$ 的结晶性变好，使得材料的电化学催化活性增强，从而提升传感器的响应值；但随着烧结温度的进一步升高，超过 1000 ℃后，晶体尺寸增大，比表面积减小。如图 4.9（d）所示，考虑到晶体尺寸的增大会使 TPB 面积减小，而面积减小会使响应值降低。综上，随着烧结温度的升高，敏感电极材料的结晶特性和微观结构发生了变化，这两者共同影响 $MnCr_2O_4$ 对 NO_2 的响应。

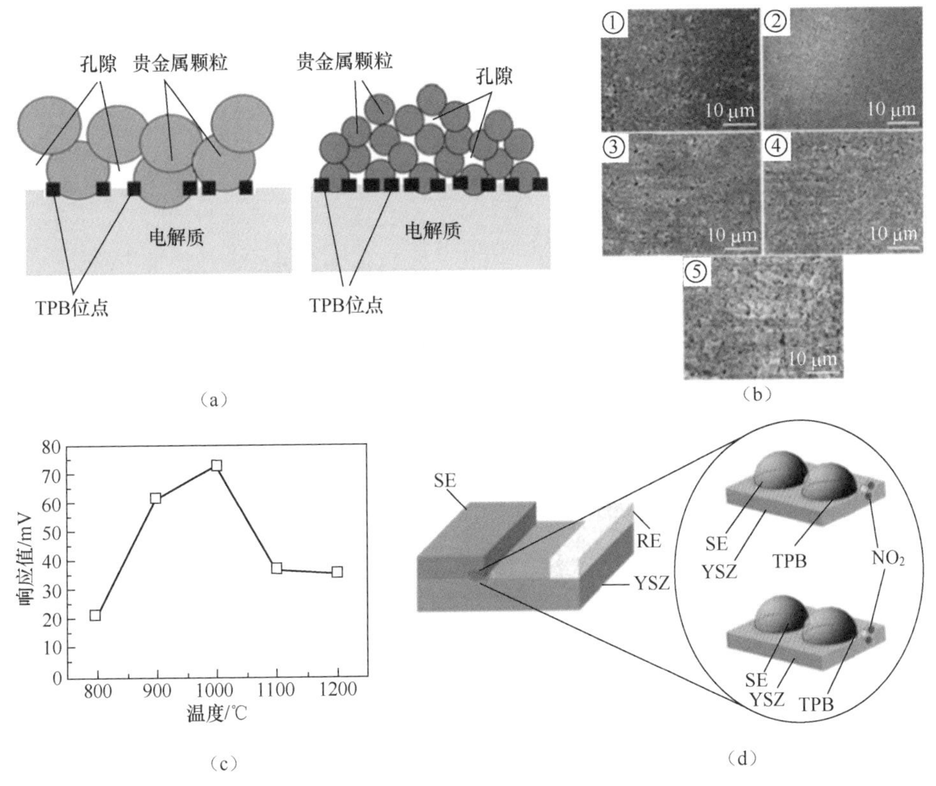

图 4.9 传感器 TPB、敏感电极材料形貌表征及传感器响应特性

（a）具有不同颗粒尺寸的电极材料对 TPB 位点数量的影响[28]；（b）在不同温度(800~1200 ℃)下烧结的 $MnCr_2O_4$ 敏感电极材料的 SEM 图；（c）以在不同温度下烧结的 $MnCr_2O_4$ 为敏感电极制作的传感器对 100 ppm NO_2 的响应值；（d）TPB 示意[29]

随着对 YSZ 基混成电位型气体传感器研究的持续深入，其他多元复合金属氧化物已经被研究出来并用作敏感电极。例如 $A_3V_2O_8$（A 为 Co、Zn 和 Ni 等）[30]、$MTiO_3$（M 为 Fe、Cd 和 Zn 等）[31]、$MnNb_2O_6$[32]、BWO_4（B 为 Zn、Mn 和 Cd 等）[33-35]等。

4.2 敏感电极材料的制备方法

混成电位型气体传感器的氧化物敏感电极材料的制备方法按照反应物所处物相和微粉生成的环境不同，大致可分为固相法、液相法和气相法。

4.2.1 固相法

固相法是通过对固相物料进行加工得到超细粉体的方法。如把盐转化为氧化物、将大颗粒产品加工成超细粉体等。此外，当采用液相法或气相法难以制备复杂化合物时，必须采用高温固相法合成，这也属于固相法的一个分支。高温固相法通常分两步进行，首先根据所要制备粉体的成分设计反应物的组成和用量，常用的反应物为氧化物、碳酸盐、氢氧化物。将反应物充分均匀混合，再压成胚体，在高温下煅烧合成，再将合成好的熟料块体用球磨机研磨至所需粒度，该法常用于制备成分复杂的电子陶瓷材料。这种方法的主要优点是产量大，易实现工业化，可以制备用其他方法无法制备的一些粉体；缺点是粉体的粒度、纯度及形态受设备和工艺本身的限制，往往得不到满足粒度和纯度要求的粉体。此外，固相法还包括热分解法、还原反应法、金属燃烧法–自蔓延燃烧反应法、粉碎法、高能球磨法–机械合金化技术和冲击波化学合成法等。Xu 等人[36]以氧化锆球和去离子水为介质，将满足一定化学计量比的 NiO 和 Fe_2O_3 粉末在聚氯乙烯（Polyvinylchloride，PVC）容器中球磨 12 h。然后，将得到的浆料置于烘箱中干燥。随后，将干燥得到的粉末用研钵充分研磨后分别在 700 ℃、800 ℃、900 ℃和 1000 ℃下恒温烧结 2 h，当烧结温度超过 900 ℃时，将获得立方尖晶石相 $NiFe_2O_4$ 敏感电极材料。

4.2.2 液相法

液相法通过各种途径/方法使均相溶液中的溶质和溶剂分离，溶质形成一定形状和大小的颗粒，从而得到所需粉末的前驱体，将其热解后得到纳米颗粒。液相法的制备可以简单分为物理法和化学法两大类。物理法是从溶液中迅速析出金属盐，一般是将溶解度高的盐的溶液雾化成小液滴，使液滴中的盐类呈球状迅速析出，然后将这些微细的粉末状盐类加热分解，即可得到氧化物超细粉体材料。化学法是在溶液中通过反应生成沉淀，通常是使溶液通过加水分解或离子反应生成沉淀（如氢氧化物、草酸盐、碳酸盐、氧化物、氮化物等），将沉淀加热分解后，即可制成超细粉体材料。下面具体介绍几种液相法。

1. *溶胶–凝胶法*

溶胶–凝胶法是将原料分散在溶剂中，经过水解反应生成活性单体，活性单体进行聚合，开始成为溶胶，进而生成具有一定空间结构的凝胶，经过干燥和热处理制备出所需要的材料。

与其他方法相比，溶胶–凝胶法具有许多独特的优点：溶胶–凝胶法中所用的原料首先被分散到溶剂中形成低黏度的溶液，可以在很短的时间内获得分子水平的均匀性，在形成凝胶时，反应物之间很可能是在分子水平上被均匀混合；经过溶液反应步骤，很容易均匀定量地掺入一些微量元素，实现分子水平上的均匀掺杂；与固相反应相比，溶胶–凝胶法需要的合成温度低，化学反应容易进行，一般认为溶胶–凝胶体系中组分的扩散在纳米范围内，而固相反应时组分的扩散是在微米范围内；选择合适的条件可以制备各种新型材料。

溶胶–凝胶法也存在一定的不足：首先，目前所使用的原料价格比较昂贵，有些原料为有机物，对健康有害；其次，通常整个溶胶–凝胶过程所需时间较长，一般需要几天或者几周；最后，凝胶中存在大量微孔，在干燥过程中将会逸出许多气体及有机物，并产生收缩。

通常，溶液的 pH、离子或分子浓度、反应时间和温度是影响溶胶–凝胶法合成氧化物材料的关键因素。Mahendraprabhu 等人[37]以五氯化铌（$NbCl_5$）、柠檬酸为前驱体和凝胶剂，采用溶胶–凝胶法制备了五氧化二铌（Nb_2O_5）粉体。具体制备过程如下。称取一定量的 $NbCl_5$ 溶解在乙醇中，并在 70 ℃下保持磁力搅拌进行反应，随后将柠檬酸溶液滴加到 $NbCl_5$ 热溶液中，滴加完全后，溶液在 130 ℃下继续反应至凝胶状。最后将得到的凝胶分别在 400 ℃、600 ℃、800 ℃、1000 ℃和 1300 ℃下退火 2 h，得到 Nb_2O_5 粉体材料。

2. *水热法*

水热法是指将一定形式的前驱体放置在高压釜中，在高温、高压条件下进行水热反应，再经分离、洗涤、干燥等处理过程后得到超细粉体的制备方法。该方法可以用来制备单组分或者多组分的粉体材料，可解决某些高温制备过程中不可解决的晶型转变、分解、挥发等问题，还具有合成的产物粒度小、纯度高、分散性好、均匀、分布窄、无团聚、晶型好、形状可控等优点。

Jin 等人[38]将重铬酸钾（$K_2Cr_2O_7$）、甲醛（HCHO）和柠檬酸以特定比例均匀混合后，转移至聚四氟乙烯高压釜中并在 180 ℃下水热处理 1 h，然后将得到的前驱体材料洗涤、干燥 10 h 后在 1000 ℃下烧结 2 h，得到片状 Cr_2O_3 粉末样品。此外，将 Cr_2O_3 和乙醇按照一定比例混合后转移至聚四氟乙烯高压釜中并在 190 ℃下反应 1 h，然后将得到的前驱体粉末在 700 ℃下烧结 1 h，得到具有不规则形状的 Cr_2O_3 粉末。Jin 等人还以十六烷基三甲基溴化铵为表面活性剂、$Cr(NO_3)_3 \cdot 9H_2O$ 为金属源、六亚甲基四胺为沉淀剂，制备了立方状 Cr_2O_3 材料。

3. *溶液燃烧法*

溶液燃烧法（低温燃烧合成）一般要求原料为硝酸盐或其他可溶性的盐，以利于各种金属离子在水溶液中均匀混合或与络合剂络合。燃烧反应一般在热板或马弗炉中进行，温度常为 300～500 ℃。基本原理是所用的氧化剂和燃料混合物具有放热的特性，在一定温度下能自发发生氧化还原反应，最终得到所需的产物。

影响反应的要素包括燃料种类、过量氧化剂的使用、燃料与氧化剂的比例、前驱体混合物含水量和着火点温度等。与其他合成工艺相比，该法的优点在于反应过程中产生的高温使低沸点的杂质挥发逸出，获得的产品纯度高；启动反应时不需要额外加热，可节约能源，设备简单，工艺步骤简单；燃烧过程中，材料经历了较大的温度变化，生成物极易出现非平衡态或亚稳态，因而使某些制得的产物活性更大；该方法不仅能扩大材料合成所用原料来源，降低成本，具有很高的实用性，还能合成其他工业上难以生产的材料，例如高熔点化合物、硬质合金等。但也存在过程难以控制、粉末粒度不均匀等不足。

Bhardwaj 等人[39]采用溶液燃烧法，将 0.02 mol $Fe(NO_3)_3 \cdot 9H_2O$ 和 0.01 mol $SnCl_2 \cdot 2H_2O$ 溶于 1 mol 乙醇中并在室温下搅拌。然后在前驱体溶液中加入 0.56 mol 乙酰丙酮，并将上述混合溶液在 70 ℃下回流。随后向混合物溶液中添加 5 mL HNO_3，并将温度提高到 180 ℃，使溶剂快速蒸发，溶液变成一种黏稠的凝胶，并被可见发光的燧石自发点燃。将得到的黑色粉末在 800 ℃的空气中煅烧 2 h（升温速度为 4 ℃/min），以去除有机物或杂质。煅烧过后的 α-Fe_2O_3-SnO_2 纳米复合敏感电极材料呈红褐色。

4. 旋涂法

旋涂法主要包括两个过程：低速滴胶和高速匀胶。离心加速度会使胶很快地均匀分散，然后多余的胶被甩离衬底，整个衬底上形成一层均匀的薄膜。在旋涂过程中，胶体本身的浓度、表面张力、胶干的速度和旋转速度会对薄膜厚度和其他特性产生影响。

Nobumitsu 等人[40]采用旋涂法制备了 CeO_2/Au 敏感电极，在 0.1 mol/L 的四氯金酸（$HAuCl_4$）水溶液中加入六水合硝酸铈［$Ce(NO_3)_3 \cdot 6H_2O$］和聚乙烯醇（Polyvinylalcohol，PVA）后获得包覆溶液，将溶液滴在掺有 8%（摩尔分数）Y_2O_3 的 YSZ 基板上，以 3000 r/min 旋转 30 s，然后在 300 ℃空气中热处理 5 min。重复多次以增加薄膜厚度。最后将旋涂好的衬底在 700 ℃的空气中烧结 2 h，得到的敏感电极标记为 $n$$CeO_2$/Au（$t$），其中 n 代表 CeO_2 的添加量，t 代表敏感电极层的厚度。

5. 模板法

模板法基于模板的空间限域作用实现对合成纳米材料的大小、形貌、结构等的控制，相较于其他方法，模板法合成纳米材料具有相当的灵活性，实验装置简单，操作条件温和，能够精确控制纳米材料的大小、形貌和结构，并能防止纳米材料发生团聚现象。

模板法分为硬模板法和软模板法，两者都能提供一个有限大小的反应空间，不同之处在于：硬模板法提供的是静态的孔道，物质只能从开口处进入孔道内部；软模板法提供的是处于动态平衡的空腔，物质可以透过腔壁扩散进出。硬模板法常用于制备介孔材料，通过将某种无机金属前驱体引入硬模板孔道中，经焙烧后在纳米孔道中生成氧化物晶体，去除硬模板后制备出相应的介孔材料。理想情况下制备的材料可以保持原来模板的孔道形貌。

Zheng 等人[41]以 SBA-15 分子筛为硬模板，合成介孔 WO_3 敏感电极材料。具体过程为：首先将 1 g SBA-15 加入 10 g 乙醇和 3.5 g 硅钨酸组成的溶液中，超声处理排出孔道中的气泡；搅拌 24 h 后，在 80 ℃下干燥过夜，然后在 550 ℃空气中烧结 4 h；用

60 mL 的 3 mol/L 氢氟酸去除 SBA-15，经过离心、洗涤、干燥处理，最后得到介孔 WO_3 敏感电极材料。

4.2.3　气相法

气相法是指在气相中形成粉体颗粒的一类工艺方法，气相法必须具备以下 5 个基本要素：气源，可以是固态或液态的蒸发源，亦可以是气态的反应剂；热源；气氛；工艺参数监控系统；粉体的收集系统。气相法主要包括物理气相沉积（Physical Vapor Deposition，PVD）法、化学气相沉积（Chemical Vapor Deposition，CVD）法、金属有机化合物化学气相沉积（Metal-Organic Chemical Vapor Deposition，MOCVD）法、脉冲激光沉积（Pulsed Laser Deposition，PLD）法、化学气相输运（Chemical Vapor Transportation，CVT）法等。Zhang 等人[42]在制作层状 Au、Pt-YSZ 混成电位型气体传感器的敏感电极时，使用 PVD 在表面沉积 Au 薄膜。PVD 是利用物理过程实现物质转移，将原子或分子由靶材转移到基材表面的过程，它的作用是使某些具有特殊性能（如强度高，耐磨性、耐腐蚀性、散热性好等）的微粒喷涂在性能较低的母体上，使得母体具有更好的性能。PVD 工艺过程简单，对环境友好，无污染，耗材少，成膜均匀致密，与基体的结合力强。目前该技术广泛应用于航空航天、机械、电子、光学等领域。

总之，敏感电极材料的制备方法很多，除了上述提到的具体方法，还有共沉淀法、喷雾热分解法、溅射法等。未来我们可以在结合现有方法的基础上不断完善和发展其他合成制备方法，从而很好地实现对敏感电极材料粒径和微观形貌的可控制备。

4.3　基于 YSZ 和不同敏感电极的混成电位型气体传感器

4.3.1　氮氧化物（NO_x）传感器

随着机动车保有量的持续增长，资源匮乏问题和尾气排放引起的环境污染问题日益凸显，已成为汽车产业可持续发展所面临的两大挑战。其中，尾气中的 NO_x 是引起酸雨、光化学烟雾以及臭氧层空洞等问题的罪魁祸首，严重破坏生态环境和危害人类的身体健康。因此，世界上许多国家对机动车尾气中的 NO_x 提出了更加严格的限制标准。同时，为了提高燃料利用效率、有效减少有毒有害气体排放、满足严格的排放标准，稀燃或缸内直喷型发动机被广泛应用。在该项技术中，使用 NO_x 吸储式催化剂作为新型催化系统代替具有低 NO_x 消除能力的传统三元催化剂。当催化剂的 NO_x 储存能力达到饱和状态时，高浓度的碳氢化合物被用来供给催化剂，使储存能力实现再生[43-45]。此外，选择性催化还原（SCR）技术在柴油机尾气后处理系统中得到广泛应用，为了去除尾气中的 NO_x，需要在 SCR 前方设置 NO_x 传感器来准确测量 NO_x 的浓度，同时，为了监测 SCR 的催化效率，也需要在 SCR 后方设置 NO_x 传感器。因此，需要原位安装低成本、高性能、高可靠性的车载 NO_x 传感器，在高温环境下实时监测 NO_x 的浓度。

由于 YSZ 固体电解质具有耐高温高湿、化学稳定性及机械稳定性好等优点，在高温气体传感器领域展现出了巨大的应用潜力。研究发现，NiO 是一种对 NO_x 具有良好敏感特性的敏感电极材料[46, 47]。通过向 NiO 中加入贵金属 Au[48]或其他过渡金属（如 Cr[49]、Co[50]等）进行修饰，可以进一步改善传感器的敏感特性。

此外，Tho 等人[51]以钙钛矿型氧化物 $LaMO_3$（M 为 Mn、Fe、Co 和 Ni）为敏感电极，制作了基于 YSZ 固体电解质的气体传感器。经过测试发现，以 $LaFeO_3$ 为敏感电极构建的传感器对 NO_2 显示出较高的灵敏度。随后 Tho 等人[52]进一步研究了在 700～1300 ℃的烧结温度下，以 Pt-$LaFeO_3$ 为敏感电极研制的传感器对 NO_2 灵敏度和选择性的影响。结果发现，当烧结温度为 200 ℃时，传感器对 NO_2 的响应值达到最大。You 等人[53]基于 CeO_2 的二元纳米复合材料 CeO_2-Cr_2O_3 制作了 YSZ 基混成电位型气体传感器，其在 450 ℃对 5～200 ppm NO_2 表现出了 74 mV/decade 的高灵敏度。

为了研究传统的低温催化剂载体，Miura 等人[54]采用石墨、活性炭、玻碳等不同类型的材料和 YSZ 固体电解质制作了混成电位型气体传感器，当工作温度为 300 ℃时，以活性炭为敏感电极制作的敏感元件对 2.5～300 ppm NO_2 表现出最高的灵敏度（约 163 mV/decade）。

目前国际上对 NO_x 的排放限制提出了更高要求，因此所研发的传感器对 NO_x 的检测量程也在逐渐缩小。例如，1996 年测量 NO_2 的浓度范围可达 5～4000 ppm，2010 年之后的检测上限一般不超过 700 ppm。然而，由于在环境空气质量监测中需要监测亚 ppm 水平的 NO_x，因此，具有 ppb 级 NO_x 检测能力的混成电位型气体传感器的研制迫在眉睫。例如，基于 $CoNb_2O_6$ 敏感电极和 YSZ 固体电解质的混成电位型气体传感器可以在 0.1～2 ppm 的浓度范围内灵敏地检测 NO_2，灵敏度为 10 mV/decade。在 650 ℃，以 $CoTa_2O_6$ 为敏感电极构建的 YSZ 基混成电位型气体传感器对 0.5～5 ppm NO_2 的灵敏度为 12 mV/decade[55]。最近，以介孔 WO_3 为敏感电极制作的 YSZ 基混成电位型气体传感器对 NO_2 的检测下限低至 0.06 ppm，同时，传感器对 0.06～10 ppm NO_2 的灵敏度为 51.76 mV/decade，在环境空气质量监测方面展现出了重要的应用潜力[41]。

4.3.2 氨气（NH_3）传感器

由于柴油发动机具有高燃油效率、高输出功率、高可靠性以及低二氧化碳排放等优点，已经被广泛应用于交通、基建、工业生产和发电等领域。然而，柴油发动机排

放的尾气中含有 NO_x 等有毒有害空气污染物。为了满足越来越严格的 NO_x 排放标准，迫切需要使用减少 NO_x 排放的尾气后处理技术。在发动机尾气后处理系统中，SCR 技术是最有前途的用于清除柴油机车辆中 NO_x 排放的有效技术[56-58]之一。图 4.10 所示为发动机尾气后处理系统示意，尿素溶液被注入排气管路，与产生的 NO_x 反应生成无害的 N_2 和 H_2O，从而达到清除 NO_x 的目的。为了精确地控制尿素的注入量，避免 NH_3 泄漏加重空气污染程度，必须使用强有力的闭环式反馈控制系统来监控 NH_3 的浓度。在这个系统中，通常使用 NH_3 传感器获取 NH_3 浓度的监控信息。由于传感器长期工作在高温、高湿、多种气体共存以及伴随强烈震动等苛刻环境中，因此，针对传感器的实际应用提出了更高的要求。迄今为止，基于氧化物半导体、分子筛、有机化合物敏感材料的多种 NH_3 传感器已经被研究和报道。但是，这些传感器工作温度较低，不能满足苛刻环境中的使用要求。

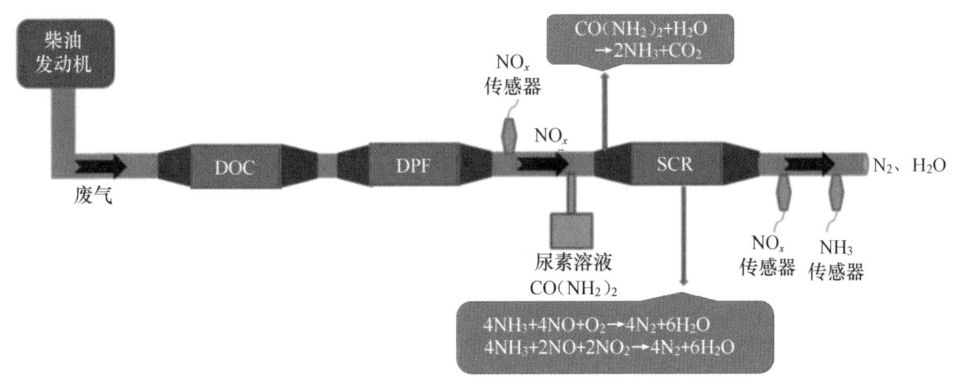

图 4.10 发动机尾气后处理系统示意
（注：DOC 为氧化型催化转化器；DPF 为颗粒捕集器）

基于 YSZ 和金属氧化物敏感电极的混成电位型气体传感器在苛刻环境中表现出了良好的敏感特性，是尾气后处理系统中实时在线监测 NH_3 的重要候选器件之一。对于混成电位型气体传感器，具有高电化学催化活性的新型敏感电极材料是开发高性能传感器的关键。因此，设计和开发具有高电化学催化活性的新型敏感电极材料是提高混成电位型 NH_3 传感器敏感特性的重要策略。

Lee 等人[59]以几种单一金属氧化物为敏感电极制作了 YSZ 基平面式混成电位型 NH_3 传感器，通过对比发现工作温度为 700 ℃时，以 In_2O_3 为敏感电极制作的传感器对 100 ppm NH_3 展示出最强响应（−228 mV），而以 CeO_2 为敏感电极制作的传感器对 100 ppm NH_3 的响应值仅为−2 mV。然而，由于 NO_2 的交叉干扰使基于 In_2O_3 敏感电极的传感器对 NH_3 的响应值绝对值降低了 50%以上。为了解决交叉干扰带来的选择性较差的问题，采用 $LaCoO_3$ 代替 Pt 电极作为参考电极，可以使 NO_2 气体对 NH_3 的干扰能力从 50%减弱至 10%，但传感器总体灵敏度有所下降。Liu 等人[60]开发了一种新型敏感电极材料 $Ni_3V_2O_8$，并以此为敏感电极制作了 YSZ 基混成电位型气体传感器，在 650 ℃时，其对 50～500 ppm NH_3 表现出良好的对数线性响应。Li 等人[61]通过优化 Cu 含量调控 Mg-CuO 对 NH_3 的吸附能力，使更多的 NH_3 被吸附到 TPB 处参与电化学反应的策略，开发了 $Mg_2Cu_xFeO_{3.5+x}$ 敏感电极材料。测试结果表明，当 x=0.25 时，基于 YSZ 和 $Mg_2Cu_{0.25}FeO_{3.75}$ 敏感电极构建的混成电位型气体传感器对 NH_3 表现出最高的灵敏度，Cu 的含量过高时，其对 NH_3 的灵敏度降低。Wang 等人[62]发现，以 Au 纳米颗粒修饰的以 $CeVO_4$ 为敏感电极构建的传感器对 NH_3 的灵敏度从−55.2 mV/decade 变为−78.9 mV/decade。这主要归因于 Au 的加入可以促进 NH_3 在敏感电极与 YSZ 固体电解质界面之间参与的电化学氧化反应。Wang 等人[63]研究了烧结温度对以 V_2O_5-WO_3-TiO_2 为敏感电极构建的 YSZ 基混成电位型气体传感器的 NH_3 敏感特性的影响。测试了在不同烧结温度（650～900 ℃）下混合金属氧化物对 NH_3 的敏感特性，结果发现在 750 ℃烧结温度下制作的传感器对 NH_3 具有最高的灵敏度和最高的响应恢复速率。当烧结温度高于 750 ℃时，传感器的灵敏度呈现一定程度的衰减，主要原因可能是较高的温度会促进 V_2O_5 的挥发，锐钛矿型 TiO_2 晶粒长大，锐钛矿型向金红石型的相变进一步导致敏感电极比表面积的减小。

4.3.3 氢气（H_2）传感器

与其他气体相比，H_2 有许多特性，如低密度（0.0899 kg/m^3）、低沸点（20.39 K）、高扩散系数（在空气中为 0.61 cm^2/s）。在燃烧特性方面，它的最小点火能低（0.017 mJ）、燃烧热高（142 kJ/g）、可燃范围广（4%～75%）、燃烧速度快、爆震灵敏度高。此外，H_2 的还原性强，对许多材料的渗透性高，在某些应用中需要特别注意。H_2 的检测和浓度测量始于飞艇加气站的 H_2 测量，至今已有 100 多年的历史。当前，在众多领域中均需要快速、灵敏检测和控制 H_2。例如，在氨和甲醇的合成、碳氢化合物的水化、焊接电镀、半导体制造硅烷和氮气、石油产品的脱硫和火箭燃料的生产等诸多领域中实时监测 H_2 的浓度都十分重要。比如，在金属铝加工过程中，金属可以与水反应形成 Al_2O_3 和 H_2，它们溶解在熔体中会降低产物的良品率。在核电站对钚元素的再处理过程中，通过水的放射性分解或水与高温堆芯和包覆材料（铀氧化物、锆）的有害反应，可以在放射性废物罐中生成 H_2。1979 年的三哩岛核事故和 2011 年的福岛核事故都是 H_2 爆炸造成的。在煤矿中，甲烷或煤尘爆炸、煤的自发加热和低温氧化可以产生 ppm 级浓度的 H_2。在照明工业中，H_2 也是一种污染物，必须在生产氪、氙和氖的过程中进行量化。在供气管道和工艺工厂中通过对 H_2 泄漏进行检测，可以了解管道设备的腐蚀情况。在航空航天领域，液氢被用作空间站航天飞机发射的燃料。此外，H_2 也是一种高效、清洁能源，氢能的合理使用有助于解决化石燃料燃烧带来的能源危机、环境污染和全球变暖等众多问题。因此，研制小型化、低成本、灵敏度高、稳定性好的 H_2 传感器具有重要的意义。基于 YSZ 固体电解质的混成电位型气体传感器由于具有突出的稳定性优势，在多个领域中的 H_2 在线检测方面展现出了良好的发展前景。

Miura 等人[64]基于 YSZ 固体电解质和添加 Au（ω_{Au} =10%）的 $ZrSiO_4$ 敏感电极构建了混成电位型 H_2 传感器，在 500 ℃下传感器可以灵敏和选择性地检测 H_2，这主要归因于传感器对 H_2 的高电化学催化活性和低气相催化反应活性。而且在一定的湿度条件下，传感器对 H_2 的检测下限低至 20 ppm。Yi 等人[65]制备了钙钛矿型 $La_{0.8}Sr_{0.2}Cr_{0.5}Fe_{0.5}O_{3-\delta}$ 复合金属氧化物敏感电极材料，并研究了基于 $La_{0.8}Sr_{0.2}Cr_{0.5}Fe_{0.5}O_{3-\delta}$ 敏感电极制作的 YSZ 基混成电位型气体传感器对 H_2 的敏感特性。结果发现在 450 ℃下，传感器对 500 ppm H_2 具有较短的响应时间和恢复时间（4 s/24 s），并在 20～100 ppm 和 100～1000 ppm H_2 的浓度范围内分别呈现出分段的线性响应关系。此外，人体肠道细菌可以产生 H_2，为了更好地根据 H_2 浓度来诊断人类的健康状况，Akamatsu 等人[66]制作了混成电位型气体传感器，可以在 100～130 ℃的工作温度和一定干湿条件下实现对 250～25 000 ppm H_2 的灵敏检测。

4.3.4 一氧化碳（CO）传感器

CO 是一种无色、无臭、无味的有毒有害气体，当人体吸入 CO 时，血液中的血红蛋白与 CO 结合就会使血红蛋白失去携氧能力，导致人窒息死亡。城市大气中的 CO 主要来源于机动车尾气，随着城市现代化进程的推进，CO 带来的大气污染也日益严重。因此，通过研制高性能的 CO 传感器对大气环境中的 CO 进行实时有效监测和监控，对于减少 CO 排放和改善环境空气质量具有重要的意义。

在多种气体传感器中，基于 YSZ 固体电解质的混成电位型 CO 传感器已经被广泛研究。早期研究表明该传感器的敏感电极以贵金属为主，但是对 CO 的选择性较差。由于 Au 的催化活性低于金属 Pt，Zhang 等人[6, 42]通过在 Pt 敏感电极上覆盖一层 Au 来提升传感器对 CO 的敏感特性。Anggraini 等人[67]同时使用 $CuCrFeO_4$ 和 $CoCrFeO_4$ 作为敏感电极研制出 YSZ 基混成电位型 CO 传感器，在 450 ℃时可以选择性检测 CO，并且传感器在 20～700 ppm 的 CO 浓度范围内有良好的响应恢复特性。为了解决传感器的长期稳定性问题，Brosha 等人[68]以 $Y_{0.16}Tb_{0.30}Zr_{0.54}O_{2-x}$ 和 $LaMnO_3$ 复合金属氧化物材料为敏感电极研制了 YSZ 基混成电位型 CO 传感器。经过 3000 h 连续老化后，敏感电极材料的晶体结构没有发生明显的变化，但是老化后的氧化物和 Au 收集点的形貌结构发生了明显的变化。研究还发现贵金属收集点的催化活性也会影响混成电位的大小。

4.3.5 碳氢化合物（HC）传感器

机动车排放的HC具有较强的光化学反应特性，导致城市产生光化学烟雾，给环境生态系统带来不利的影响。检测此类有害气体成为环境监测的重要任务。

由于基于 YSZ 固体电解质的混成电位型气体传感器在原位在线监测机动车尾气中的NO_x浓度方面展现出了优异性能，针对HC检测的混成电位型气体传感器也受到了广泛关注。Hibino等人[69-71]发现将Ta_2O_5、MnO_2、In_2O_3、$SrCe_{0.95}Yb_{0.05}O_{3-\alpha}$等氧化物添加到Au或Pt敏感电极中会增强电极对HC的电化学催化活性，提高灵敏度。机动车尾气中存在的HC一般可分为以下3类：烷烃（C_2H_6、C_3H_8和C_4H_{10}）、烯烃（C_2H_4、C_3H_6和C_4H_8）和炔烃（C_2H_2、C_3H_4和C_4H_6）。Hashimoto等人[69]研制了基于YSZ固体电解质和掺有$SrCe_{0.95}Yb_{0.05}O_{3-\alpha}$（SCY）质子导体的Pt电极的HC传感器，通过引入SCY质子导体显著提高了传感器对HC的灵敏度，并且随着HC中碳原子数目的增加，传感器对HC的敏感特性增强。极化曲线测试结果表明，SCY的加入不仅没有抑制烃类的催化活性，反而降低了氧的阴极反应速率，使烃类的混成电位的值更小。此外，Hibino等人[70]开发了基于Ta_2O_5改性的Au电极构建的YSZ基混成电位型烃类气体传感器，当添加$\omega_{Ta_2O_5}=10\%$的Ta_2O_5时，传感器对丙烯的响应值明显提升。研究还发现传感器对碳原子数目为8的脂肪族或芳香烃化合物的灵敏度提高。此外，Hibino等人在In_2O_3电极中添加了$\omega_{MnO_2}=0.1\%$的MnO_2，有效提升了传感器对丙烯的选择性[71]。一般来说，传感器稳定性差的原因是敏感电极层或敏感电极层与YSZ固体电解质界面的形貌发生了变化。这通常是器件在高温下长期工作引起的。为了解决以上问题，Miura等人[72]向In_2O_3中加入YSZ颗粒，实现敏感电极材料与固体电解质颗粒的充分接触，这有效抑制了In_2O_3敏感电极和YSZ固体电解质界面的形貌变化，从而提高了传感器对丙烯的灵敏度和稳定性。由于机动车尾气中的HC种类较多，为了对多种HC同时进行检测，Miura等人[73]以$ZnCr_2O_4$为敏感电极制作了基于YSZ固体电解质的混成电位型碳氢化合物传感器，通过$ZnCr_2O_4$与YSZ粉体混合技术提升了传感器的稳定性，进一步测量了由C_2H_6、C_3H_6和1-C_4H_8组成的混合气体的浓度。

4.3.6 挥发性有机化合物（VOC）传感器

VOC是常温下饱和蒸气压大于70 Pa、常压下沸点在260 ℃以下的有机化合物，或在20 ℃条件下，蒸气压大于或者等于10 Pa且具有挥发性的有机化合物，是导致臭氧形成的重要前驱体。VOC的主要人为排放源包括机动车尾气、燃料蒸发、工业过程、家用产品和溶剂使用等。据报道，VOC对人体的呼吸和神经系统具有毒害作用。世界卫生组织也对生活空间中某些VOC气体的浓度制定了限制标准。因此，研制用于

VOC 检测的传感器至关重要。Sato 等人[74]针对室内 ppb 级的低浓度 VOC 气体检测，利用 NiO 敏感电极材料开发了基于 YSZ 固体电解质的混成电位型管式 VOC 传感器。该传感器对 6 种 VOC（苯、甲苯、间二甲苯、乙苯、苯乙烯和甲醛）气体的灵敏度均高于其他气体（如 C_3H_6、H_2、CO 和 NO_2 等）。同时，传感器信号与 50～300 ppb 这一浓度范围的 p-TVOC（由甲苯、间二甲苯和甲醛组成）表现出良好的线性关系。

丙酮气体是 VOC 中一种重要的化合物[75]。人体长期吸入或接触它会对呼吸道和神经系统造成不利影响。当吸入丙酮气体的浓度超过 173 ppm 时，会引起头痛、疲劳、呕吐等症状，严重的会伤害神经系统和内脏器官[76]。此外，糖尿病是一种常见的伴随有糖代谢障碍的内分泌代谢性疾病，随着全球糖尿病患者数量的持续增加，它已经成为工业化国家中引起死亡的第三大诱因[77]。因此，实现糖尿病的早期诊断对于人类的身体健康至关重要。临床医学研究结果表明，糖尿病患者由于缺乏胰岛素，机体无法有效分解葡萄糖，肝脏中的脂肪作为供能物质被分解产生酮体。代谢过程中会产生一定量的丙酮，在血液循环系统中过多的丙酮通过肺部排出体外，正常人的呼气中丙酮浓度范围为 0.3～0.9 ppm，而糖尿病人的呼气中的丙酮浓度高于 1.8 ppm[78]，是正常人的 2～6 倍。因此，丙酮气体已经成为非侵入式早期诊断糖尿病的特定生物标志物，通过检测人体呼出丙酮气体的浓度可以实现糖尿病的早期诊断，从而有效预防和治疗糖尿病。另外，乙醇作为一种常见的 VOC 气体，具有易燃、易挥发的特性，较其他有机溶剂有更低的毒性，但长时间接触或吸入也会影响人体的身体健康，在许多领域都需要检测乙醇的浓度，比如酒驾或醉驾的筛查、医学诊疗中作为呼气标志物诊断特定疾病以及发酵过程控制等[79]。Lu[80, 81]等人采用溶胶–凝胶法制备了 Fe_2TiO_5-TiO_2 氧化物敏感电极材料，并制作了 YSZ 基混成电位型丙酮传感器。该器件在 590 ℃下对丙酮的检测下限为 100 ppb。同时在吉林大学第二医院收集了糖尿病酮症患者的呼气，所研制的传感器能够有效区分健康志愿者和糖尿病患者，传感器的响应信号与患者血酮浓度具有正相关关系，有望在医学领域为糖尿病患者的常规检测和早期筛查提供无创式诊断。此外，研究团队以 MNb_2O_6（M 为 Co、Ni 和 Zn）复合金属氧化物作为敏感电极制作了 YSZ 基混成电位型乙醇传感器，并优化了敏感电极的烧结温度，调控传感器对乙醇的敏感特性。研究结果表明，以 1000 ℃下烧结的 $ZnNb_2O_6$ 为敏感电极制作的传感器对 100 ppm 乙醇具有最高的响应值，但是丙酮和甲醇的存在对乙醇的选择性检测造成了一定干扰，传感器对乙醇的选择性的改善仍需要继续研究。

4.3.7　二氧化硫（SO_2）传感器

SO_2 是大气中常见的有毒有害污染物，主要源于火山喷发、森林火灾等自然现象和燃料燃烧等工业生产过程，它可以直接导致酸雨的形成，引起土壤、湖泊以及河流的酸化[82]。SO_2 还与大气中的烟尘产生协同效应，空气中过高浓度的 SO_2 会引起恶心、胸闷、呼吸道疾病和心脑血管疾病，对人体造成严重的危害，比如伦敦烟雾事件、马斯河谷事件和多诺拉事件等的发生均与 SO_2 有关[83]。研究结果表明，人体长期和短期直接接触 SO_2 所能承受的极限浓度分别为 2 ppm 和 5 ppm，在大气环境中所能承受的 SO_2 极限浓度则更低，其中长时间接触低于 5 ppm 的 SO_2 会造成永久性肺损伤[84]。面对 SO_2 所造成的严峻环境问题和健康威胁，迫切需要开发简单、廉价、可靠以及高性能的气体传感器来选择性检测低浓度 SO_2。此外，由于工业生产等排放的废气成分复杂、气体流速较大且温度较高、气体中的 SO_2 浓度波动很大，要求用于原位检测的 SO_2 气体传感器应具备宽检测范围、可靠的选择性、热稳定性和机械稳定性等特点。因此，稳定性好、抗干扰能力强且价格低廉的 YSZ 基混成电位型气体传感器成为首选。

目前 YSZ 基混成电位型 SO_2 传感器已经被相继报道。Liu 等人[32]开发了以 $MnNb_2O_6$ 为敏感电极的 YSZ 基混成电位型 SO_2 传感器，在 700 ℃，传感器的检测范围为 0.05～5 ppm SO_2，灵敏度为−14 mV/decade。Wang 等人[31]开发了以 $MTiO_3$（M 为 Zn、Co 和 Ni）为敏感电极的 YSZ 基混成电位型气体传感器，其中，以 800 ℃下烧结的 $ZnTiO_3$ 为敏感电极制作的传感器对 SO_2 的响应值最高，检测范围为 0.1～2 ppm SO_2，灵敏度为−23 mV/decade。为进一步降低检测下限，Liu 等人[85]开发了一系列 $MMoO_4$（M 为 Ni、Co、Zn、Mn 和 Sr）敏感电极材料，制作了 YSZ 基混成电位型气体传感器检测 SO_2，经过测试发现，以 $SrMoO_4$ 为敏感电极制作的传感器对 500 ppb SO_2 展现出了最高的响应值，更重要的是，检测下限可低至 20 ppb。为了进一步拓宽该类传感器对 SO_2 检测的浓度范围，Hao 等人[86]使用具有尖晶石结构的 $ZnGa_2O_4$ 为敏感电极构建了 YSZ 基混成电位型 SO_2 传感器，采用硫化的方式对传感器进行优化，测试结果显示，硫化后的传感器敏感特性大幅提升，在 650 ℃的工作温度下检测范围达到 0.05～500 ppm，灵敏度提高至 41 mV/decade，且在连续 10 天高温测试过程中表现出良好的稳定性。

4.3.8 硫化氢（H_2S）传感器

H_2S 是一种剧毒易燃气体，它通常存在于通风不足的封闭地方，如地下室、井盖和下水道；厌氧环境中有机物分解也会产生 H_2S 气体；在地热系统中，岩浆脱气和热变质作用是 H_2S 的来源之一；此外，石油精炼、牛皮纸造纸厂、煤炭气化炉、废物管理和天然气生产等多个工业加工过程会产生 H_2S 副产物。低浓度（如 5 ppm）的 H_2S 具有臭鸡蛋的特征气味，当人类暴露在 50 ppm H_2S 环境下，H_2S 会刺激人类的眼睛和整个呼吸道。如果浓度超过 100 ppm，这种气体会迅速麻痹嗅觉神经，从而造成嗅觉消失。而长时间暴露于中等浓度（250 ppm）的 H_2S 中，会干扰正常的气体交换，严重时可能导致窒息。若人体吸入高浓度（1000 ppm）的 H_2S，则会直接导致呼吸中枢瘫痪，从而引发死亡。H_2S 除了对人体有危害外，还会腐蚀金属设备、毒害催化剂，造成经济损失。因此，由于众多领域对 H_2S 气体的检测需求，开发高性能 H_2S 传感器至关重要。

近几十年来，固体电解质气体传感器在检测有害气体方面已被证明具有巨大的潜力[87, 88]，特别是 YSZ 基固体电解质气体传感器，其凭借优异的稳定性，在呼气标志物检测方面显示出巨大的应用潜力。Miura 等人[89]基于 YSZ 固体电解质和 WO_3 敏感电极开发了电化学 H_2S 传感器，研究结果表明，传感器在 400 ℃对 0.2～25 ppm H_2S 展现出了良好的响应。Lu 等人[90, 91]分别利用尖晶石型 $NiMn_2O_4$ 和 Co_2SnO_4 复合金属氧化物敏感电极研制了 YSZ 基混成电位型 H_2S 传感器。所研制的传感器对 H_2S 表现出较高的灵敏度和良好的响应恢复能力，并且可以对健康志愿者呼气与模拟口臭气体进行有效的区分。此外，研究团队开发了 La_2NiO_4 和 $ZnMoO_4$ 复合金属氧化物敏感电极材料，发现以其为敏感电极研制的 YSZ 基混成电位型气体传感器对 H_2S 的检测下限分别为 20 ppb 和 5 ppb，实现了对 ppb 级 H_2S 的高灵敏检测[92, 93]。

4.4　本章小结

本章面向工业生产、安全监控和呼气诊断等众多领域中对有毒有害气体的灵敏检测需求，从新型敏感电极材料的设计和制备入手，详细介绍了基于不同种类敏感电极材料的 YSZ 基混成电位型气体传感器的主要研究进展，并对以不同气体为检测对象的 YSZ 基混成电位型气体传感器进行了阐述。未来，需要不断探索/开发新型氧化物敏感电极材料，扩大电极材料体系，进一步研制出高性能 YSZ 基混成电位型气体传感器，拓宽气体检测的种类和范围，实现其在更多领域中的应用。

参 考 文 献

[1] SHIMIZU F, YAMAZOE N, SEIYAMA T. Detection of combustible gases with stabilized zirconia sensor [J]. Chemistry Letters, 1978, 21(3): 299-300.

[2] OKAMOTO H, OBAYASHI H, KUDO T. Carbon monoxide gas sensor made of stabilized zirconia [J]. Solid State Ionics, 1980, 1(3-4): 319-326.

[3] OKAMOTO H, OBAYASHI H, KUDO T. Non-ideal EMF behavior of zirconia oxygen sensors [J]. Solid State Ionics, 1981, 3: 453-456.

[4] VOGEL A, BAIER G, SCHULE V. Non-Nernstian potentiometric zirconia sensors:

screening of potential working electrode materials [J]. Sensors and Actuators B: Chemical, 1993, 15-16: 147-150.

[5] PLASHNITSA V V, ANGGRAINI S A, MIURA N. CO sensing characteristics of YSZ-based planar sensor using Rh-sensing electrode composed of tetrahedral sub-micron particles [J]. Electrochemistry Communications, 2011, 13(5): 444-446.

[6] WEI Z P, ARREDONDO M, PENG H Y, et al. A Template and catalyst-free metal-etching-oxidation method to synthesize aligned oxide nanowire arrays: NiO as an example [J]. ACS Nano, 2010, 4(8): 4785-4791.

[7] WANG Y, MA L, LI W, et al. NiO-based sensor for in situ CO monitoring above 1000 ℃: behavior and mechanism [J]. Advanced Composites and Hybrid Materials, 2022, 5(3): 2478-2490.

[8] LU G Y, MIURA N, YAMAZOE N. Stabilized zirconia-based sensors using WO_3 electrode for detection of NO or NO_2 [J]. Sensors and Actuators B: Chemical, 2000, 65(1-3): 125-127.

[9] MIURA N, LU G Y, YAMAZOE N. Progress in mixed-potential type devices based on solid electrolyte for sensing redox gases [J]. Solid State Ionics, 2000, 136: 533-542.

[10] MIURA N, WANG J, NAKATOU M, et al. NO_x sensing characteristics of mixed-potential-type zirconia sensor using NiO sensing electrode at high temperatures [J]. Electrochemical Solid-State Letters, 2005, 8(2): H9-H11.

[11] MIURA N, WANG J, NAKATOU M, et al. High-temperature operating characteristics of mixed-potential-type NO_2 sensor based on stabilized-zirconia tube and NiO sensing electrode [J]. Sensors and Actuators B: Chemical, 2006, 114(2): 903-909.

[12] ZHANG H, LI Z, YI J X, et al. Potentiometric hydrogen sensing of ordered SnO_2 thin films [J]. Sensors and Actuators B: Chemical, 2020, 321: 128505.

[13] LIU F M, GUAN Y Z, SUN H B, et al. YSZ-based NO_2 sensor utilizing hierarchical In_2O_3 electrode [J]. Sensors and Actuators B: Chemical, 2016, 222: 698-706.

[14] MIURA N, AKISADA K, WANG J, et al. Mixed-potential-type NO_x sensor based on YSZ and zinc oxide sensing electrode [J]. Ionics, 2004, 10(1-2): 1-9.

[15] MIURA N, SHIRAISHI T, SHIMANOE K, et al. Mixed-potential-type propylene sensor based on stabilized zirconia and oxide electrode [J]. Electrochemistry Communications, 2000, 2: 77-80.

[16] CHEVALLIER L, BARTOLOMEO E D, GRILLI M L, et al. High temperature detection of CO/HC gases by non-Nernstian planar sensors using Nb_2O_5 electrode [J].

Sensors and Actuators B: Chemical, 2008, 130: 514-519.

[17] KIDA T, KAWASAKI K, IEMURA K, et al. Gas sensing properties of a stabilized zirconia-based sensor with a porous MoO_3 electrode prepared from a molybdenum polyoxometallate-alkylamine hybrid film [J]. Sensors and Actuators B: Chemical, 2006, 119(2): 562-569.

[18] ELUMALAI P, PLASHNITSA V V, FUJIO Y, et al. Highly sensitive and selective stabilized zirconia-based mixed-potential-type propene sensor using NiO/Au composite sensing-electrode [J]. Sensors and Actuators B: Chemical, 2010, 144(1): 215-219.

[19] DIAO Q, YIN C G, LIU Y W, et al. Mixed-potential-type NO_2 sensor using stabilized zirconia and Cr_2O_3-WO_3 nanocomposites [J]. Sensors and Actuators B: Chemical, 2013, 180: 90-95.

[20] SAHNER K, HAGEN G, SCHONAUER D, et al. Zeolites-Versatile materials for gas sensors [J]. Solid State Ionics, 2008, 179(40): 2416-2423.

[21] YAMAGUCHI M, ANGGRAINI S A, FUJIO Y, et al. Stabilized zirconia-based sensor utilizing SnO_2-based sensing electrode with an integrated Cr_2O_3 catalyst layer for sensitive and selective detection of hydrogen [J]. International Journal of Hydrogen Energy, 2013, 38(1): 305-312.

[22] LU G Y, MIURA N, YAMAZOE N. High-temperature sensors for NO and NO based on stabilized zirconia and spinel-type oxide electrodes [J]. Journal of Material Chemistry, 1997, 7(8): 1445-1449.

[23] HAO X D, LIU T, LI W J, et al. Mixed potential gas phase sensor using YSZ solid electrolyte and spinel-type oxides AMn_2O_4(A = Co, Zn and Cd) sensing electrodes [J]. Sensors and Actuators B: Chemical, 2020, 302: 127206.

[24] YOON J W, GRILLI M L, BARTOLOMEO E D, et al. The NO_2 response of solid electrolyte sensors made using nano-sized $LaFeO_3$ electrodes [J]. Sensors and Actuators B: Chemical, 2001, 76: 483-488.

[25] MUKUNDAN R, BROSHA E L, GARZON F H. Mixed potential hydrocarbon sensors based on a YSZ electrolyte and oxide electrodes [J]. Journal of the Electrochemical Society, 2003, 150: H279-H284.

[26] YOON S P, NAM S W, KIM S G, et al. Characteristics of cathodic polarization at Pt/YSZ interface without the effect of electrode microstructure [J]. Journal of Power Sources, 2003, 115(1): 27-34.

[27] YOON S P, NAM S W, HAN J, et al. Effect of electrode microstructure on gas-phase

diffusion in solid oxide fuel cells [J]. Solid State Ionics, 2004, 166(1-2): 1-11.

[28] CARLOS L G, RAMOS F M, ALBERT C. YSZ-based oxygen sensors and the use of nanomaterials: a review from classical models to current trends [J]. Journal of Sensors, 2014, 2009: 1-15.

[29] DIAO Q, YIN C G, GUAN Y Z, et al. The effects of sintering temperature of $MnCr_2O_4$ nanocomposite on the NO_2 sensing property for YSZ-based potentiometric sensor [J]. Sensors and Actuators B: Chemical, 2013, 177: 397-403.

[30] LIU F M, GUAN Y H, SUN R Z, et al. Mixed potential type acetone sensor using stabilized zirconia and $M_3V_2O_8$ (M: Zn, Co and Ni) sensing electrode [J]. Sensors and Actuators B: Chemical, 2015, 221: 673-680.

[31] WANG J, LIU A, WANG C L, et al. Solid state electrolyte type gas sensor using stabilized zirconia and $MTiO_3$ (M: Zn, Co and Ni)-SE for detection of low concentration of SO_2 [J]. Sensors and Actuators B: Chemical, 2019, 296: 126644.

[32] LIU F M, WANG Y L, WANG B, et al. Stabilized zirconia-based mixed potential type sensors utilizing $MnNb_2O_6$ sensing electrode for detection of low-concentration SO_2 [J]. Sensors and Actuators B: Chemical, 2017, 238: 1024-1031.

[33] TANG Z Y, LI X G, YANG J H, et al. Mixed potential hydrogen sensor using $ZnWO_4$ sensing electrode [J]. Sensors and Actuators B: Chemical, 2014, 195: 520-525.

[34] LI Y, LI X G, TANG Z Y, et al. Hydrogen sensing of the mixed-potential-type $MnWO_4$/YSZ/Pt sensor [J]. Sensors and Actuators B: Chemical, 2015, 206: 176-180.

[35] LI Y, LI X G, TANG Z Y, et al. Potentiometric hydrogen sensors based on yttria-stabilized zirconia electrolyte (YSZ) and $CdWO_4$ interface [J]. Sensors and Actuators B: Chemical, 2016, 223: 365-371.

[36] XU J L, WANG C, YANG B, et al. Superior sensitive $NiFe_2O_4$ electrode for mixed-potential NO_2 sensor [J]. Ceramics International, 2019, 45(3): 2962-2967.

[37] MAHENDRAPRABHU K, ELUMALAI P. Stabilized zirconia-based selective NO_2 sensor using sol-gel derived Nb_2O_5 sensing-electrode [J]. Sensors and Actuators B: Chemical, 2017, 238: 105-110.

[38] JIN H, HUANG Y J, JIAN J W. Plate-like Cr_2O_3 for highly selective sensing of nitric oxide [J]. Sensors and Actuators B: Chemical, 2015, 206: 107-110.

[39] BHARDWAJ A, BAE H, NAMGUNG Y, et al. Influence of sintering temperature on the physical, electrochemical and sensing properties of α-Fe_2O_3-SnO_2 nanocomposite sensing electrode for a mixed-potential type NO_x sensor [J]. Ceramics International,

2019, 45(2): 2309-2318.

[40] NOBUMITSU O, TARO U, KAI K, et al. Toluene-sensing properties of mixed-potential type yttria-stabilized zirconiabased gas sensors attached with thin CeO_2-added Au electrodes [J]. Analytical Sciences, 2020, 36: 287-290.

[41] ZHENG X H, ZHANG C, XIA J F, et al. Mesoporous tungsten oxide electrodes for YSZ-based mixed potential sensors to detect NO_2 in the sub ppm-range [J]. Sensors and Actuators B: Chemical, 2019, 284: 575-581.

[42] ZHANG X, KOHLER H, SCHWOTZER M, et al. Mixed-potential gas sensor with layered Au, Pt-YSZ electrode: investigating the sensing mechanism with steady state and dynamic electrochemical methods [J]. Sensors and Actuators B: Chemical, 2017, 252: 554-560.

[43] PARK C W, OH H C, KIM S D, et al. Evaluation and visualization of stratified ultra-lean combustion characteristics in a spray-guided type gasoline direct-injection engine [J]. International Journal of Automotive Technology, 2014, 15(4): 525-533.

[44] MOOS R, REETMEYER B, HÜRLAND A, et al. Sensor for directly determining the exhaust gas recirculation rate—EGR sensor [J]. Sensors and Actuators B: Chemical, 2006, 119(1): 57-63.

[45] MARTYN VT. Progress and future challenges in controlling automotive exhaust gas emissions [J]. Applied Catalysis B Environmental, 2007, 70(1-4): 2-15.

[46] ELUMALAI P, WANG J, ZHUIYKOV S, et al. Sensing characteristics of YSZ-based mixed-potential-type planar NO_x sensors using NiO sensing-electrodes sintered at different temperatures [J]. Journal of the Electrochemical Society, 2005, 152(7): H95-H101.

[47] MIURA N, WANG J, ELUMALAI P, et al. Improving NO_2 sensitivity by adding WO_3 during processing of NiO sensing-electrode of mixed-potential-type zirconia-based sensor [J]. Journal of the Electrochemical Society, 2007, 154(8): J246-J252.

[48] PLASHNITSA V V, UEDA T, ELUMALAI P, et al. Zirconia-based planar NO_2 sensor using ultrathin NiO or laminated NiO–Au sensing electrode [J]. Ionics, 2008, 14(1): 15-25.

[49] ELUMALAI P, ZOSEL J, GUTH U, et al. NO_2 sensing properties of YSZ-based sensor using NiO and Cr-doped NiO sensing electrodes at high temperature [J]. Ionics, 2009, 15(4): 405-411.

[50] ELUMALAI P, PLASHNITSA V V, FUJIO Y, et al. Tunable NO_2-sensing characteristics

of YSZ-based mixed-potential-type sensor using $Ni_{1-x}Co_xO$-Sensing electrode [J]. Electrochemistry Communications, 2009, 156(9): J288-J293.

[51] THO N D, HUONG D V, GIANG H T, et al. High temperature calcination for analyzing influence of 3d transition metals on gas sensing performance of mixed potential sensor Pt/YSZ/$LaMO_3$ (M = Mn, Fe, Co, Ni) [J]. Electrochimica Acta, 2016, 190: 215-220.

[52] THO N D, HUONG D V, NGAN P Q, et al. Effect of sintering temperature of mixed potential sensor Pt/YSZ/$LaFeO_3$ on gas sensing performance [J]. Sensors and Actuators B: Chemical, 2016, 224: 747-754.

[53] YOU R, WANG T S, YU H Y, et al. Mixed-potential-type NO_2 sensors based on stabilized zirconia and CeO_2-B_2O_3 (B=Fe, Cr) binary nanocomposites sensing electrodes [J]. Sensors and Actuators B: Chemical, 2018, 266: 793-804.

[54] SATO T, IKEDA H, MIURA N. Novel zirconia-based NO_2 sensor attached with carbon sensing-electrode [J]. Electrochemistry Communications, 2014, 46(9): 60-62.

[55] LIU F M, WNAG B, YANG X, et al. High-temperature NO_2 gas sensor based on stabilized zirconia and $CoTa_2O_6$ sensing electrode [J]. Sensors and Actuators B: Chemical, 2017, 240: 148-157.

[56] CHATTERJEE D, KOČÍ P, SCHMEIßER V, et al. Modelling of a combined NO_x storage and NH_3-SCR catalytic system for Diesel exhaust gas aftertreatment [J]. Catalysis Today, 2010, 151(3-4): 395-409.

[57] MOOS R, SCHÖNAUER D. Recent developments in the field of automotive exhaust gas ammonia sensing [J]. Sensor Letters, 2008, 6(6): 821-825.

[58] KOEBEL M, ELSENER M, KLEEMANN M. Urea-SCR: a promising technique to reduce NO_x emissions from automotive diesel engines [J]. Catalysis Today, 2000, 59: 335-345.

[59] LEE I, JUNG B, PARK J, et al. Mixed potential NH_3 sensor with $LaCoO_3$ reference electrode [J]. Sensors and Actuators B: Chemical, 2013, 176: 966-970.

[60] LU G Y, LIU F M, GUAN Y Z, et al. Mixed-potential type NH_3 sensor based on stabilized zirconia and $Ni_3V_2O_8$ sensing electrode [J]. Sensors and Actuators B: Chemical, 2015, 210: 795-802.

[61] LI X D, WANG C, HUANG J Q, et al. The effects of Cu-content on $Mg_2Cu_xFeO_{3.5+x}$ electrodes for YSZ-based mixed-potential type NH_3 sensors [J]. Ceramics International, 2016, 42(8): 9396-9370.

[62] WANG L, MENG W W, HE Z G, et al. Enhanced selective performance of mixed potential ammonia gas sensor by Au nanoparticles decorated $CeVO_4$ sensing electrode [J]. Sensors and Actuators B: Chemical, 2018, 272: 219-228.

[63] WANG C, LI X D, YUAN Y, et al. Effects of sintering temperature on sensing properties of V_2O_5-WO_3-TiO_2 electrode for potentiometric ammonia sensor [J]. Sensors and Actuators B: Chemical, 2017, 241: 268-275.

[64] ANGGRAINI S A, IKEDA H, MIURA N. Tuning H_2 sensing performance of zirconia-based sensor using $ZrSiO_4$ (+Au) sensing-electrode [J]. Electrochimica Acta, 2015, 171: 7-12.

[65] ZHANG H, YI J X, JIANG X. Fast response, highly sensitive and selective mixed-potential H_2 sensor based on (La, Sr)(Cr, Fe)O_3-delta perovskite sensing electrode [J]. ACS Applied Materials & Interfaces, 2017, 9(20): 17219-17226.

[66] AKAMATSU T, ITOH T, SHIN W. Mixed-potential gas sensors using an electrolyte consisting of zinc phosphate glass and benzimidazole [J]. Sensors, 2017, 17(1): 8.

[67] ANGGRAINI S A, FUJIO Y, IKEDA H, et al. YSZ-based sensor using Cr-Fe-based spinel-oxide electrodes for selective detection of CO [J]. Analytica Chimica Acta, 2017, 982: 176-184.

[68] BROSHA E L, MUKUNDAN R, BROWN D R, et al. Mixed potential sensors using lanthanum manganate and terbium yttrium zirconium oxide electrodes [J]. Sensors and Actuators B: Chemical, 2002, 87(1): 47-57.

[69] HASHIMOTO A, HIBINO T, MORI K T, et al. High-temperature hydrocarbon sensors based on a stabilized zirconia electrolyte and proton conductor-containing platinum electrode [J]. Sensors and Actuators B: Chemical, 2001, 81(1): 55-63.

[70] HIBINO T, KAKIMOTO S, SANO M. Non-Nernstian behavior at modified Au electrodes for hydrocarbon gas sensing [J]. Journal of the Electrochemical Society, 1999, 146(9): 3361-3366.

[71] HIBINO T, TANIMOTO S, KAKIMOTO S, et al. High-temperature hydrocarbon sensors based on a stabilized zirconia electrolyte and metal oxide electrodes [J]. Electrochemical and Solid State Letters, 1999, 2(12): 651-653.

[72] WAMA R, PLASHNITSA V V, ELUMALAI P, et al. Improvement in propene sensing characteristics by the use of additives to In_2O_3 sensing electrode of mixed-potential-type zirconia sensor [J]. Journal of the Electrochemical Society, 2009, 156(5): J102-J107.

[73] FUJIO Y, PLASHNITSA V V, ELUMALAI P, et al. Stabilization of sensing performance for mixed-potential-type zirconia-based hydrocarbon sensor [J]. Talanta, 2011, 85(1): 575-581.

[74] SATO T, PLASHNITSA V V, UTIYAMA M, et al. YSZ-based sensor using NiO sensing electrode for detection of volatile organic compounds in ppb level [J]. Journal of the Electrochemical Society, 2011, 158(6).

[75] BROWN S G, FRANKEL A, HAFNER H R. Source apportionment of VOC in the Los Angeles area using positive matrix factorization [J]. Atmospheric Environment, 2007, 41(2): 227-237.

[76] JIA Q Q, JI H M, ZHANG Y, et al. Rapid and selective detection of acetone using hierarchical ZnO gas sensor for hazardous odor markers application [J]. Journal of Hazardous Materials, 2014, 276: 262-270.

[77] YU J B, BYUN H G, SO M S, et al. Analysis of diabetic patient's breath with conducting polymer sensor array [J]. Sensors and Actuators B: Chemical, 2005, 108: 305-308.

[78] RIGHETTONI M, TRICOLI A, PRATSINIS S E. Si:WO_3 sensors for highly selective detection of acetone for easy diagnosis of diabetes by breath analysis [J]. Analytical Chemistry, 2010, 82(9): 3581-3587.

[79] SUTTER K. Determination of ethanol in blood: analytical aspects, quality control, and theoretical calculations for forensic applications [J]. Chimia, 2002, 56(3): 59-62.

[80] WANG J, JIANG L, ZHAO L J, et al. Stabilized zirconia-based acetone sensor utilizing Fe_2TiO_5-TiO_2 sensing electrode for noninvasive diagnosis of diabetics [J]. Sensors and Actuators B: Chemical, 2020, 321: 128489.

[81] LIU F M, YANG X, YU Z D, et al. Highly sensitive mixed-potential type ethanol sensors based on stabilized zirconia and $ZnNb_2O_6$ sensing electrode [J]. RSC Advances, 2016, 6(32): 27197-27204.

[82] LEE S C, HWANG B W, LEE S J, et al. A novel tin oxide-based recoverable thick film SO_2 gas sensor promoted with magnesium and vanadium oxides [J]. Sensors and Actuators B: Chemical, 2011, 160(1): 1328-1334.

[83] TYAGI P, SHARMA A, TOMAR M, et al. Metal oxide catalyst assisted SnO_2 thin film based SO_2 gas sensor [J]. Sensors and Actuators B: Chemical, 2016, 224: 282-289.

[84] DAS S, CHAKRABORTY S, PARKASH O, et al. Vanadium doped tin dioxide as a novel sulfur dioxide sensor [J]. Talanta, 2008, 75(2): 385-389.

[85] LIU F M, WANG J, JIANG L, et al. Compact and planar type rapid response ppb-level SO_2 sensor based on stabilized zirconia and $SrMoO_4$ sensing electrode [J]. Sensors and Actuators B: Chemical, 2020, 307: 127655.

[86] HAO X D, LU Q, ZHANG Y X, et al. Insight into the effect of the continuous testing and aging on the SO_2 sensing characteristics of a YSZ (yttria-stabilized zirconia)-based sensor utilizing $ZnGa_2O_4$ and Pt electrodes [J]. Journal of Hazardous Materials, 2020, 388: 121772.

[87] LIANG X S, LU G Y, ZHONG T G, et al. New type of ammonia/toluene sensor combining NaSICON with a couple of oxide electrodes [J]. Sensors and Actuators B: Chemical, 2010, 150(1): 355-359.

[88] NAGAI T, TAMURA S, IMANAKA N. Solid electrolyte type ammonia gas sensor based on trivalent aluminum ion conducting solids [J]. Sensors and Actuators B: Chemical, 2010, 147(2): 735-740.

[89] MIURA N, YAN Y, LU G Y, et al. Sensing characteristics and mechanism of hydrogen sulfide sensor using stabilized zirconia and oxide sensing electrode [J]. Sensors and Actuators B: Chemical, 1996, 34(1): 367-372.

[90] GUAN Y Z, YIN C G, CHENG X Y, et al. Sub-ppm H_2S sensor based on YSZ and hollow balls $NiMn_2O_4$ sensing electrode [J]. Sensors and Actuators B: Chemical, 2014, 193: 501-508.

[91] WANG C L, JIANG L, WANG J, et al. Mixed potential type H_2S sensor based on stabilized zirconia and a Co_2SnO_4 sensing electrode for halitosis monitoring [J]. Sensors and Actuators B: Chemical, 2020, 321: 128587.

[92] HAO X D, MA C, YANG X, et al. YSZ-based mixed potential H_2S sensor using La_2NiO_4 sensing electrode [J]. Sensors and Actuators B: Chemical, 2018, 255: 3033-3039.

[93] LIU F M, WANG J, YOU R, et al. YSZ-based solid electrolyte type sensor utilizing $ZnMoO_4$ sensing electrode for fast detection of ppb-level H_2S [J]. Sensors and Actuators B: Chemical, 2020, 302: 127205.

第 5 章　YSZ 基混成电位型气体传感器的 TPB 构筑

5.1　TPB 的概念和特点

固体电解质气体传感器，尤其是 YSZ 基混成电位型气体传感器表现出了其他类型传感器无法比拟的稳定性优势，可以同时满足敏感特性和实际应用中对器件稳定性能的要求。因此，我们主要围绕固体电解质气体传感器的敏感特性和稳定性能的提升开展工作。现阶段研究开发的固体电解质气体传感器一般都属于电化学气体传感器，其主要结构包括固体电解质、敏感电极与参考电极。第 4 章介绍了从新型敏感电极材料开发策略方面提升 YSZ 基混成电位型气体传感器的敏感特性，本章重点介绍从高效 TPB 的构筑方面研制高性能的混成电位型气体传感器。

如第 3 章所述，TPB 是待测气体–固体电解质–敏感电极的接触界面，是发生电化学反应的“反应场所”。电化学反应活性位点的数量与 TPB 的结构与面积有关，决定了电化学反应的速率。在混成电位型气体传感器研究的初始阶段，研究人员大部分关注点都聚集在选择、设计和制备新型敏感电极材料方面，对 TPB 微结构对传感器敏感特性的影响关注较少。实际上，由于涉及待测气体的电化学反应发生在待测气体–固体电解质–敏感电极界面，即 TPB 上，因此混成电位型气体传感器的敏感特性由多种因素共同决定，不仅与敏感电极材料的电化学催化活性及微结构有关，还取决于 TPB 的面积大小和微纳状态。因此，通过构筑高效 TPB 来改善混成电位型气体传感器的敏感特性这一策略受到广泛关注。

5.2　TPB 的增感策略和传感器构建

基于混成电位原理，敏感电极材料的电化学催化活性、微观形貌等因素之所以能够影响传感器的敏感特性，主要是因为其影响到达 TPB 参与电化学反应的气体浓度；而 TPB 的微纳状态和面积大小则会直接影响电化学反应活性位点的数量。因此敏感电极材料与 TPB 均是决定电化学反应的关键因素，共同影响传感器的敏感特性。换言之，对于混成电位型气体传感器，TPB 的有效面积可以等效为能够参与电化学反应的活性位点的数量，从而影响氧化/还原位点处的电化学反应强度。即 TPB 的有效面积越大，参与电化学反应的活性位点数量越多。由此得出，构筑高效 TPB 也是提高混成电位型气体传感器敏感特性的有效策略之一。

当敏感电极材料只覆盖于光滑的 YSZ 固体电解质表面时，TPB 的有效面积仅限于敏感电极材料与固体电解质表面接触的区域，提供的电化学反应活性位点的密度有限。因此，为了构筑大面积高效 TPB，研究人员主要聚焦于如何制作表面具有一定微纳结构的固体电解质基板，增大固体电解质基板材料的表面粗糙度，增加敏感电极材料与固体电解质的接触面积，进一步提升传感器的敏感特性。日本九州大学的 Miura 等人[1]初步研究了 YSZ 固体电解质基板表面粗糙度与敏感特性的关系，然而，他们仅将具有不同表面粗糙度的商用 YSZ 固体电解质基板进行了对比，而没有对固体电解质基板的微观结构和表面粗糙度进行设计和可控制作。Park 等人通过在 NiO 敏感电极材料中加入 YSZ 颗粒，增加了敏感电极材料与固体电解质材料的接触面积（见图 5.1），他们发现加入 YSZ 颗粒后所产生的大量三维反应位点不仅增强了传感器的响应恢复特性，而且提高了传感器的灵敏度[2]。此后，研究人员采用不同微纳加工技术成功设计和构筑了具有不同微纳结构的高性能 TPB，主要包括氢氟酸腐蚀技术[3]、双层流延加工技术[4]、刮涂技术[5]、激光加工技术[6, 7]、喷砂加工技术[8]、混合技术[9-11]、模板造孔技术[12-14]、低能离子束刻蚀技术[15]、静电纺丝技术[16]等。

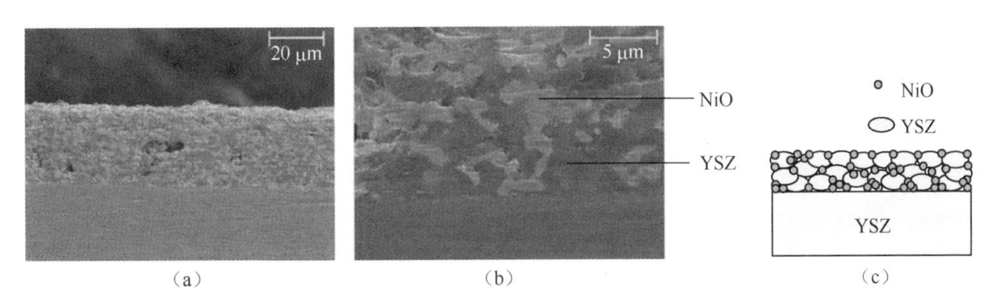

图 5.1　YSZ 固体电解质与 NiO 敏感电极界面
（a）SEM 图（1000×）；（b）SEM 图（5000×）；（c）界面结构示意[2]

5.2.1　氢氟酸腐蚀技术

如图 5.2 所示，Lu 等人将 YSZ 固体电解质基板在不同质量分数（10%、20%和 40%）的氢氟酸溶液中进行腐蚀处理，得到不同表面粗糙度的基板。与未处理的基板相比，随着氢氟酸质量分数的增加，基板表面粗糙度不断增大，在质量分数为 40%的氢氟酸腐蚀下获得了最大表面粗糙度，如图 5.2（a）和图 5.2（b）所示。与之相对应的是，在 850 ℃工作温度下，基于 40%氢氟酸腐蚀处理的基板和 NiO 敏感电极构建的传感器对 20～500 ppm NO_2 展现出最高的灵敏度，如图 5.2（c）和图 5.2（d）所示。由此可见，通过提高 YSZ 固体电解质基板表面粗糙度的方法可以有效改善传感器的敏感特性，为探索、制备高性能气体传感器提出了新的研究思路。此方法虽能有效增大 TPB 的面积，但是需要使用氢氟酸作为腐蚀剂，对人体造成的危害与对环境造成的污染较大。

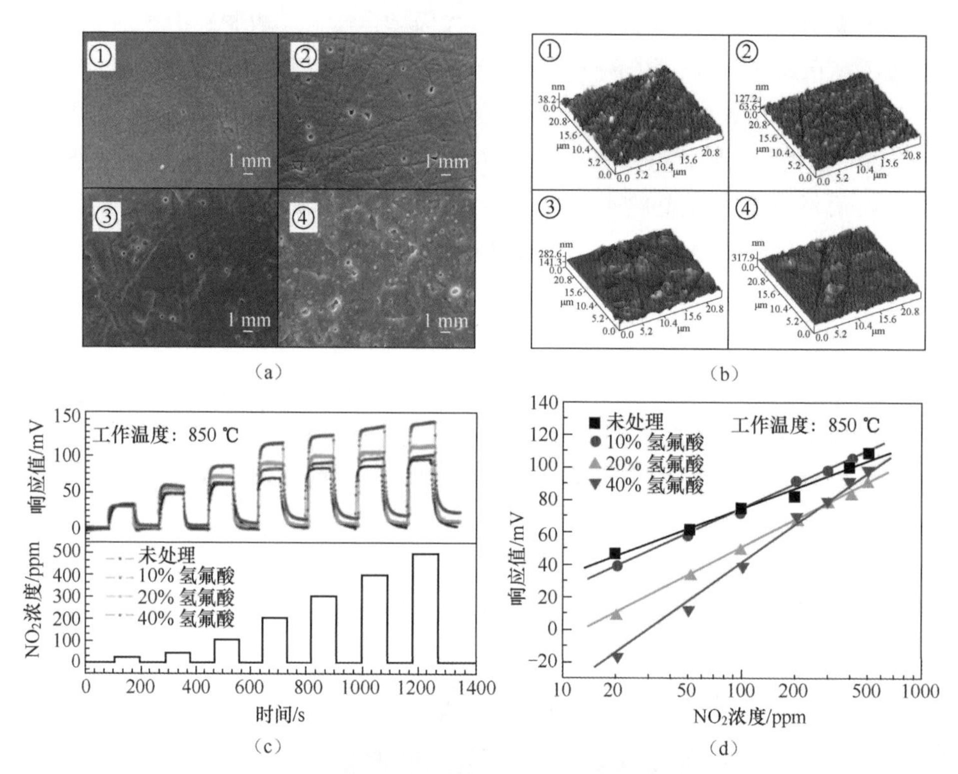

图 5.2 YSZ 固体电解质基板表面形貌和传感器敏感特性

（a）和（b）为不同质量分数的氢氟酸腐蚀的 YSZ 固体电解质基板表面 SEM 图和 AFM 图（①：未处理；②：10%氢氟酸；③：20%氢氟酸；④：40%氢氟酸）；（c）和（d）为在 850 ℃工作温度下，传感器对 20~500 ppm NO_2 的连续响应恢复特性和灵敏度变化[3]

（注：AFM 为 Atomic Force Microscope，原子力显微镜）

5.2.2 双层流延加工和刮涂技术

1. 双层流延加工技术

Yin 等人[4]利用流延机制备出厚度为 2 mm 的 YSZ 固体电解质单层素坯，然后在其上面继续流延一层厚度为 1 mm 的混有淀粉（$\omega_{淀粉}$=0%、5%、10%、15%）的 YSZ 浆料，经干燥、高温烧结后，得到多孔 YSZ 固体电解质基板。如图 5.3（a）所示，随着淀粉添加量的不断增加，基板表面粗糙度变大，从所构建的不同传感器对 10～500 ppm NO_2 的连续响应恢复曲线中可以看出，以添加 $\omega_{淀粉}$=15%的淀粉的 YSZ 作为固体电解质制作的传感器对 NO_2 表现出了最好的敏感特性，如图 5.3（b）所示。

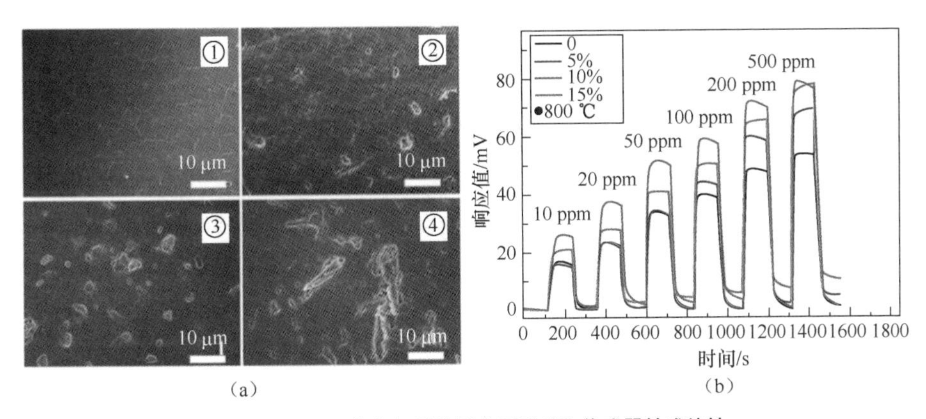

图 5.3 YSZ 固体电解质基板表面形貌和传感器敏感特性

（a）添加淀粉的 YSZ 固体电解质基板表面 SEM 图 （①：未添加；②：$\omega_{淀粉}$=5%；③：$\omega_{淀粉}$=10%；④：$\omega_{淀粉}$=15%）；（b）传感器对 10~500 ppm NO_2 的连续响应恢复曲线[4]

2. 刮涂技术

Cheng 等人[5]在流延加工技术制备的光滑 YSZ 固体电解质基板的基础上，选用不同的造孔剂材料［聚甲基丙烯酸甲酯（Polymethyl Methacrylate，PMMA）、淀粉和石墨］与 YSZ 固体电解质粉体材料充分混合得到浆料，采用刮涂技术将浆料制作于光滑 YSZ 固体电解质基板表面，经过高温烧结过程，制作了多孔 YSZ 固体电解质基板。研究发现，造孔剂的种类和掺杂比例（质量分数）均可对最终 TPB 的形貌和性能产生影响，且它们均为可控因素。其中，PMMA 所造的孔具有良好的分散性但孔径较小；石墨所造的孔的孔径过大且结构容易崩塌，不利于传感器结构的稳定性；淀粉的造孔效果比石墨和 PMMA 要好，兼具良好的分散性和适度的尺寸。适当的造孔剂掺杂比例可有效提升 YSZ 固体电解质基板的孔隙率，但过度掺杂则易引起 YSZ 固体电解质基板孔隙结构的崩塌，如图 5.4 所示。掺杂的淀粉的质量分数为 10%时造孔效果最佳，且对 100 ppm NO_2 的最佳响应值为 114 mV，如图 5.5 所示。同时，传感器的灵敏度也提高为 60 mV/decade。这归功于由淀粉构筑的垂直分布的连通开放孔道结构使得纳米颗粒浸入电解质中，从而最大限度地延长了 TPB 的长度，进而提升了传感器的敏感特性。

利用双层流延加工技术和刮涂技术构筑 TPB 的优势在于实验操作相对简单、安全，使用的原料易获取，且成本较为低廉，但这两种方法使界面形貌结构的可控性相对较差。

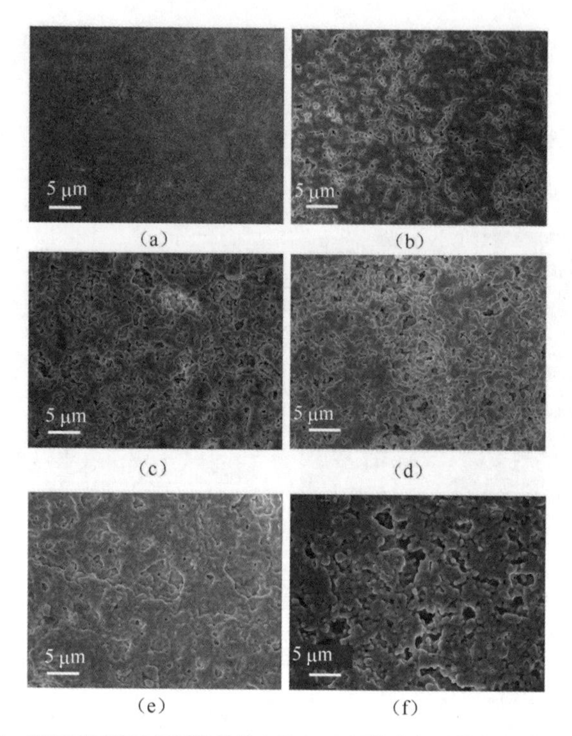

图 5.4　添加不同造孔剂所构筑的多孔 YSZ 固体电解质基板表面的 SEM 图
(a) 未添加造孔剂；(b) 5%淀粉；(c) 10%淀粉；(d) 15%淀粉；(e) 10%PMMA；(f) 10%石墨[5]

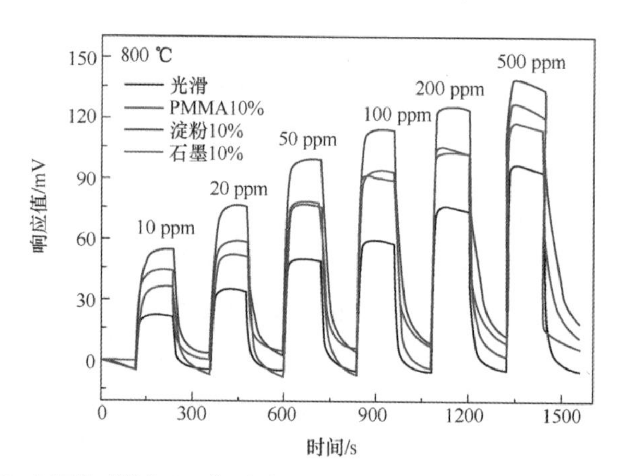

图 5.5　不同传感器在 800 ℃时对 10~500 ppm NO_2 的连续响应恢复曲线[5]

5.2.3　激光加工技术

1. 飞秒激光加工技术[6]

Guan 等人利用飞秒激光对 YSZ 固体电解质基板表面进行激光加工处理，通过调节光斑直径获得表面具有不同槽间距的 YSZ 固体电解质基板。图 5.6（a）所示是未处理的 YSZ 固体电解质基板和经飞秒激光加工处理得到的具有两种槽间距（130 μm 和 240 μm）的 YSZ 固体电解质基板 SEM 图。经过激光加工处理后的 YSZ 固体电解质基板表面形成规整的网格结构。如图 5.6（b）和图 5.6（c）所示，对比基于不同 YSZ 固体电解质基板制作的传感器对 NO_2 的敏感特性，在 800 ℃时，槽间距为 130 μm 的 YSZ 固体电解质基板构建的传感器对 5～500 ppm NO_2 表现出最高的响应值和灵敏度。利用该方法构筑高效 TPB 后，可以有效提高传感器的敏感特性。飞秒激光加工技术具有重复性高、可控性好等优点，因此可以实现对 YSZ 固体电解质基板表面的可控加工制备，易获得较为规整的表面结构，易于批量化加工制备。

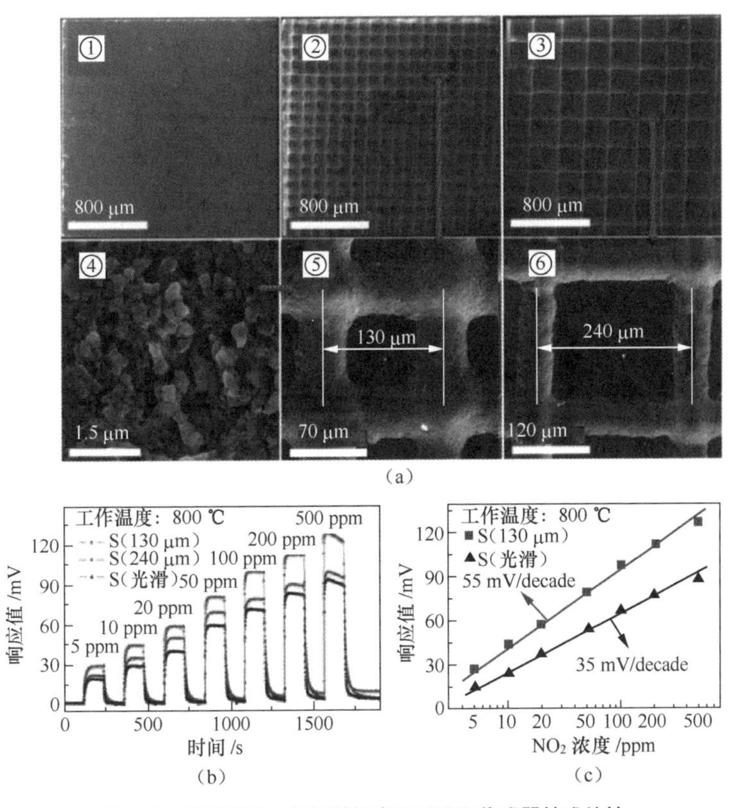

图 5.6 YSZ 固体电解质基板表面形貌和传感器敏感特性

（a）经飞秒激光加工处理得到的 YSZ 固体电解质基板表面 SEM 图（①：未处理；②：130 μm 槽间距；③：240 μm 槽间距；④：敏感电极结构；⑤：②的放大结构；⑥：③的放大结构）；（b）和（c）为传感器对 5~500 ppm NO_2 的连续响应恢复曲线和灵敏度曲线[6]

2. 激光烧蚀技术

Lin 等人[7]利用激光烧蚀技术对 YSZ 固体电解质衬底表面进行刻蚀处理，研究 TPB 对传感器敏感特性的影响。如图 5.7 所示，分别利用 200 μm、100 μm 和 50 μm 的槽间距，用激光对 YSZ 固体电解质基板表面进行处理，得到具有不同间距的网格状阵列结构的 YSZ 固体电解质基板。将基于 200 μm、100 μm 和 50 μm 槽间距的 YSZ 固体电解质基板制作的传感器分别标记为 S_{200}、S_{100} 和 S_{50}，未处理的传感器标记为 $S_{空白}$。如图 5.8 和图 5.9 所示，在不同工作温度下，测试这 4 种传感器对不同浓度 O_2 的响应恢复时间。结果表明，TPB 面积的增加对提高传感器的响应恢复速率也有一定促进作用。尤其是在相对较低的工作温度环境下，响应时间可从 48.9 s 减少到 16.8 s。这是由于工作温度的降低引起了响应时间的降低，可以通过增大 TPB 的面积来补偿。由于 S_{50} 传感器具有最佳的响应恢复特性，研究人员在不同工作温度下对该传感器的灵敏度也进行了研究，如图 5.10 所示，S_{50} 传感器在不同工作温度下均对体积分数为 0.4%～3.2%的 O_2 产生了良好的线性响应。此方法可为 YSZ 基混成电位型气体传感器在中/低工作温度下提高响应恢复特性、电化学催化活性以及构筑高效 TPB 提供一种较为简单、可控、精确、重复性高的技术。

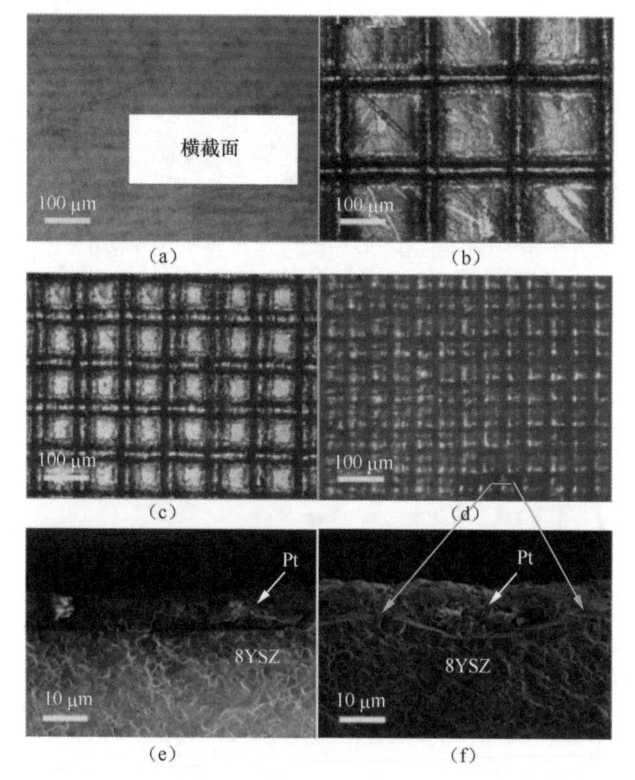

图 5.7 YSZ 固体电解质基板表面和横截面的 SEM 图
（a）未处理的 YSZ 固体电解质基板的表面 SEM 图；（b）激光处理的槽间距为 200 μm 的 YSZ 固体电解质基板的表面 SEM 图；（c）激光处理的槽间距为 100 μm 的 YSZ 固体电解质基板的表面 SEM 图；（d）激光处理的槽间距为 50 μm 的 YSZ 固体电解质基板的表面 SEM 图；（e）未处理的 YSZ 固体电解质基板的横截面 SEM 图；（f）激光处理的槽间距为 50 μm 的 YSZ 固体电解质基板的横截面 SEM 图[7]

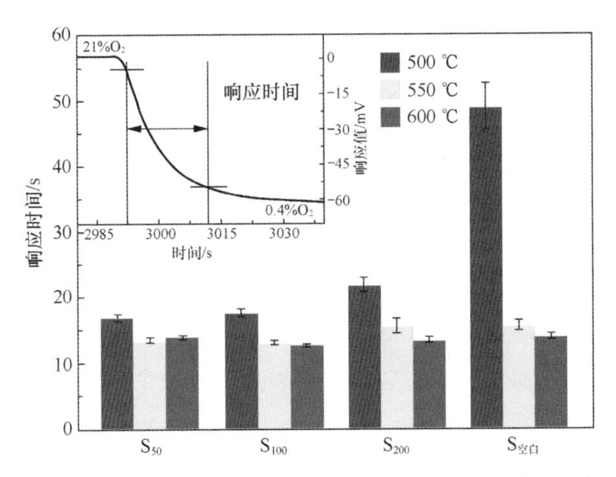

图 5.8　基于 50 μm、100 μm 和 200 μm 槽间距的 YSZ 固体电解质基板和未处理的 YSZ 固体电解质基板制作的传感器的响应时间[7]

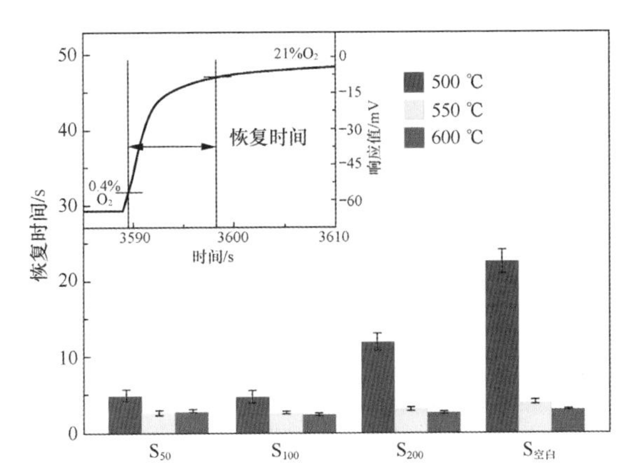

图 5.9　基于 50 μm、100 μm 和 200 μm 槽间距的 YSZ 固体电解质基板和未处理的 YSZ 固体电解质基板制作的传感器的恢复时间[7]

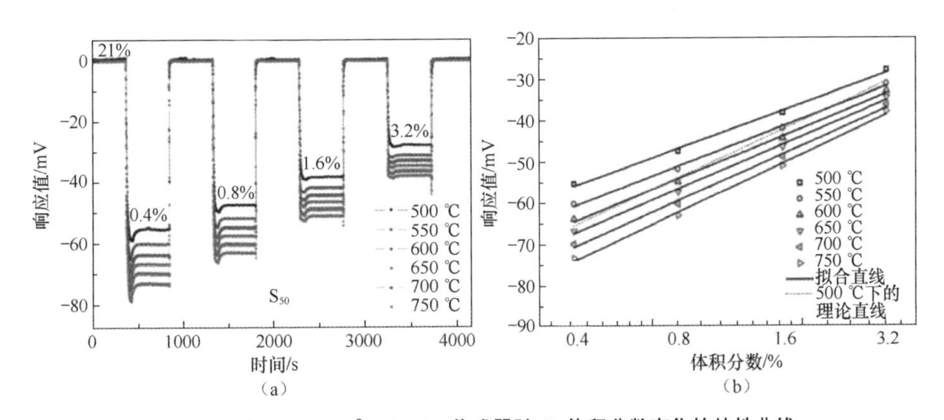

图 5.10　在 500~750 ℃下，S_{50} 传感器随 O_2 体积分数变化的特性曲线
（a）连续响应恢复曲线；（b）灵敏度曲线[7]

5.2.4 喷砂加工技术

Sun 等人[8]利用压缩机将不同粒径（40 μm、60 μm 和 80 μm）的碳化硅（SiC）颗粒喷出，对 YSZ 固体电解质基板表面进行轰击加工，从而获得具有不同表面粗糙度的 YSZ 固体电解质基板。从图 5.11（a）可以看出，随着 SiC 粒径的增大，YSZ 固体电解质基板表面粗糙度也不断变大，使用 80 μm SiC 处理的 YSZ 固体电解质基板具有最大的表面粗糙度。如图 5.11（b）所示，通过对比 4 种传感器对 10～200 ppm NO_2 的连续响应恢复曲线发现，在 850 ℃时，基于 80 μm SiC 处理的 YSZ 固体电解质基板和 NiO 敏感电极制作的传感器对 NO_2 表现出了最高的灵敏度。从以上结果可以看出，YSZ 固体电解质基板的表面粗糙度越大，所构建的传感器对 NO_2 的响应值越高。该加工技术的优势在于工艺简单、制作成本低，有利于实现规模化加工生产；不足在于较难同时实现对形貌的精确控制与重复。

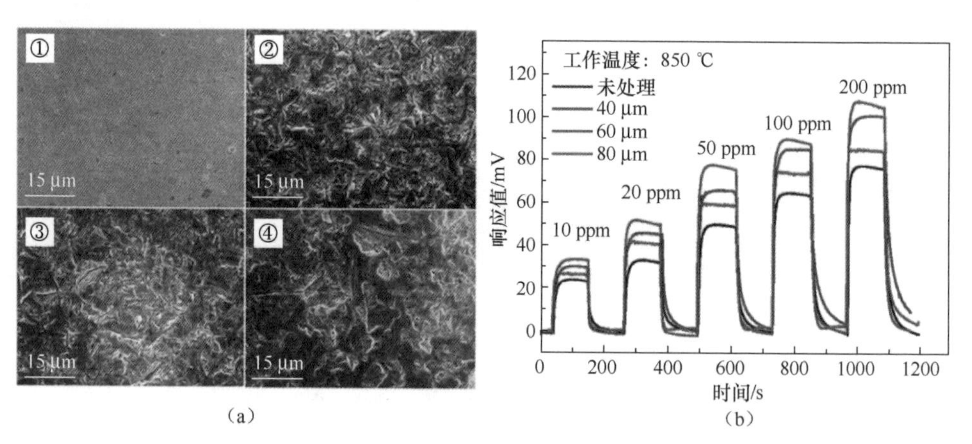

图 5.11 YSZ 固体电解质基板表面形貌和传感器敏感特性
（a）喷砂加工技术制作的 YSZ 固体电解质基板表面 SEM 图（①：未处理；②：40 μm 的 SiC 处理；③：60 μm 的 SiC 处理；④：80 μm 的 SiC 处理）；（b）不同传感器对 10~200 ppm NO_2 的连续响应恢复曲线[8]

5.2.5 混合技术

Liu 等人[9]在 $Co_3V_2O_8$ 敏感电极中混合不同质量分数的 YSZ 固体电解质颗粒，实现了敏感电极材料与固体电解质材料的充分接触，通过调控两者之间的比例，在敏感电极层内部形成三维贯穿式接触网络结构，有效增加了 TPB 的面积，从而增加了电化学反应活性位点的数量，提高了电化学反应速率，显著提高了传感器的灵敏度。从图 5.12 所示的敏感电极 SEM 图中可以看出，与纯 $Co_3V_2O_8$ 敏感电极相比，$Co_3V_2O_8$ + YSZ（ω_{YSZ}=40%）敏感电极实现了 $Co_3V_2O_8$ 颗粒和 YSZ 固体电解质颗粒在表面和内部的充分接触。如图 5.13（a）所示，以 $Co_3V_2O_8$ 为敏感电极制作的 YSZ 基混成电位型气体传感器对 100 ppm NO_2 的响应值仅为 67 mV。传感器对 NO_2 的响应值随着 YSZ 固体电解质颗粒掺杂量的增加呈现先升高后

图5.12 敏感电极SEM图

$Co_3V_2O_8$的(a)表面SEM图和(b)横截面SEM图；$Co_3V_2O_8$+ YSZ（ω_{YSZ}=40%）的(c)表面SEM图和(d)横截面SEM图[9]

降低的趋势。当YSZ颗粒的质量分数为40%时，S40传感器对10～400 ppm NO_2均表现出了最大的响应值，对100 ppm NO_2的响应值为130 mV。S40传感器对NO_2具有最好的响应特性的原因可以解释为：传感器与NO_2气体接触时，气体通过敏感电极层到达TPB，同时发生电化学阴极反应和阳极反应形成局部电池，阳极反应和阴极反应速率达到稳定时获得的敏感电极电位为混成电位。在NO_2气氛中测试时，S0（未掺入YSZ颗粒）的TPB只存在于敏感电极和YSZ固体电解质基板的表面，而混合YSZ颗粒后的以$Co_3V_2O_8$敏感电极构建的传感器S10～S50不仅在敏感电极和YSZ固体电解质基板的表面增大了TPB的面积，而且由于敏感电极与YSZ颗粒的充分接触，在敏感电极层内部形成了三维TPB，为电化学反应的进行提供了更多的电化学反应活性位点。此外，由于敏感电极层内部三维TPB的存在，气体在敏感电极层扩散的过程中可以有效缩短到达TPB的距离，降低在扩散过程中由$Co_3V_2O_8$的异相催化作用所造成的NO_2消耗，使更多的NO_2气体参与电化学反应。随着YSZ颗粒掺杂量的不断增加，传感器对NO_2的敏感特性也不断提升。此外，当YSZ颗粒的质量分数为50%时，过多的YSZ颗粒会覆盖部分的活性位点，导致 S50 对 NO_2 的响应值出现明显的降低。因此，与 S0 相比，S40 对 NO_2 的响应值得到最显著提升，对 NO_2 表现出了最好的敏感特性。从图 5.13（b）中的连续响应恢复曲线中也可以看到，在 700 ℃工作温度下，传感器对 100 ppm NO_2 的响应时间均小于 30 s，表明传感器对 NO_2 表现出了较高的响应速率。图 5.13（c）所示为在 700 ℃下，S0～S50 对 10～400 ppm NO_2 的灵敏度曲线，所有传感器在 700 ℃时对 10～400 ppm NO_2 的响应值与 NO_2 浓度对数之间均呈现了良好的线性依赖关系。S0、S10、S20、S30、S40 和 S50 对 10～400 ppm NO_2 的灵敏度分别为 47 mV/decade、55 mV/decade、60 mV/decade、67 mV/decade、85 mV/decade 和 63 mV/decade，表明 S40 具有最高的灵敏度。在 700 ℃的工作温度下，S40 对 100 ppm NO_2 的连续响应恢复曲线如图 5.13（b）所示，在 10 次连续循环测试过程中，传感器对 100 ppm NO_2 响应值的最大改变幅度为 −5.4%，表明传感器对 NO_2 表现出了良好的重复性。此外，图 5.13（d）展示了 S0 和 S40 对 100 ppm NO_2 的长期稳定性，可以看到在 30 天的 700 ℃高温连续测试过程中，S0 和 S40 对 100 ppm NO_2 的响应值均表现出了较小幅度的改变。定量分析结果表明，经过 30

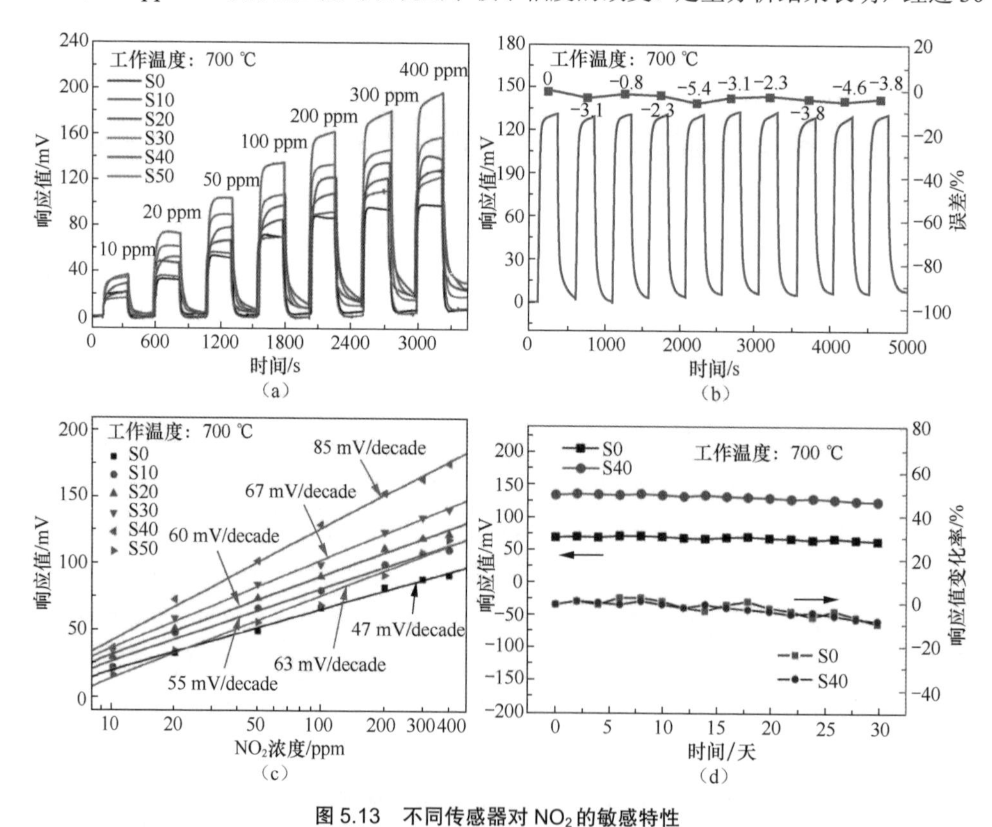

图 5.13　不同传感器对 NO_2 的敏感特性

（a）在 700 ℃下，S0~S50 对 10~400 ppm NO_2 的连续响应恢复曲线；（b）S40 对 100 ppm NO_2 的连续响应恢复曲线；（c）S0~S50 灵敏度曲线；（d）S0 和 S40 对 100 ppm NO_2 的长期稳定性[9]

天高温测试后，S0 和 S40 对 100 ppm NO_2 的响应值分别衰减了 9.0%和 7.7%，表现出了良好的稳定性。值得注意的是，与 S0 相比，S40 对 NO_2 的稳定性表现出了一定程度的提升。

Chen 等人[10]通过在 La_2CuO_4 敏感电极材料中加入 YSZ 材料来扩大 TPB 的面积，从而提升以 La_2CuO_4 为敏感电极制作的混成电位型 NO_x 传感器的敏感特性。从掺杂了不同体积分数的 YSZ 的 La_2CuO_4 敏感电极的表面 SEM 图中可以看出（见图 5.14），La_2CuO_4 敏感电极呈现出疏松多孔的结构。随着 YSZ 体积分数的增加，La_2CuO_4 的粒径变小。当 YSZ 体积分数达到 10%［见图 5.14（d）］时，过量的 YSZ 抑制了 La_2CuO_4 颗粒的生长。分别以 La_2CuO_4、La_2CuO_4 + 2% YSZ、La_2CuO_4 + 5% YSZ 和 La_2CuO_4 + 10% YSZ 为敏感电极制作的混成电位型气体传感器对 NO 的性能测试结果，如图 5.15 所示。可以看出所

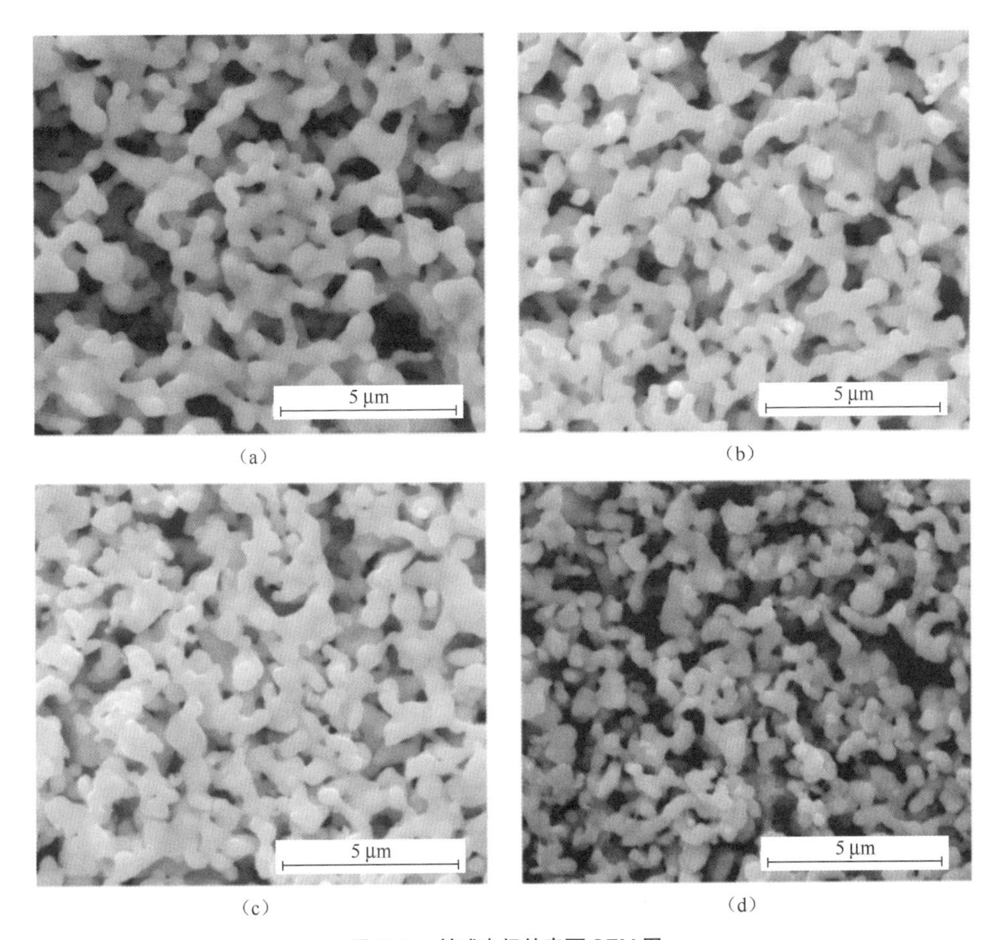

图 5.14　敏感电极的表面 SEM 图

（a）La_2CuO_4；（b）La_2CuO_4 + 2% YSZ；（c）La_2CuO_4 + 5% YSZ；（d）La_2CuO_4 + 10% YSZ[10]

有传感器在 400 ℃时对 NO 的灵敏度都是最高的，其中，以 La_2CuO_4 + 5% YSZ 作为敏感电极制作的传感器对 NO 具有最大的响应值，对 700 ppm NO 的响应值为 52 mV，而以纯 La_2CuO_4 为敏感电极制作的传感器对 700 ppm NO 的响应值仅为 22.6 mV。此外，以 La_2CuO_4+5% YSZ 为敏感电极制作的传感器比以纯 La_2CuO_4 为敏感电极制作的传感器能够更快地获得稳态响应。然而，过量 YSZ 材料的加入反而会对传感器的敏感特性产生负面影响。此外，掺杂适量 YSZ 材料到敏感电极中，对传感器的选择性提升也会带来促进作用。

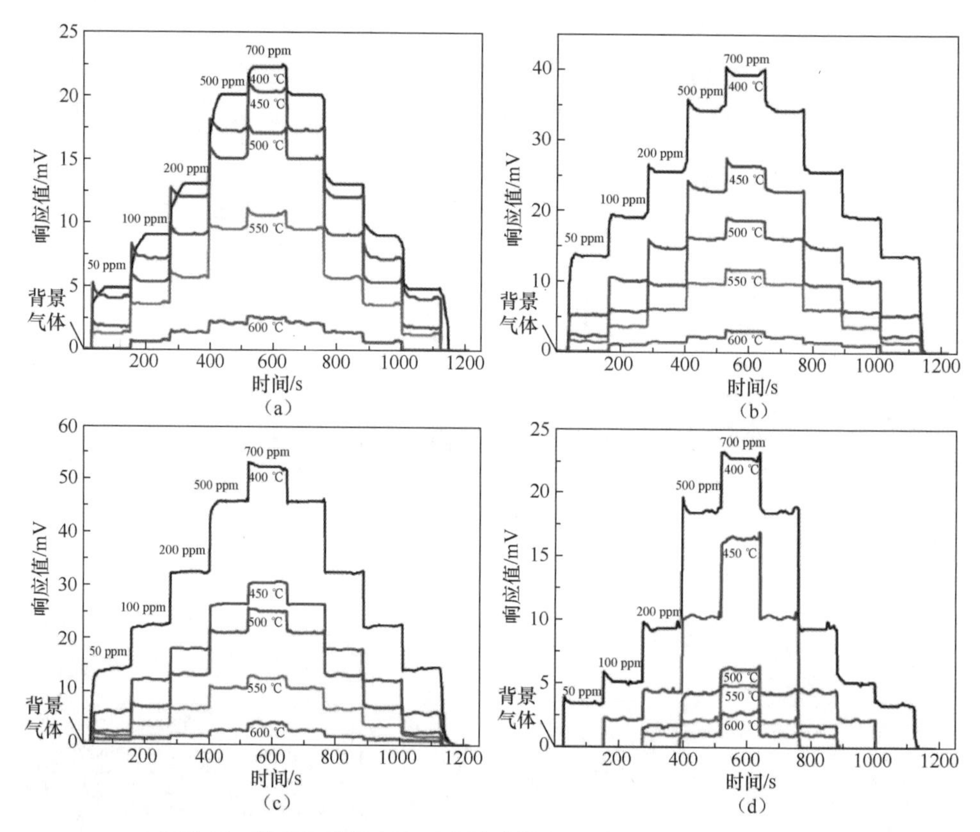

图 5.15　在不同工作温度下，不同传感器对不同浓度 NO 的响应特性曲线

(a) La_2CuO_4；(b) La_2CuO_4 + 2% YSZ；(c) La_2CuO_4 + 5% YSZ；(d) La_2CuO_4 + 10% YSZ[10]

上述混合技术之所以能够提高混成电位型气体传感器的敏感特性，主要是因为向敏感电极材料中掺杂的YSZ能够作为YSZ固体电解质在敏感电极材料中的三维延伸，使敏感电极与固体电解质的接触面不局限于二维平面，可以进一步拓展到敏感电极材料的内部。因此可以为增加 TPB 的有效面积与活性位点数量提供新的区域，使传感器的 TPB 由原来存在于二维平面中，拓展为存在于三维空间区域，同时为气体的电化学反应增加活性位点数量，提高电化学反应速率，使传感器的敏感特性得到显著提升。

此外，利用混合技术构筑高效 TPB 的增感策略在以尖晶石型氧化物 $NiCr_2O_4$ 为敏感电极制作的 NaSICON 基混成电位型气体传感器上也得到了相关研究。

Zhang 等人[11]把不同质量分数（10%、20%、30%、40%）的 NaSICON 固体电解质粉末与 $NiCr_2O_4$ 物理混合，使两者充分接触，以实现增大 TPB 面积的目的。由于将 NaSICON 粉末混合到 $NiCr_2O_4$ 敏感电极中，NaSICON 与 $NiCr_2O_4$ 之间的接触就不仅存在于 NaSICON 层与氧化物敏感电极层的接触界面上，还存在于敏感电极层内部。由此，成功构筑了具有三维贯穿式接触网络结构的 TPB，如图 5.16 所示。从不同（NaSICON 质量分数不同）传感器对丙酮敏感特性的影响中可以看出，在 375 ℃下，采用 $NiCr_2O_4$ +30% NaSICON 为敏感电极制作的混成电位型气体传感器对 100 ppm 丙酮具有最强响应，如图 5.17 所示。此外，采用 $NiCr_2O_4$ +30% NaSICON 为敏感电极制作的传感器对丙酮具有良好的响应恢复特性，对 5～100 ppm 丙酮的灵敏度为 −58 mV/decade，远高于（这里指绝对值）单独以 $NiCr_2O_4$ 为敏感电极制作的传感器，如图 5.18 所示。说明该方法成功提高了传感器的灵敏度。

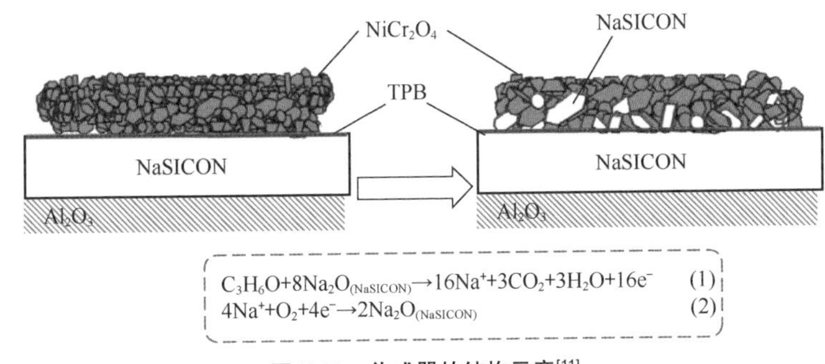

图 5.16　传感器的结构示意[11]

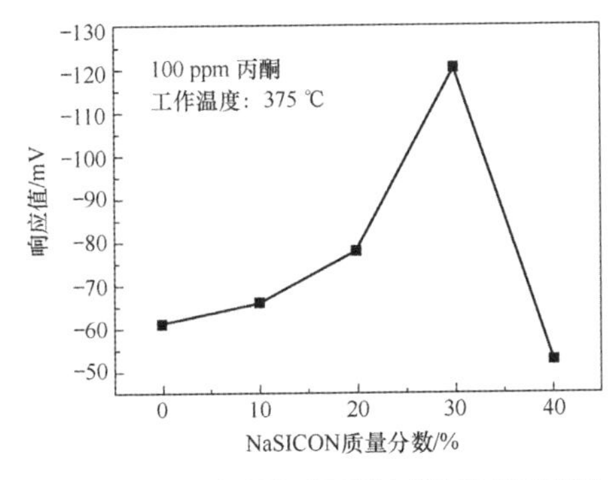

图 5.17　不同传感器对丙酮敏感特性的影响[11]

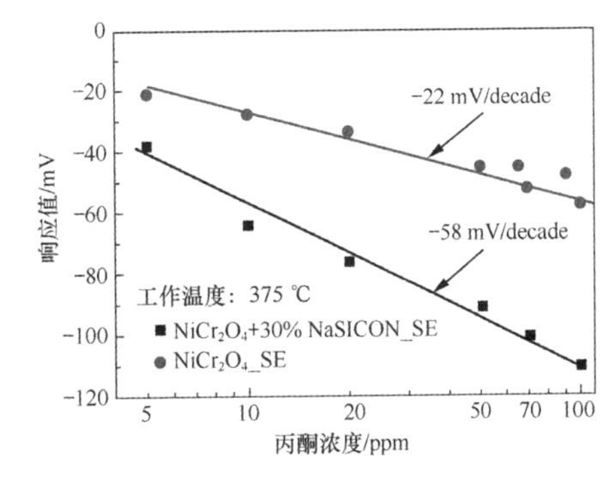

图 5.18　不同传感器对丙酮的灵敏度曲线[11]

5.2.6 模板造孔技术

Wang 等人[12]利用 PS 球为模板，通过 PS 球自组装和溶液浸渍方法成功在 YSZ 固体电解质基板上构筑出纳米碗状阵列结构。通过优化前驱体溶液浓度，实现了对 YSZ 固体电解质基板表面形貌及 TPB 的最佳制备。利用具有纳米碗状阵列结构的 YSZ 固体电解质基板和 NiO 敏感电极制作的传感器，对 NO_2 有较高的敏感特性。利用不同浓度的前驱体 Zr^{4+}溶液浸渍自组装 PS 球，经过高温烧结后得到的 YSZ 固体电解质基板表面的 SEM 图如图 5.19 所示。可以看出，当浸渍的前驱体溶液的浓度为 0.2 mol/L 时，可得到最规则、完整的阵列结构。当浸渍的前驱体溶液浓度相对较低时，形成的纳米碗状阵列结构较不规则且形成的结构质量较差，而前驱体溶液浓度较高（0.4 mol/L）时，纳米碗状阵列结构遭到破坏，且在碗状阵列结构之间会出现较多的孔洞。随后，对利用未处理的 YSZ 固体电解质基板和经过 6 种不同浓度前驱体 Zr^{4+}溶液浸渍处理的 YSZ 固体电解质基板制作的传感器进行测试，如图 5.20 所示。与用未处理的 YSZ 固体电解质基板制作的传感器（S0）相比，以浓度为 0.2 mol/L 的前驱体 Zr^{4+}溶液浸渍处理得到的具有纳米碗状阵列结构的 YSZ 固体电解质基板制作的传感器（S5）对 100 ppm NO_2 具有最高的响应值（105 mV）和最高的灵敏度（对 10～400 ppm NO_2 的灵敏度为 53.9 mV/decade），并且传感器还表现出良好的选择性、重复性和长期稳定性。

以利用 PS 球模板造孔技术构筑的具有纳米碗状阵列结构的 YSZ 固体电解质基板构建的传感器敏感特性的提升主要归因于 YSZ 固体电解质基板表面粗糙度的增大引起了

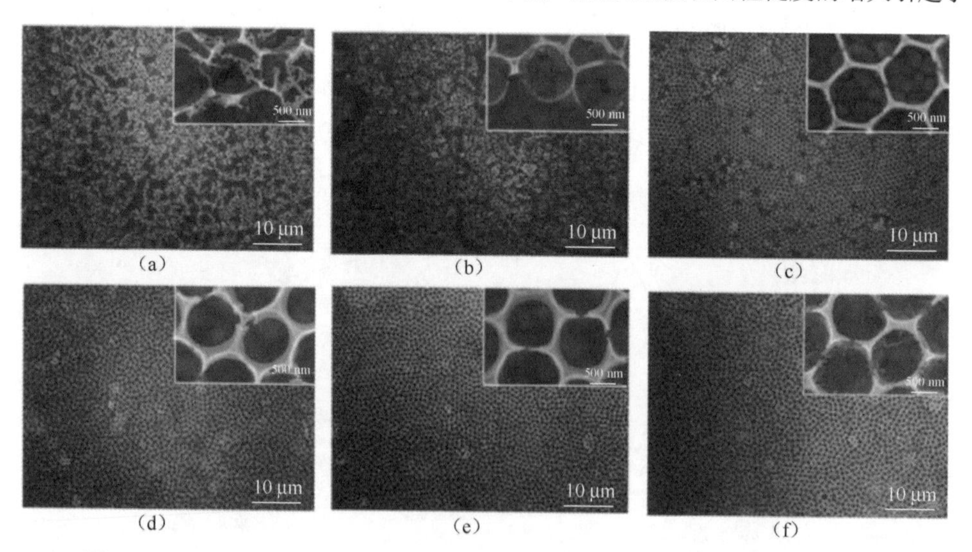

图 5.19　用不同浓度的前驱体 Zr^{4+}溶液浸渍得到的 YSZ 固体电解质基板表面的 SEM 图
（a）$c_{Zr^{4+}}$ = 0.01 mol/L；（b）$c_{Zr^{4+}}$ = 0.02 mol/L；（c）$c_{Zr^{4+}}$ = 0.05 mol/L；（d）$c_{Zr^{4+}}$ = 0.1 mol/L；（e）$c_{Zr^{4+}}$ = 0.2 mol/L；（f）$c_{Zr^{4+}}$ = 0.4 mol/L[12]

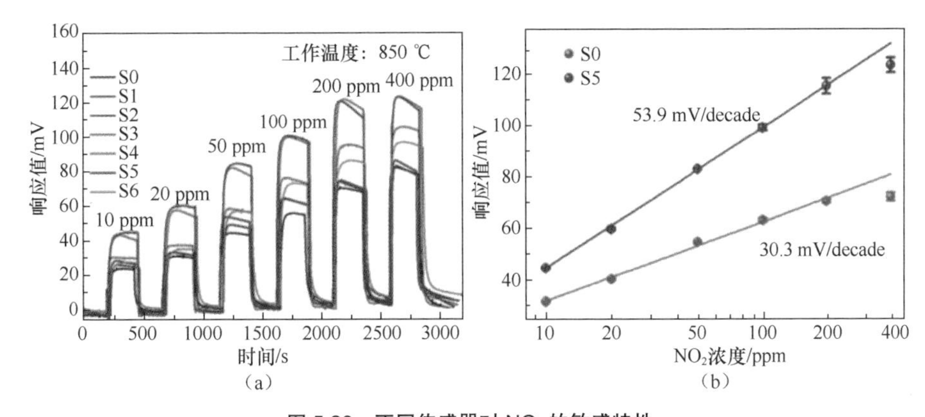

图 5.20　不同传感器对 NO_2 的敏感特性

（a）对 10~400 ppm NO_2 的连续响应恢复曲线；（b）用未处理的 YSZ 固体电解质基板制作的传感器（S0）和经浓度为 0.2 mol/L 的前驱体 Zr^{4+}溶液浸渍处理得到的纳米碗状阵列结构 YSZ 固体电解质基板制作的传感器（S5）对 10~400 ppm NO_2 的灵敏度曲线[12]

TPB 活性位点数量的增加，也进一步证明了高效 TPB 的构筑是提高混成电位型气体传感器性能的行之有效的方法之一。

紧接着，Wang 等人[13]利用真空蒸镀技术在具有由 PS 球模板造孔技术制作的纳米碗状阵列结构的 YSZ 固体电解质基板上蒸镀一层金，蒸镀时间为 1000 s，蒸镀速度为 50 Å/s，经过 1100 ℃高温烧结 3 h 后，成功在 YSZ 固体电解质基板的纳米碗状阵列结构中嵌入了金纳米颗粒。图 5.21 所示为在 1100 ℃烧结 3 h 后蒸镀了不同厚度的金膜的 YSZ 固体电解质基板表面形貌的 SEM 图，当蒸镀金膜的厚度约为 50 nm 时，制备出的纳米阵列最为均匀。基于镶嵌金纳米颗粒阵列的 YSZ 固体电解质基板和纳米级 SnO_2 敏感电极构建了混成电位型 NH_3 传感器，并研究了传感器对 NH_3 的敏感特性。如图 5.22 所示，随着金纳米颗粒的构筑，传感器对 NH_3 的响应增强，以蒸镀金膜厚度为 50 nm 的 YSZ 固体电解质基板构建的传感器对 100 ppm NH_3 的响应值为−63 mV，是以未处理的 YSZ 固体电解质基板制作的传感器响应值（−21 mV）的 3 倍。同时，该传感器在 10～400 ppm 气体浓度范围内对 NH_3 的灵敏度可达−56.9 mV/decade。该传感器还具有良好的响应恢复特性、选择性、重复性和长期稳定性。

Wang 等人[14]利用阳极氧化铝（Anodic Aluminum Oxide，AAO）模板技术，结合热压的方法，在 YSZ 固体电解质基板上成功构筑了纳米点和纳米管状阵列结构，如图 5.23 所示。他们以其为固体电解质离子导电层，结合与阵列尺寸相匹配的纳米级 NiO 敏感电极制作出混成电位型 NO_2 传感器，并通过使用表面活性剂对构筑的阵列结构进行了调控。对所制作的传感器进行测试发现，与用具有平整、光滑结构的 YSZ 固体电解质基板制作的传感器（S0）相比，以使用 AAO 模板技术构筑的具有纳米管状阵列结构的 YSZ 固体电解质基板制作的传感器（S1）对 100 ppm NO_2 的响应值提高到了 62 mV。在 10～400 ppm

NO_2 的检测范围内，响应值均显著提升，如图 5.24 所示。以上结果也可以证明构筑纳米阵列结构可以显著提升传感器性能，且 AAO 模板技术也是构筑高效 TPB 行之有效的方法。此外，该技术的优势在于制作条件比较温和、成本较低、合成方法简单有效。

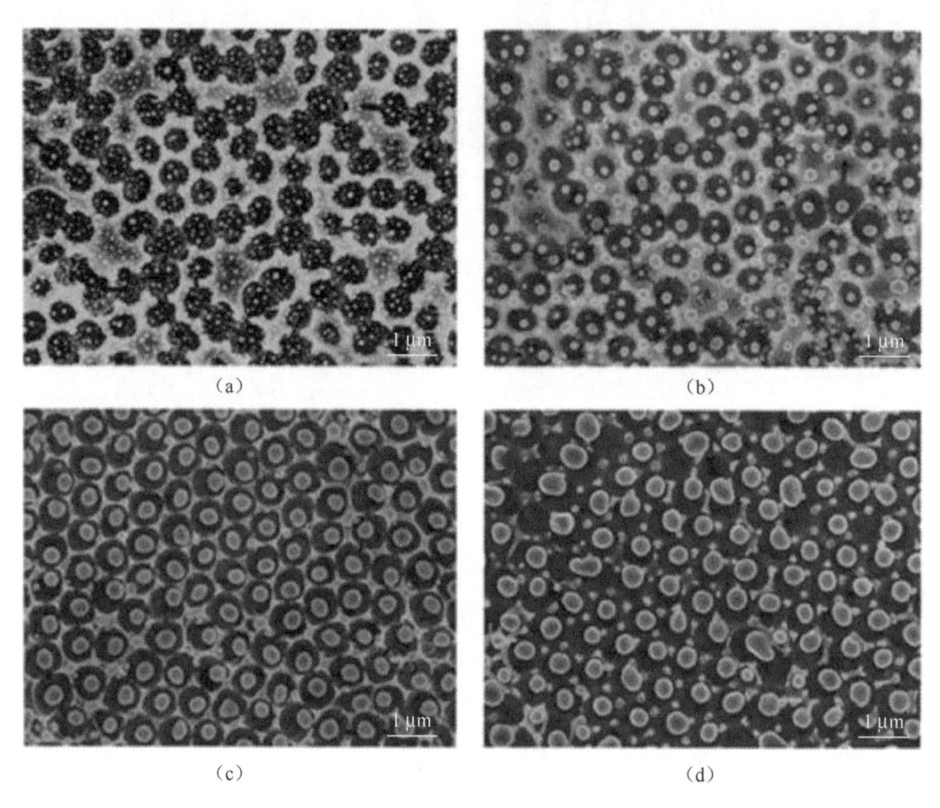

图 5.21　在 1100 ℃烧结 3 h 后，蒸镀不同厚度的金膜的 YSZ 固体电解质基板表面形貌的 SEM 图
（a）10 nm；（b）20 nm；（c）50 nm；（d）100 nm[13]

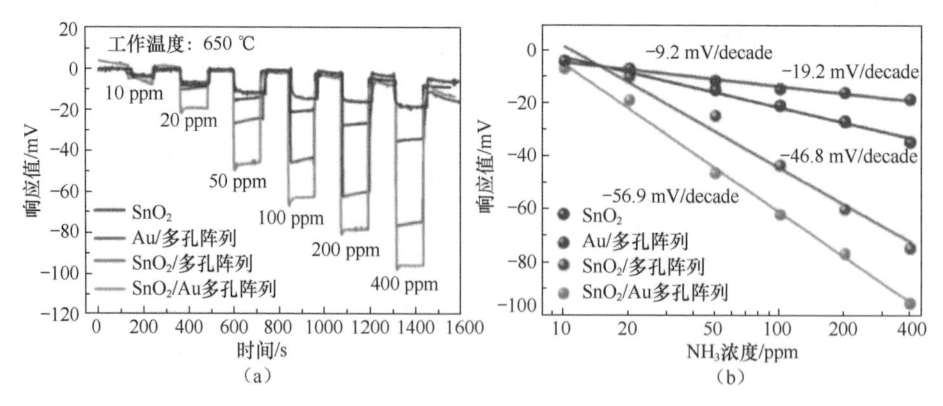

图 5.22　不同传感器在 650 ℃对 10~400 ppm NH_3 的敏感特性
（a）连续响应恢复曲线；（b）灵敏度曲线[13]

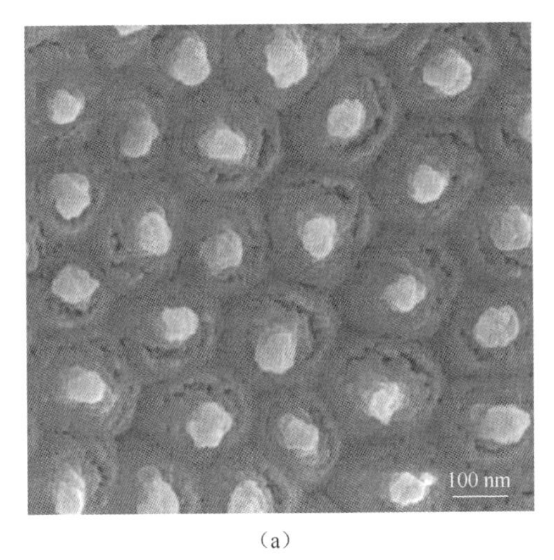

（a）

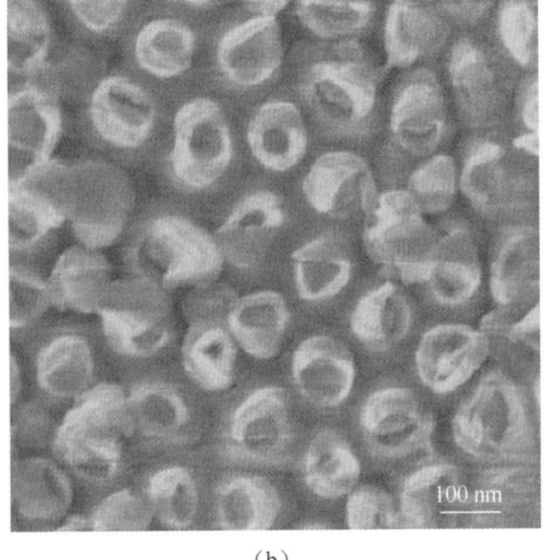

（b）

图 5.23　利用 AAO 模板技术在 YSZ 固体电解质基板表面构筑的不同结构 SEM 图
（a）纳米点；（b）纳米管状阵列[14]

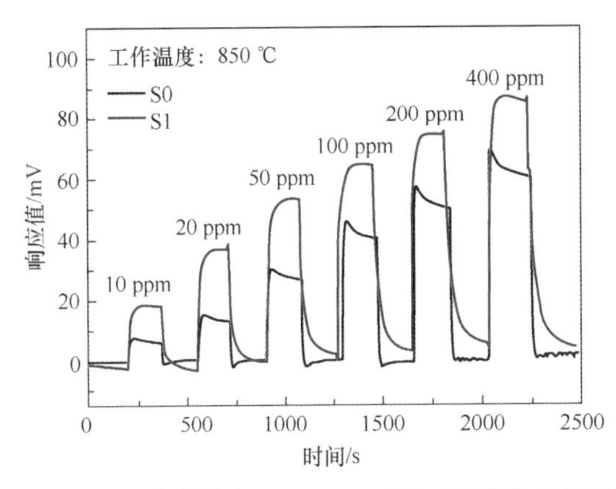

图 5.24　S0 和 S1 传感器对 10~400 ppm NO_2 的连续响应恢复曲线[14]

5.2.7　低能离子束刻蚀技术

You 等人[15]采用低能离子束刻蚀（Ion Beam Etching，IBE）技术对 YSZ 固体电解质基板进行加工处理，并用以不同刻蚀参数处理过的 YSZ 固体电解质基板与 NiO 敏感电极制作了混成电位型 NO_2 传感器。研究人员深入研究了 TPB 微结构与传感器响应性能的关系，分析了性能提升机理。如图 5.25 所示，分别利用 SEM 和 AFM 对未处理的和以 10°、40°入射角刻蚀处理的 YSZ 固体电解质基板表面的微结构进行了表征，可以看出未经刻蚀处理的 YSZ 固体电解质基板表面较为平整，没有明显的微结构。经过 10°入射角刻蚀处理的 YSZ 固体电解质基板表面出现了微坑状结构，在高分辨 SEM

图中可以看到这些微坑状结构的直径为 2～5 μm。经过 40°入射角刻蚀处理的 YSZ 固体电解质基板表面呈现微尖状结构。YSZ 固体电解质基板表面粗糙度随着刻蚀角度的增大而提升。在涂覆 NiO 敏感电极材料后，TPB 的微纳结构明显增大了 YSZ 固体电解质基板与 NiO 敏感电极的接触面积。对由未处理的 YSZ 固体电解质基板制作的传感器（S0）、40° 入射角刻蚀处理的传感器（S1）和 10° 入射角刻蚀处理的传感器（S2）的敏感特性进行测试分析，如图 5.26 所示。与其他器件相比，在 850 ℃下，S2 对 NO_2 具有最大的响应值，对 100 ppm NO_2 的响应值达到了 106.5 mV，为未处理的传感器的 1.7 倍且传感器的灵敏度也由 21.4 mV/decade 提高至 40.7 mV/decade，提高至原来的 1.9 倍。此外，该传感器还具有良好的响应恢复特性、重复性和选择性。采用该加工技术处理 YSZ 固体电解质基板，重复性高、稳定性较好，且能较为简单、高效地增大 TPB 的面积，有效改善传感器的敏感特性。

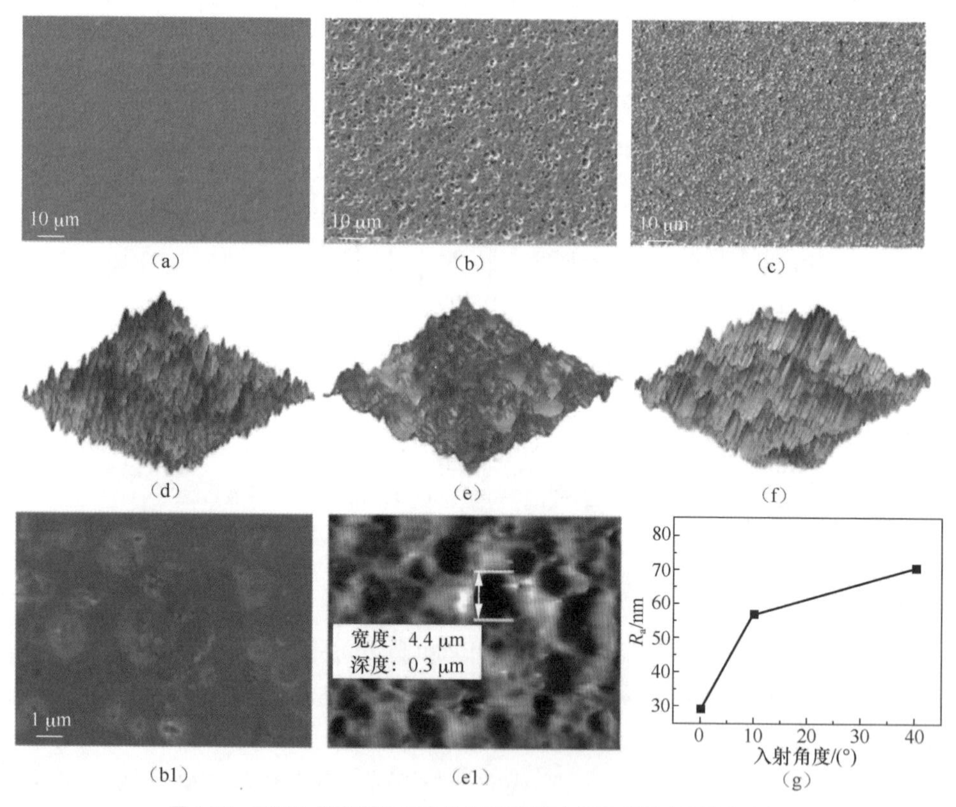

图 5.25　不同入射角刻蚀处理的 YSZ 固体电解质基板表面结构表征

（a）未处理的、（b）10°入射角刻蚀处理的和（c）40°入射角刻蚀处理的 YSZ 固体电解质基板的 SEM 图；（d）未处理的、（e）10°入射角刻蚀处理的和（f）40°入射角刻蚀处理的 YSZ 固体电解质基板的 AFM 图；10°入射角刻蚀处理的 YSZ 固体电解质基板的微结构：（b1）SEM 图；（e1）AFM 图；（g）分别由 10°、40°入射角刻蚀处理的和未处理的 YSZ 固体电解质基板的粗糙度平均值(R_a)[15]

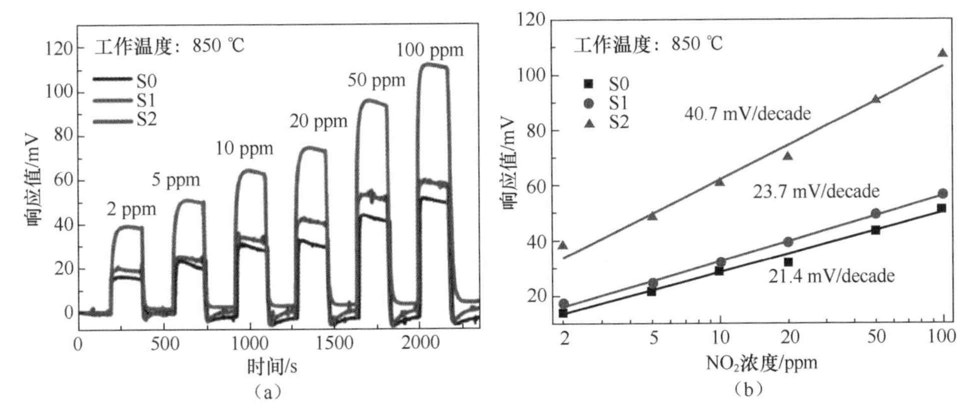

图 5.26　工作温度为 850 ℃时，S0、S1 和 S2 对 2~100 ppm NO_2 的敏感特性
（a）连续响应恢复曲线；（b）灵敏度曲线[15]

5.2.8　静电纺丝技术

Lv 等人[16]以 $Zr(CH_3COO)_{4-x}(OH)_x$ 和 $Y(NO_3)_3·6H_2O$ 为原料，采用静电纺丝技术在 YSZ 固体电解质基板表面制作了具有多孔结构的 YSZ 纳米纤维网络。通过控制前驱体溶液的流速和静电纺丝时间优化了纳米纤维网络的结构。其中，前驱体溶液的流速分别为 0.5 mL/h、1.0 mL/h 和 1.5 mL/h，静电纺丝时间分别为 10 min、15 min 和 15 min。将通过静电纺丝技术得到的 YSZ 固体电解质基板在 280 ℃下加热 1 h，然后在 1000 ℃下煅烧 2 h，得到具有纳米纤维网络结构的 YSZ 固体电解质基板，分别标记为 Y1、Y2 和 Y3。将未加工的光滑 YSZ 固体电解质基板标记为 Y0。基于光滑 YSZ 固体电解质基板（Y0）、用静电纺丝技术制作的具有纳米纤维网络结构的 YSZ 固体电解质基板（Y1、Y2 和 Y3）和纳米级 NiO 敏感电极构建了混成电位型 NO_2 传感器（S00、S10、S20 和 S30）。为了更加直观地表征基板的表面结构，进行了 AFM 测试，如图 5.27（a）～图 5.27（d）所示。从图中可以看出，与 Y0 相比，Y1～Y3 表面具有更加粗糙的结构，且呈现了纳米纤维网络结构。随着前驱体溶液流速增大和静电纺丝时间延长，纳米纤维数量增加，形成的网络孔道更加致密。此外，研究人员研究了由 YSZ 固体电解质纳米纤维所形成的孔隙的孔隙深度与基板种类的关系，如图 5.27（e）所示。随着前驱体溶液流速和纺丝时间的增加，YSZ 固体电解质基板表面的孔隙深度也随之增大。Y3 表面的孔隙深度约为 763 nm，Y1 表面的孔隙深度最小也可达 354 nm。图 5.27（f）所示为 Y0、Y1、Y2 和 Y3 的粗糙度平均值（R_a）。很明显，随着前驱体溶液流速和纺丝时间的增加，R_a 随着孔隙深度的增大而增大。Y3 的 R_a 最大，约为 184 nm，远大于 Y0 的 R_a（38 nm）。并且，YSZ 固体电解质基板的 R_a 的变化趋势与所构建的传感器对

NO_2的灵敏度变化趋势具有较好的一致性。

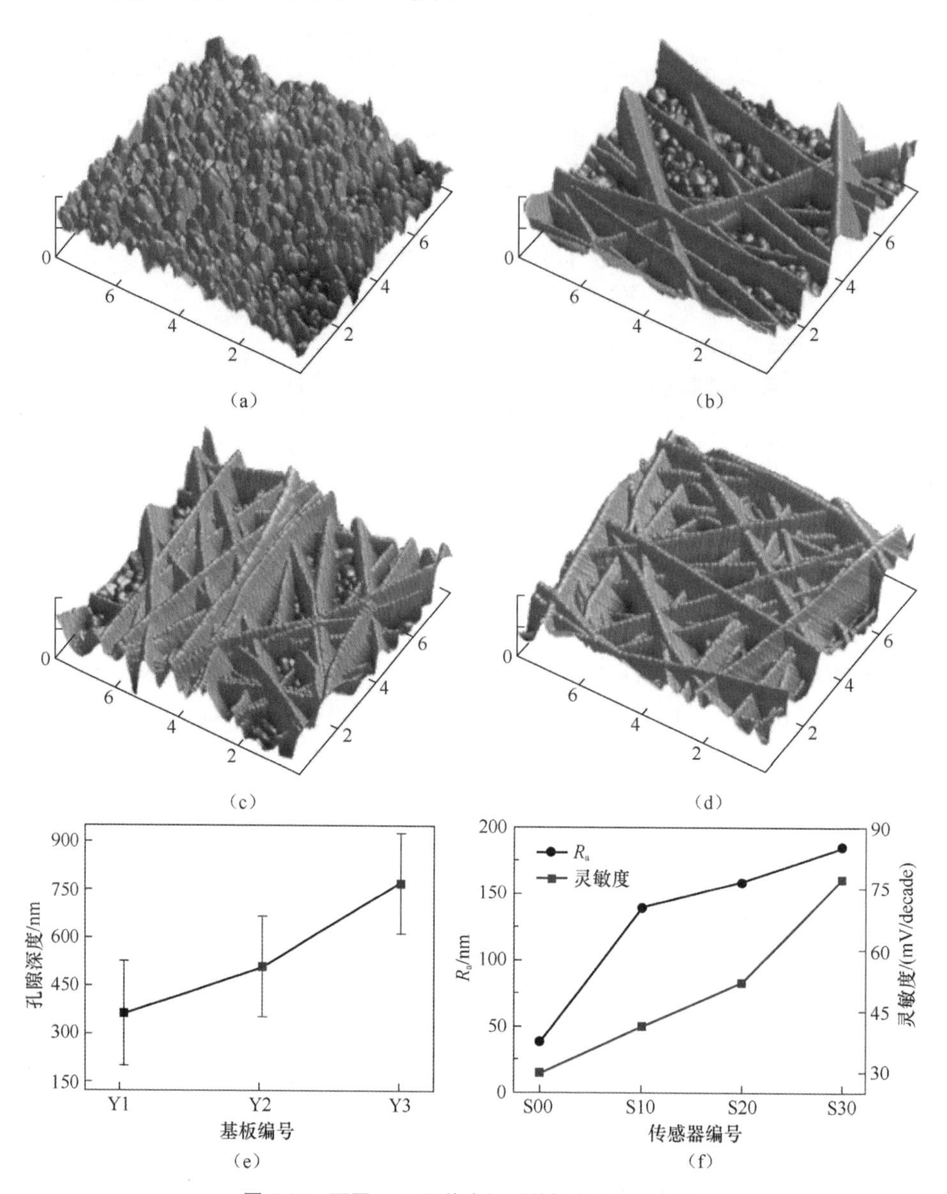

图 5.27 不同 YSZ 固体电解质基板表面结构表征

(a)Y0、(b)Y1、(c)Y2 和(d)Y3 的 AFM 图;(e)YSZ 固体电解质基板表面孔隙深度与基板种类的关系曲线;(f)不同 YSZ 固体电解质基板的 R_a 与不同传感器的灵敏度[16]

研究人员研究了不同静电纺丝条件下制备的 YSZ 固体电解质基板所构建的传感器的敏感特性。在 510 ℃工作温度下，S00～S30 对 5～500 ppm NO_2的灵敏度曲线如图 5.28（a）所示。S00、S10、S20 和 S30 与 NO_2的浓度对数呈现良好的线性关系，且对 5～500 ppm NO_2 的灵敏度分别为 29.8 mV/decade、41.3 mV/decade、52.0 mV/decade 和 77.4 mV/decade。显然，在所构建的 4 种传感器中，S30 对 5～500 ppm NO_2 的灵敏度最高，是 S00 的 2.6 倍，说明传感器对 NO_2 敏感特性的提升与 YSZ 固体电解质基板表面粗糙度和孔隙深度增加有关。随后，对传感器进行复阻抗电化学测试，研究了不同传感器对 NO_2 的电化学催化活性，如图 5.28（b）所示。从测试结果中可以看到，在低频范围，S30 对 50 ppm NO_2 具有最小的阻抗，说明 S30 对 NO_2 表现出了最高的电化学催化活性，这也是传感器的敏感特性提升的重要原因。通过静电纺丝技术制作具有纳米纤维网络结构的多孔 YSZ 固体电解质，可增大表面粗糙度，增加 NiO 敏感电极与固体电解质的接触面积，有效增加 TPB 的活性位点数量，提升 TPB 处电化学反应速率，从而提高传感器的敏感特性。

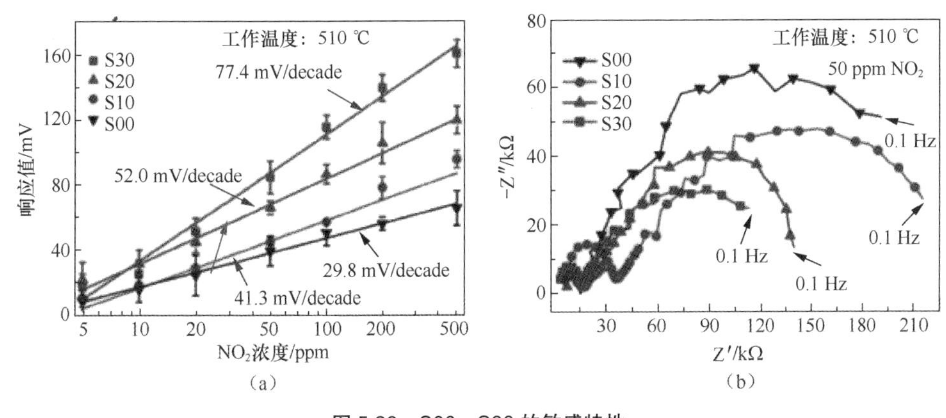

图 5.28 S00～S30 的敏感特性

（a）对 5~500 ppm NO_2 的灵敏度曲线；（b）对 50 ppm NO_2 的复阻抗曲线[16]

5.3 本章小结

混成电位型气体传感器的高效 TPB 构筑策略主要包括两方面：一是将敏感电极材料与固体电解质材料进行充分混合，使敏感电极与固体电解质的接触由二维平面拓展至三维空间，进一步增大敏感电极与固体电解质的接触面积，增加电化学反应活性位点数量；二是采用不同的加工方法和工艺对固体电解质基板表面进行加工处理，从而制造出表面具有不同微结构的固体电解质基板，以增加其表面粗糙度，并增加敏感电极与固体电解质的紧密结合程度。通过以上两种方式都可以增加 TPB 面积和电化学反应活性位点数量，提升传感器的敏感特性，研究结果也进一步证明高效 TPB 的构筑是提升 YSZ 基混成电位型气体传感器敏感特性的有效策略。为了获得具有优异敏感特性的固体电解质气体传感器，高效 TPB 的构筑必然会成为今后的研究重心与热点之一。

参 考 文 献

[1] PLASHNITSA V V, ELUMALAI P, FUJIO Y, et al. Zirconia-based electrochemical gas sensors using nano-structured sensing materials aiming at detection of automotive exhausts [J]. Electrochimica Acta, 2009, 54(25): 6099-6106.

[2] PARK J, YOON B Y, PARK C O, et al. Sensing behavior and mechanism of mixed potential NO_x sensors using NiO, NiO(+YSZ) and CuO oxide electrodes [J]. Sensors and Actuators B: Chemical, 2009, 135(2): 516-523.

[3] LIANG X, YANG S, LI J, et al. Mixed-potential-type zirconia-based NO_2 sensor with high-performance three-phase boundary [J]. Sensors and Actuators B: Chemical, 2011, 158(1): 1-8.

[4] YIN C, GUAN Y, ZHU Z, et al. Highly sensitive mixed-potential-type NO_2 sensor using porous double-layer YSZ substrate [J]. Sensors and Actuators B: Chemical, 2013, 183: 474-477.

[5] CHENG X, WANG C, WANG B, et al. Mixed-potential-type YSZ-based sensor with nano-structured NiO and porous TPB processed with pore-formers using coating technique [J]. Sensors and Actuators B: Chemical, 2015, 221: 1321-1329.

[6] GUAN Y, LI C, CHENG X, et al. Highly sensitive mixed-potential-type NO_2 sensor with YSZ processed using femtosecond laser direct writing technology [J]. Sensors and Actuators B: Chemical, 2014, 198: 110-113.

[7] LIN Q, CHENG C, ZOU J, et al. Study of response and recovery rate of YSZ-based electrochemical sensor by laser ablation method [J]. Ionics, 2020, 26(8): 4163-4169.

[8] SUN R, GUAN Y, CHENG X, et al. High performance three-phase boundary obtained by sand blasting technology for mixed-potential-type zirconia-based NO_2 sensors [J]. Sensors and Actuators B: Chemical, 2015, 210: 91-95.

[9] LIU F, GUAN Y, DAI M, et al. High performance mixed-potential type NO_2 sensor based on three-dimensional TPB and $Co_3V_2O_8$ sensing electrode [J]. Sensors and Actuators B: Chemical, 2015, 216: 121-127.

[10] CHEN Y, XIAO J. Effects of YSZ addition on the response of La_2CuO_4 sensing electrode for a potentiometric NO_x sensor [J]. Sensors and Actuators B: Chemical, 2014, 192: 730-736.

[11] ZHANG H, YIN C, GUAN Y, et al. NASICON-based acetone sensor using three-dimensional three-phase boundary and Cr-based spinel oxide sensing electrode

[J]. Solid State Ionics, 2014, 262: 283-287.

[12] WANG B, LIU F, YANG X, et al. Fabrication of well-ordered three-phase boundary with nanostructure pore array for mixed potential-type zirconia-based NO_2 sensor [J]. ACS Applied Materiais & Interfaces, 2016, 8(26): 16752-16760.

[13] WANG B, YAO S, LIU F, et al. Fabrication of well-ordered porous array mounted with gold nanoparticles and enhanced sensing properties for mixed potential-type zirconia-based NH_3 sensor [J]. Sensors and Actuators B: Chemical, 2017, 243: 1083-1091.

[14] 王斌. 基于模板法构筑高效三相界面的 YSZ 基混成电位型气体传感器的研究 [D]. 长春: 吉林大学, 2019.

[15] YOU R, HAO X, YU H, et al. High performance mixed-potential-type zirconia-based NO_2 sensor with self-organizing surface structures fabricated by low energy ion beam etching [J]. Sensors and Actuators B: Chemical, 2018, 263: 445-451.

[16] LV S, ZHANG Y, JIANG L, et al. Mixed potential type YSZ-based NO_2 sensors with efficient three-dimensional three-phase boundary processed by electrospinning [J]. Sensors and Actuators B: Chemical, 2022, 354: 131219.

第 6 章　YSZ 基混成电位型气体传感器的其他增感策略

本书第 3 章已经详细介绍了 YSZ 基混成电位型气体传感器的敏感机理，明确了敏感信号的形成是由敏感电极层内部的气相催化反应与 TPB 处的电化学反应共同作用的结果。混成电位的大小最终直接取决于 TPB 处电化学反应的程度，气相催化反应过程中待测气体的消耗将会减小参与电化学反应的气体浓度从而降低整个传感器的响应值。因此理论上任何能够抑制气相催化反应活性或者增强电化学催化活性的方式都有可能提升传感器的敏感特性。第 4 章和第 5 章分别从新型敏感电极材料的设计、制备和高效 TPB 的构筑两方面出发，介绍了改善和提升 YSZ 基混成电位型气体传感器敏感特性的策略。除此之外，还有一些其他新型的增感策略，包括光增感和构筑阵列结构等。本章，我们将对 YSZ 基混成电位型气体传感器的其他增感策略及其应用领域进行详细介绍。

6.1　光增感

6.1.1　光增感气体传感器

光增感是利用一定波长的光照射敏感材料，产生光诱导电子，增强反应活性，从而提升材料敏感特性的增感方法。光增感在固体电解质气体传感器领域的研究屈指可数，但在半导体气体传感器中已经有大量的研究，并逐渐发展出一类基于新原理的气体传感器——光激发气体传感器。

人类首次发现光增感现象是在 1994 年，Saura 等人在一次实验中观察到紫外光照射可以显著提高半导体电阻式 SnO_2 传感器对丙酮和三氯乙烯的敏感特性，从那之后光激发开始作为一种增感策略应用到气体传感器的研究中。然而，在最初的十多年里人们并没有给予光增感太多关注，直到 2010 年研究人员才开始重点研究光增感现象，2016 年之后，此类研究以更快的速度发展。截至目前，研究较多的光敏材料主要有 ZnO、TiO_2、SnO_2 和 In_2O_3 等。

6.1.2　光增感技术在 YSZ 基混成电位型气体传感器中的应用

YSZ 基混成电位型气体传感器大都以金属氧化物为敏感电极材料。将具有光催化活性的金属氧化物作为敏感电极材料时，在光照的条件下能够激发材料内部产生光生载流子，促进反应过程的进行，有可能起到提升传感器敏感特性的作用。这里说的是有可能而不是肯定，这是因为混成电位型气体传感器中 TPB 处的电化学反应与敏感电极层内部的气相催化反应之间存在竞争性关系，光照对二者的调节程度不同会使得不同的反应过程占优势。

在这里我们以由金属氧化物为敏感电极制作的 YSZ 基混成电位型甲醛（HCHO）传感器为例，解释光照对于混成电位型气体传感器性能的调控过程。

由混成电位原理可知（详见第 3 章），不施加光照条件时待测气体 HCHO 在敏感电极层内部和 TPB 处分别发生竞争性的气相催化反应（6.1）和电化学反应（6.2）与（6.3）。当电化学阴极反应和电化学阳极反应达到平衡时产生混成电位。

气相催化反应：

$$HCHO + O_2 \rightarrow H_2O + CO_2 \tag{6.1}$$

电化学阳极反应：

$$HCHO + 2O^{2-} \rightarrow H_2O + CO_2 + 4e^- \tag{6.2}$$

电化学阴极反应：

$$O_2 + 4e^- \rightarrow 2O^{2-} \tag{6.3}$$

施加光照之后，金属氧化物敏感电极材料在光激发下，会产生光诱导电子。该过程产生的光诱导电子与空气中的氧气分子相互作用，生成光诱导氧离子 O_2^-或 O^-。这一过程具体可以分为以下几步。

光诱导电子的产生：

$$\text{金属氧化物} + h\nu \rightarrow e^-（h\nu）+ h^+（h\nu） \tag{6.4}$$

光诱导氧离子的生成：

$$O_2 + e^-（h\nu）\rightarrow O_2^-（h\nu） \tag{6.5}$$

$$\text{或}\ O_2 + 2e^-（h\nu）\rightarrow 2O^-（h\nu） \tag{6.6}$$

然而，无论是 O_2^-还是 O^-，在高温下都是不稳定的，在电化学反应中极易转换为 O^{2-}：

$$O_2^-（h\nu）+ 3e^- \rightarrow 2O^{2-} \tag{6.7}$$

$$2O^-（h\nu）+ 2e^- \rightarrow 2O^{2-} \tag{6.8}$$

光诱导电子以及光诱导氧离子的生成，会对敏感电极层内部的气相催化反应和电化学反应起到一定的催化作用。如果光照对电化学反应的催化程度更大，敏感特性就会增强。相反，如果光照对气相催化反应的催化程度更大，会抑制敏感特性。然而，目前对于如何调控光照对气相催化反应和电化学反应催化程度的影响，还是不明晰的。

2016 年，Jin 等人首次在以 ZnO 为敏感电极制作的 YSZ 基混成电位型气体传感器中研究了光增感策略[1]。如图 6.1 所示，以 1000 ℃下烧结的 ZnO 纳米颗粒为敏感电极制作的 YSZ 基混成电位型气体传感器在受到紫外光照射时对 VOC（对二甲苯、三甲基苯、乙苯和甲苯）的敏感特性显著增强。基于这一初步测试结果，研究人员提出了如图 6.2 所示的增感机理，在这里以对二甲苯（C_8H_{10}）为例说明。此外，由于 Barsan 发现在 400 ℃以上，紫外光催化的氧主要以 O^-的形式存在，因此推断紫外光作用对阴极反应的影响的式子为：

$$C_8H_{10} + h^+ (hv) \rightarrow \text{中间产物} \tag{6.9}$$

或

$$C_8H_{10} + O^- (hv) \rightarrow \text{中间产物} \tag{6.10}$$

$$\text{中间产物} + 42O^{2-} \rightarrow 10H_2O + 16CO_2 + 84e^- \tag{6.11}$$

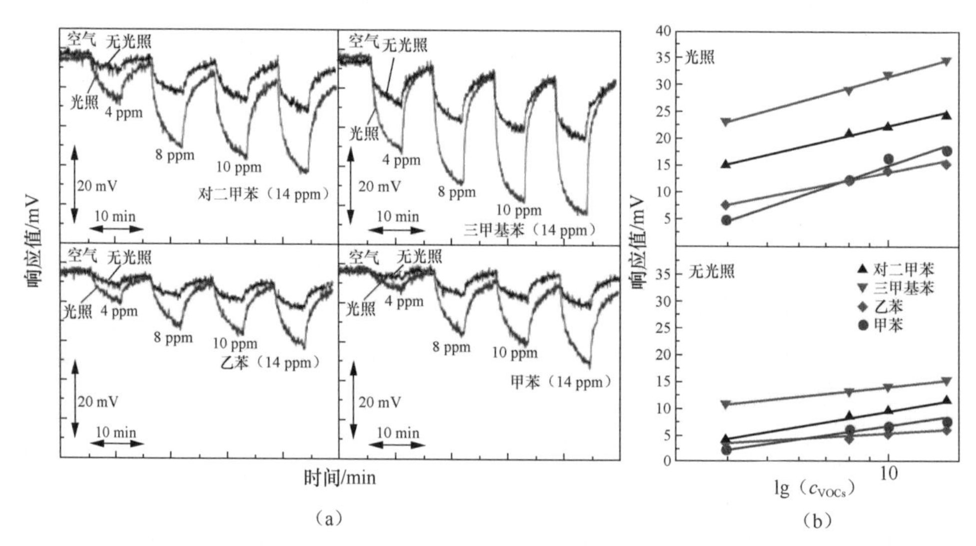

图 6.1　在有无紫外光照情况下，以 1000 ℃烧结的 ZnO 纳米颗粒为敏感电极制作的 YSZ 基混成电位型气体传感器对不同 VOC 气体的敏感特性

（a）响应瞬态曲线；（b）响应值与气体浓度对数之间的依赖关系[1]

因此，敏感电极材料对非平衡电化学反应的催化活性将在紫外光照射的作用下得到提高，从而起到改善传感器性能的作用。

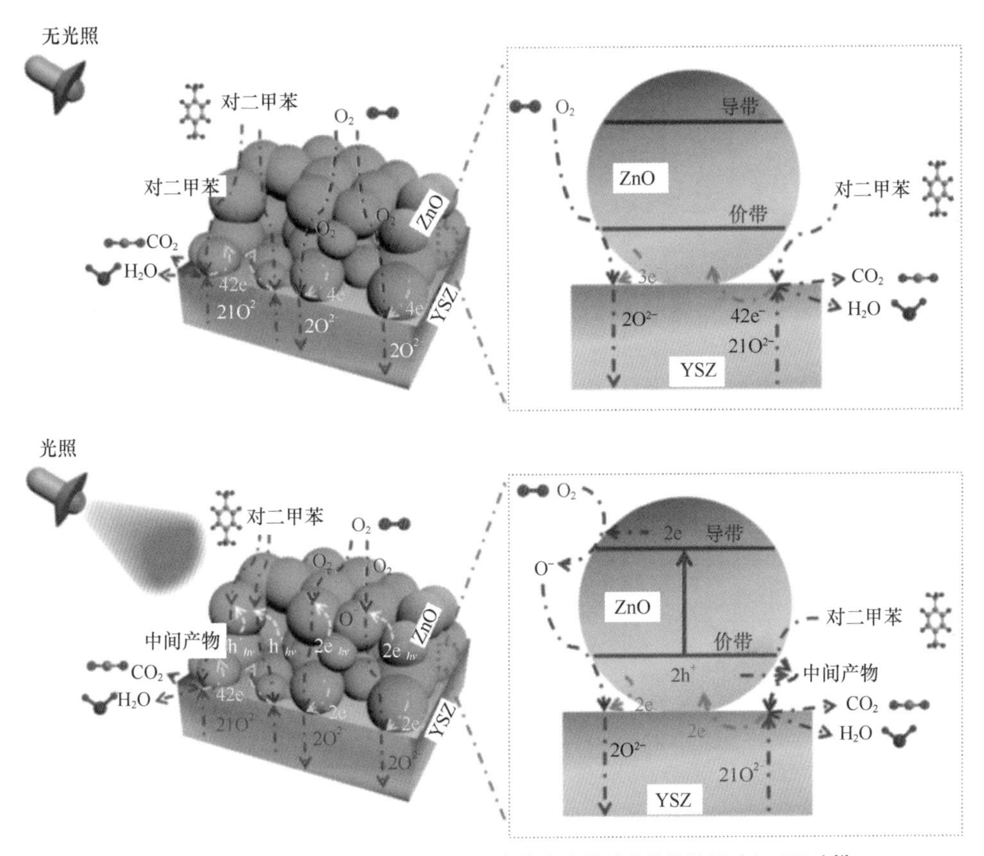

图 6.2　紫外光照对 YSZ 基混成电位型气体传感器敏感特性的影响机理示意[1]

2018 年，Jin 等人在上述工作的基础上，进一步研究了以 ZnO 与其他光敏材料（TiO_2、SnO_2、In_2O_3）的复合材料（按质量分数复合）作为敏感电极制作的 YSZ 基混成电位型气体传感器的光敏感特性[2]。如图 6.3（a）所示，以 ZnO 复合 In_2O_3（$\omega_{In_2O_3}=30\%$）为敏感电极制作的传感器，相较于其他材料种类，无论是否有光，其对苯具有最高的响应值，并且在光照条件下性能得到提升。然而图 6.3（b）说明，不同 In_2O_3 复合比例所带来的光增感效果也不一样。这从图 6.4 中可以得到简单解释。我们知道敏感电极材料的光催化活性越强，理论上信号增量也越大，在 ZnO 中复合 In_2O_3 有利于光催化活性的增加，然而过强的光催化活性也会导致气相催化反应活性的增加，进而限制光照对电化学反应的光调节过程。从这个角度我们也能发现，光照能同时提高气相催化反应活性和电化学催化活性，能否形成光增感也与光照对二者的调节程度密切相关。

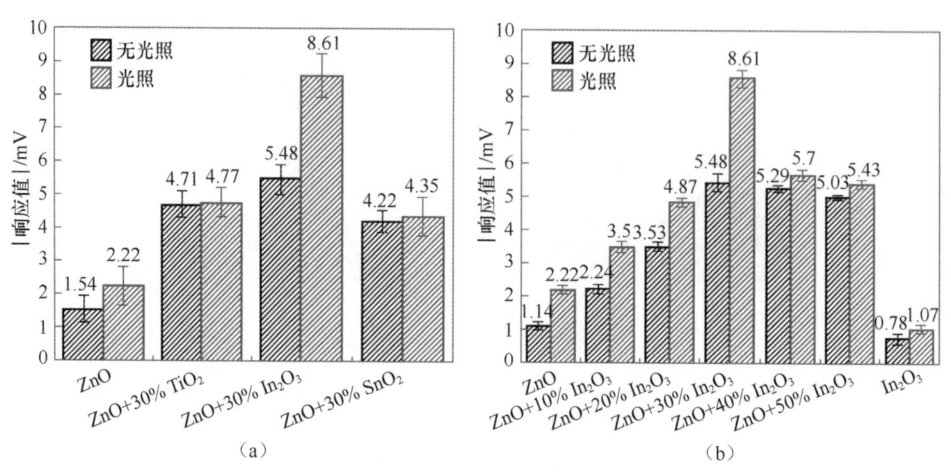

图 6.3　不同组分敏感电极材料构建的 YSZ 基混成电位型气体传感器在有无光照情况下对苯的响应值对比（a）ZnO 与不同氧化物敏感电极材料复合；（b）ZnO 与 In_2O_3 按不同比例复合[2]

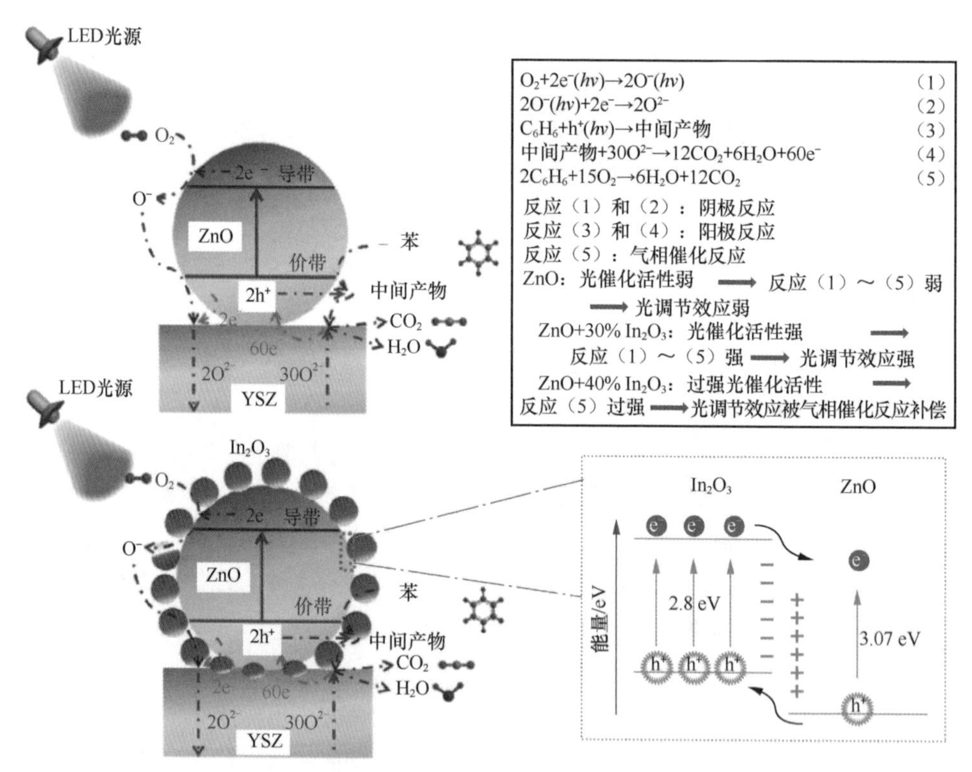

图 6.4　In_2O_3 掺杂以及光照对采用 ZnO/ In_2O_3 敏感电极制作的 YSZ 基混成电位型气体传感器敏感特性的影响机理示意[2]

Xu 和 Jin 等人设计了具有核-壳异质结结构的敏感电极材料，如图 6.5 所示，其中外侧多孔壳由光敏材料 ZnO 构成，内部 Fe_2O_3 核结构则是为了减弱干扰气体的影响。通过光照触发来调节电化学催化活性，有效提高了传感器的灵敏度[3]。在之后的研究中，他们还发现光照可以提升 YSZ 基混成电位型气体传感器的选择性，如图 6.6 所示，在光照条件下，传感器（ZnO-SE、Mn 基 RE）对 C_3H_6 的选择性得到了极大的提升[4]。此外，如图 6.7 所示，对于 YSZ 基电流型气体传感器，光照也被证明是一种提高传感器灵敏度和选择性的有效策略[5]。

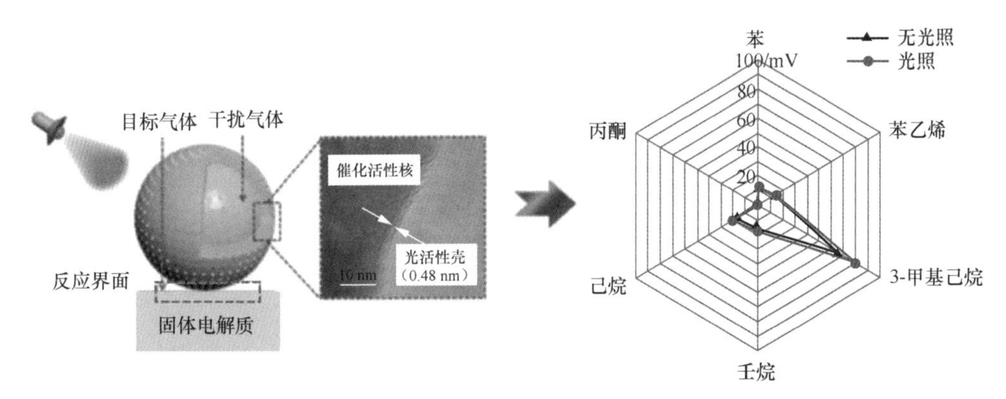

图 6.5 具有核-壳异质结结构的敏感电极材料及其光敏感特性[3]

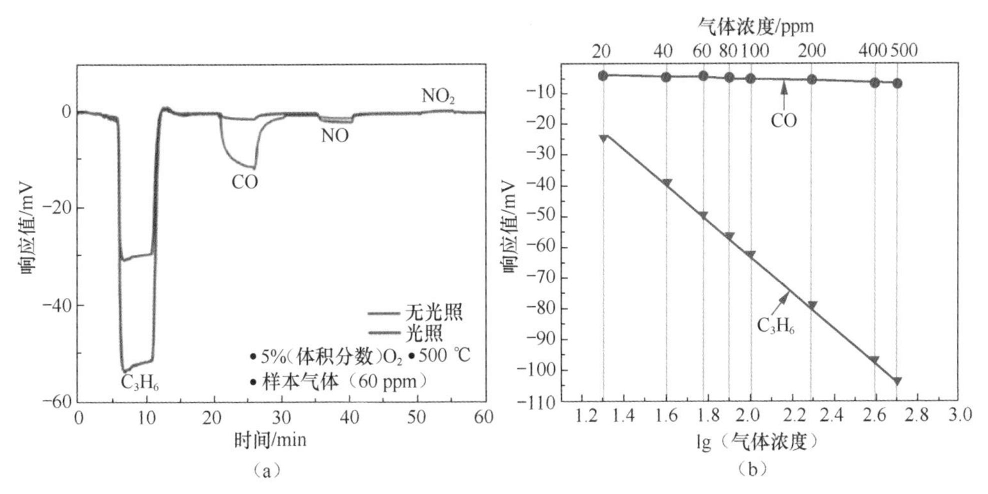

图 6.6 光照条件下，YSZ 基混成电位型气体传感器(ZnO-SE、Mn 基 RE)对 CO 和 C_3H_6 的敏感特性
（a）响应曲线；（b）灵敏度曲线[4]

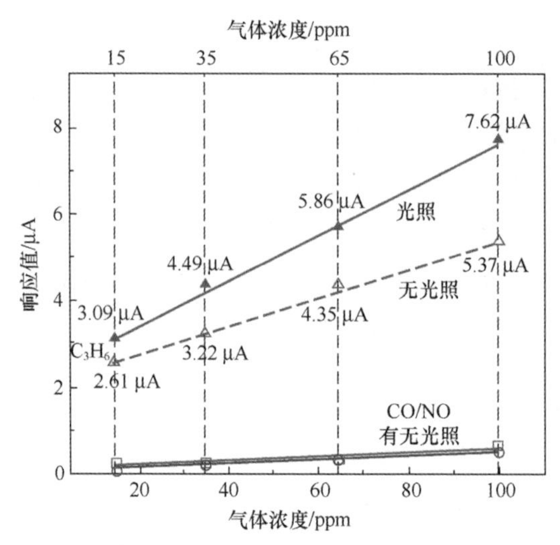

图 6.7 紫外光照对 YSZ 基电流型气体传感器(ZnO-SE、Pt-CE 和 Mn 基 RE)敏感特性的影响[5]

6.2 阵列结构增感

6.2.1 传感器阵列的设计和构筑

通过新型高性能敏感电极材料的开发以及高效 TPB 的构筑等增感策略，YSZ 基混成电位型气体传感器的敏感特性，例如响应值、检测下限、稳定性等都得到了极大的提升。随着传感器应用领域的不断扩大，对检测精度的要求也不断提高，这些性能对于传感器在微量气体检测领域的应用来说仍然有进一步提升的空间。如图 6.8 所示，Dutta 等人在早期的工作中想到采用多个传感器单元串联的思路，将 3 个传感器单元串联可以显著提高传感器的响应值，检测下限也进一步降低[6]。事实上这也是阵列结构在混成电位型气体传感器上的早期尝试。这种结构的传感器阵列，是平面式混成电位型气体传感器结构的一大优势，结构简易。在此基础上，Dutta 等人设计制作了由 2 个、5 个、10 个、15 个、20 个传感器单元串联而成的阵列，其中由 10 个传感器单元组成的阵列结构如图 6.9 所示。如图 6.10 所示，阵列的构筑使得传感器对 NO 的检测下限低至 10 ppb，并且随着传感器单元数量的增加，传感器的响应值也逐渐增大，包含 20 个传感器单元的阵列对 NO 的响应值达到了最大[7]。在这种情况下，传感器的响应值由每个传感器单元的电动势与传感器单元的数量相乘得到，因此随着传感器单元数量的增加，传感器对待测气体的响应值增大、检测下限降低，但不可否认的是，传感器单元数量的增加将造成整个传感器阵列装置变得复杂和笨重。

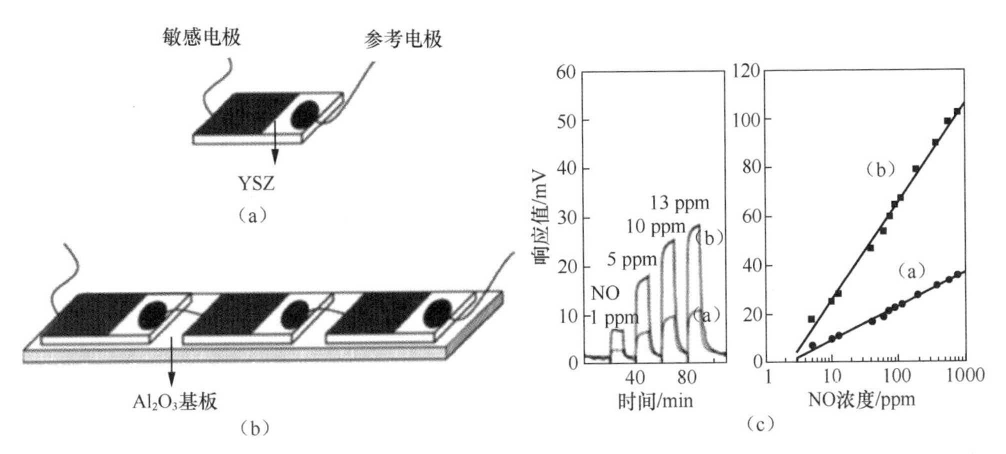

图 6.8　以 WO_3 为敏感电极、PtY/Pt 为参考电极制作的 YSZ 基混成电位型气体传感器及其对 NO 的响应
（a）单个传感器；（b）3 个传感器单元构成的阵列；（c）传感器对 NO 的响应[6]

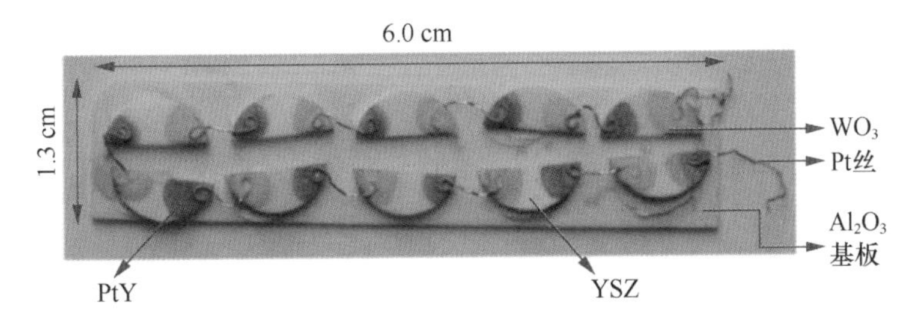

图 6.9　由 10 个 WO_3|YSZ|PtY 传感器单元组成的阵列结构[7]

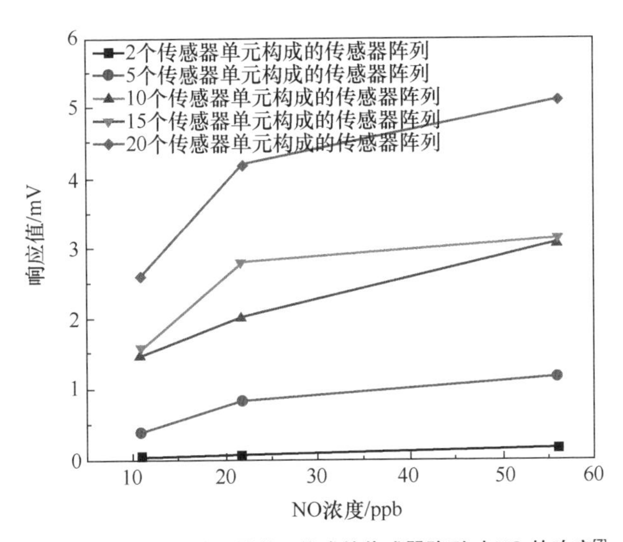

图 6.10　不同数目传感器单元构成的传感器阵列对 NO 的响应[7]

从上面提到的例子中可以看出，传感器阵列的性能基本上与单个传感器单元类似，我们可以简单地理解为通过串联方式构筑的传感器阵列结构，在某种程度上起到了信号放大的作用。因此，除了提高待测气体的响应程度之外，干扰气体的响应程度也会相应提高，从这一方面来看传感器的选择性仍然是制约传感器发展的重要因素。因此，串联式阵列结构构筑方法在选择性上的局限性也逐渐显现出来。严格地讲，具有单一选择性的气体传感器是不存在的，即使存在仅对特定气体产生响应的传感器，在面对实际环境中多气体成分的检测时也不适用。因为在一个单独的气体传感器中，无论通过什么方式增强其敏感特性，传感器都可能对不同浓度的不同气体产生相同的响应值，这就给传感器的选择性和识别能力带来了巨大的挑战。

得益于嗅觉系统在气味检测、识别、追踪和定位中的卓越表现，一种不同于串联式阵列结构的构筑方法在其启发下逐步发展起来。我们可以想象这样一个过程：当人的嗅觉系统受到气味刺激时，嗅觉感受器对其做出反应并将信号传递到大脑皮层进行处理，形成嗅觉后可以区分出气味的种类。在这样一个过程中，做出反应的嗅觉感受器不是单独的一个嗅觉受体，而是由大量的嗅觉受体组成，这表明嗅觉受体对特定的分析物不具有高度选择性。事实上，一个受体能对许多分析物产生反应，而许多受体能对几乎所有分析物产生反应，这些信息统一汇合到大脑皮层，由大脑皮层进行分析识别，最终形成嗅觉。

类似的过程可以应用到传感器上。将多个传感器组合成一个整体进行考虑，即构筑传感器阵列，每个传感器都能对分析物产生不同的响应，将这些响应信号输入计算机，由计算机对这些信息进行分析识别。跟前面提到的串联方式不同的是，这种方法中每个传感器单元的响应信号都会被单独记录，在结构设计上类似于并联的方式。这种构筑传感器阵列的方法摒弃了传统传感器中严格的“锁–钥”设计准则。相反，在这种替代的传感器结构中，使用了不同的传感器单元，传感器阵列中的每个单元都能对多种气体产生响应。这种阵列中的单元不需要对任何给定的分析物具有单独的高度选择性，因此在单个传感器单元的设计上对选择性的约束是比较宽松的。传感器获取的信息应该包含尽可能多的化学多样性，以便阵列对分析物的最大截面做出响应。在实践中，大多数化学传感器都会受到一些干扰，因为它们会对结构上或化学上与分析物相似的化学物质做出反应。这种干扰是必然结果。差异响应阵列利用这种干扰或“交叉反应性”，故意尝试使用非特定的响应模式来识别分析物。如图 6.11 所示，在这种设计中，不能通过单个传感器单元的响应来识别分析物，独特的响应模式可以提供类似指纹的响应模式图，允许对分析物进行分类和识别。

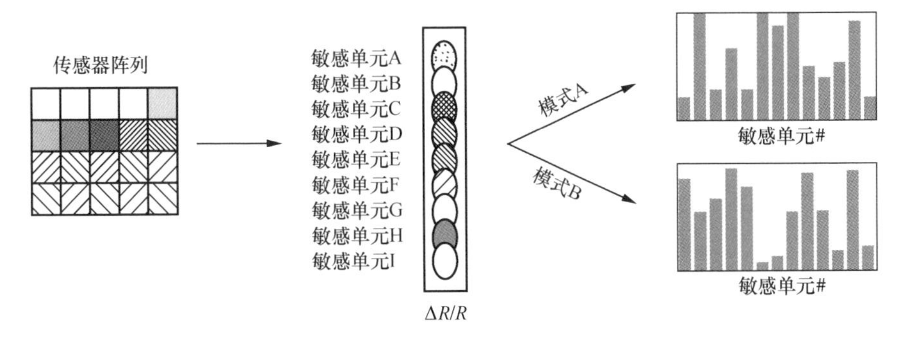

图 6.11　复杂图案或指纹特征的传感器响应[8]

这种方法的优点是它可以对各种不同的分析物产生响应，包括那些最初并不一定是为检测而设计的阵列。一组传感器单元自然地进行整合，为复杂、特定的气体产生特异性的信号，而不需要在分析之前或分析期间将混合物分解成单独的成分。还可以通过识别特定分析物的独特空间和/或时间特征来获得一些附加信息，因此，即使是复杂的混合物，有时也可以从传感器阵列信号中获得其特征信息。

这种阵列结构设计的难点在于对多个传感器单元信号的分析处理，信号处理算法与传感器阵列的性能密切相关。信号处理算法包括基于统计的化学计量学方法、模式识别算法、神经网络或其某些组合。因此，在设计传感器阵列系统时，要考虑评估计算需求，在存在干扰气体的情况下，实现对气体的可靠性分析。

6.2.2　传感器的算法

目前，针对传感器阵列中数据处理最常用的算法是模式识别算法。在模式识别算法中，计算机用数学的方法对不同模式进行自动处理和判读，并根据不同的特征将样本划分到不同的类别。在传感器阵列的设计中，“模式”是环境与客体的统称，也就是传感器阵列在不同的气氛下形成的响应。通过设计合适的模式识别算法，能够实现传感器对不同种类、不同浓度气体的区分和鉴别。模式识别算法主要包括主成分分析（Principal Component Analysis，PCA）、线性判别分析（Linear Discriminant Analysis，LDA）以及反向传播（Back Propagation，BP）神经网络等。Zhang 提出了一种基于模式识别技术的金属氧化物半导体（Metal Oxide Semiconductor，MOS）传感器阵列，针对多种室内空气污染物进行检测，结果表明基于 PCA 算法的传感器阵列能够对几种低浓度室内空气污染物进行分类。Lin 等人利用极限学习机（Extreme Learning Machine，ELM）、支持向量机（Support Vector Machine，SVM）和 BP 神经网络开发了 MOS 传感器阵列用于 VOC 气体的分类。结果表明，与 BP 神经网络和 SVM 相比，ELM 网络能够获得更快的训练速度和令人满意的分类精度。Zhang 针对 MOS 传感器阵列对混合气体的检测，提出了一种基于多元相关向量机的气体浓度估算方法，实验结果表明，在200～1200 ppm 的浓度范围内，CO 和 CH_4 的平均相对误差分别为5.58%和5.38%。这些例子也证明了前面提到的传感器阵列的性能密切依赖于所选用的信号处理方法。目前对于 YSZ 基混成电位型气体传感器阵列，使用较多的还是 PCA 算法，为了更好地理解传感器阵列数据的处理过程，并选用最适合的算法模型，在此我们首先对其进行简要介绍。

PCA 是最常见的模式识别算法之一，利用这种算法可以对复杂的原始数据进行简化，根据原始数据中最“主要”的元素和结构将复杂数据进行降维处理，去除噪声和冗余，揭示复杂数据背后的简单结构。对于由多个传感器单元构成的阵列，在特定的气体环境下，得到的数据往往是多维的（这取决于阵列中传感器单元的数量），通过特征向量的选取能够实现对数据的降维，用更加简洁的形式表达数据。事实上这是一个数学过程，为了简单直观，我们以二维数据向一维数据的变换为例。如图 6.12 所示，在二维坐标系 y_1Oy_2 中存在一组数据点，通过适当的变换，可以将它们转移到一个一维坐标系上进行表示。这就是 PCA 算法的核心思想。

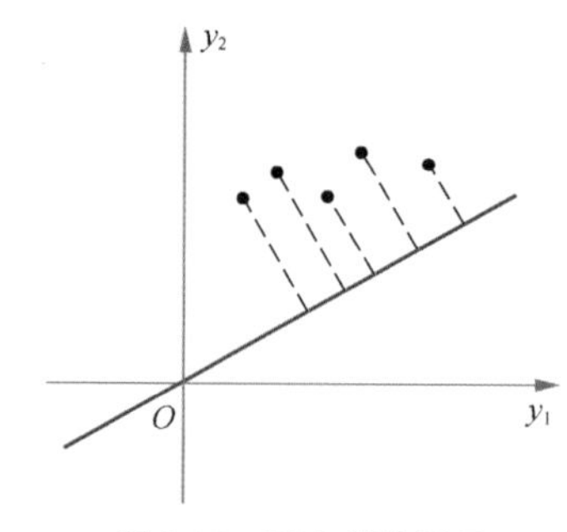

图 6.12　PCA 算法原理

LDA 跟 PCA 的基本思想相同，唯一的区别在于 PCA 是一种 Unsupervised（无监管）的映射方法，LDA 是受监管的映射方法。这样说起来也许很抽象，通过图 6.13 可以很容易地理解。同样是二维数据向一维数据的转换，利用 PCA 算法得到的结果只是将整组数据整体映射到可以最方便表示这组数据的坐标系上，映射时没有利用任何数据内部的分类信息。因此，虽然使用 PCA 后整组数据在表示上更加方便（降维并将信息损失降到最低），但在分类上也许会变得更加困难；采用了 LDA 后可以明显看出，在增加了分类信息之后，两组输入映射到了另外一个坐标系上，有了这样一个映射，两组数据就变得更易区分了（在低维上就可以区分，减少了很多的运算量）。

交叉反应电化学气体传感器阵列中的单个传感器应该对多个目标显示交叉灵敏度和/或交叉选择性，从而可以产生不同的响应模式，这对阵列数据的分析是有利的。Glass 等人已经计算出，通过将交叉反应电化学气体传感器阵列与计算分析程序结合在一起，相较单个传感器单元，可以增加至少25%的信息量。因此，交叉反应电化学气体传感器阵列可以提供预测已知或未知矩阵中多种化合物的目标浓度所需的信息。

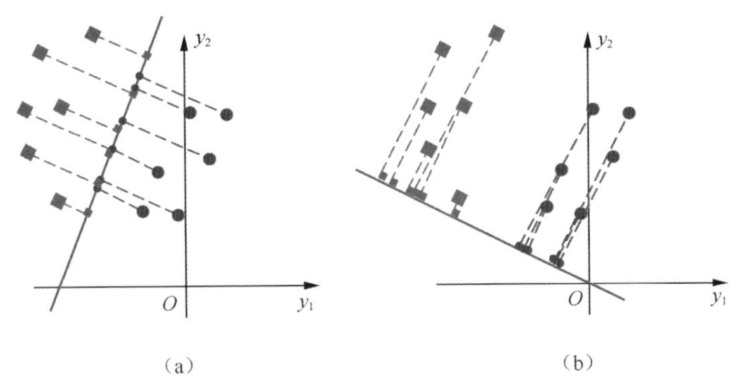

图 6.13　PCA 算法和 LDA 算法原理对比
（a）PCA；（b）LDA

对于这一类型的传感器阵列构筑方法，研究人员在 YSZ 基混成电位型气体传感器领域也进行了一些研究。如图 6.14 所示，为了有效识别有害气体，Liang 等人在一个 YSZ 固体电解质基板上设计了 3 个不同的敏感电极单元，由于使用具有光催化活性的敏感电极材料，在光照的辅助下形成了由 6 个传感器单元组成的虚拟传感器阵列结构。在光照条件下，传感器阵列对特定气体的响应被选择性地增强，与没有光照时的传感器阵列相比，产生不同的响应模式。在用 PCA 算法处理有无光照情况下的所有响应模式后，传感器阵列的判别能力进一步提高了，能够实现对 C_3H_6、CO 和 NO 这 3 种气体的准确区分[9]。

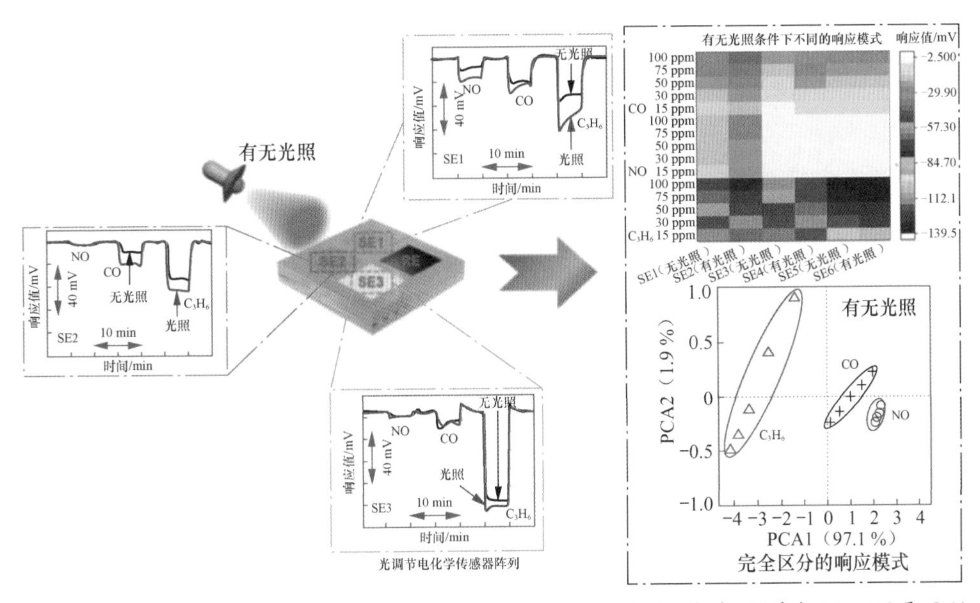

图 6.14　传感器阵列结构示意，6 个传感器单元组成的虚拟传感器阵列结构对不同浓度 CO、NO 和 C_3H_6 的响应，利用 PCA 算法对传感器阵列测试结果的分析鉴别[9]

Li 等人采用同样的思路，利用 ZnO 复合不同质量分数的 In_2O_3 敏感电极材料，在有无紫外光催化的条件下构筑了具有 6 个传感器单元的虚拟传感器阵列，对 6 种不同的 VOC 气体进行了测试，形成了如图 6.15 所示的响应模式，并使用 PCA 算法对测试结果进行了分类鉴别。如图 6.16 所示，设计构筑的传感器阵列对不同种类的 VOC 气体具有较好的区分能力，并且通过光照调节可以极大地增强传感器的鉴别和识别能力[10]。

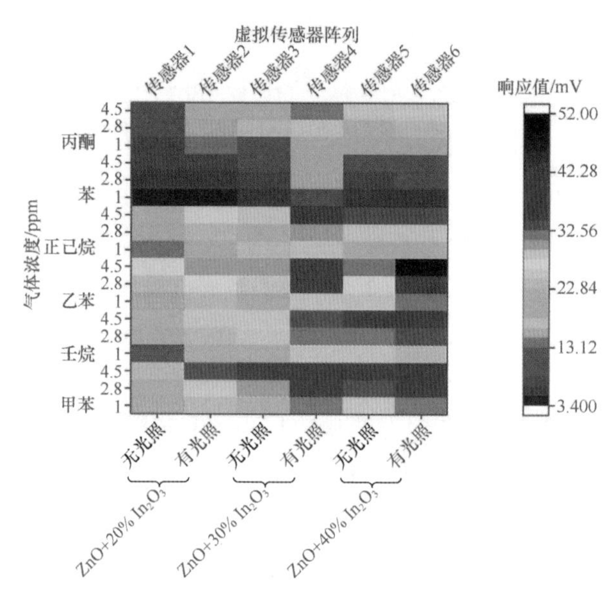

图 6.15　由［ZnO +（20% ~ 40%）In_2O_3］-SE 和 Mn 基 RE 组成的传感器阵列的响应模式[10]

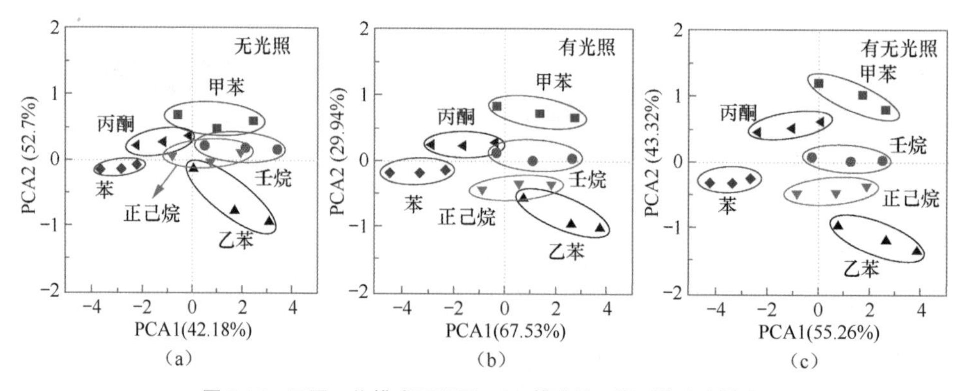

图 6.16　不同工作模式下利用 PCA 算法处理得到的响应模式

（a）只考虑无光照的情况；（b）只考虑有光照的情况；（c）同时考虑有无光照的情况[10]

前面介绍了两种不同的传感器阵列的构筑方式，一种是将多个相同的传感器单

元串联，另一种是使用不同的敏感电极，共用一个参考电极，以类似并联的方式组成阵列结构。除了这两种方式以外，在混合气体的检测方面，以串联的方式将具有不同敏感电极的传感器单元进行组合也有相关研究。Ramaiyan 等人分别利用 $La_{0.8}Sr_{0.2}CrO_3$（LSCO）和 Au/Pd 为敏感电极构建了单个的 YSZ 基混成电位型气体传感器，并采用串联的方式尝试设计由这两个传感器单元组成的阵列，将其用于 NO_x、NH_3 和 C_3H_8 及其混合气体的检测。他们通过建立的物理模型，成功预测了二元混合气体的组成，误差小于 10%。如图 6.17（a）和图 6.17（b）所示，在这项工作中，他们考虑了偏置电压对传感器选择性的影响。与无偏置条件相比，在传感器上引入偏置电压似乎可以提升传感器对特定气体的选择性。例如，对于 $La_{0.8}Sr_{0.2}CrO_3$|YSZ|Pt 传感器，一个正偏置电压似乎加强了其对 NO_x 的选择性，其对 NH_3、C_3H_6 和 C_3H_8 的响应显著降低，但仍然没有达到绝对选择性。之后，在偏置条件下构筑传感器阵列，并通过算法和模型的辅助，实现了对多组分气体的识别和检测[11]。如图 6.17（c）所示，Tsitron 等人将 Au|YSZ|Pt 传感器分别置于 0 μA、−1.5 μA、−3.5 μA 和−6.0 μA 的偏置电流下，暴露于 NH_3、NO、NO_2 和 C_3H_6 等不同的待测气体中，通过贝叶斯模型分析结果，解码出混合物的实际浓度。在引入偏置电流后，Au|YSZ|Pt 传感器对 NO 和 NO_2 变得不那么敏感，并在 NO 和 NO_2 存在时对 NH_3 表现出很好的选择性。然而，C_3H_6 的交叉干扰不能得到充分的抑制。Tsitron 等人以 NH_3 为待测气体、C_3H_6 为干扰气体引入了一系列的气体混合物，将 α 值定义为 NH_3 与 C_3H_6 浓度的比值。他们利用 4 种不同偏置条件下的传感器构筑虚拟的传感器阵列，通过贝叶斯算法的分析，成功解码了两种气体混合情景下的 α 值和实际气体浓度[12]。Unab 等人测试了 4 个串联的混成电位型气体传感器（其中有 4 个敏感电极，包括 1 个 Au/Pd、2 个 $La_{0.8}Sr_{0.2}CrO_3$ 和 1 个 In 掺杂的 SnO_2）在开路和偏置条件下对待测气体（如 NO、NO_2、NH_3 和 C_3H_8 等）的响应。此外，Unab 等人还同时测试了含有 2 种和 3 种待测气体的混合气体，预测的 α 值误差小于 2%，预测的绝对浓度误差小于 3%，这表明多传感器阵列在分析混合气体方面具有优势[11, 13]。

Tsui 等人在单个传感器平台上制作了一个三电极传感器［如图 6.17（d）所示］，并将有偏置和无偏置条件进行组合产生了 6 个传感器的虚拟组合。当使用有偏置和无偏置模式获取数据时，用人工神经网络分析［如图 6.17（e）所示］获取的数据预测单一和二元混合气体时，其准确度大于 98%，如图 6.17（f）所示[14-16]。然而，当单独使用有偏置或无偏置模式获取数据时，预测单一和二元混合气体的准确度显著降低，这表明需要具有响应特性变化显著的传感器。由上述例子可以看出，传感器阵列与模型的结合，提供了一种可行的方法来解码混合气体的浓度。

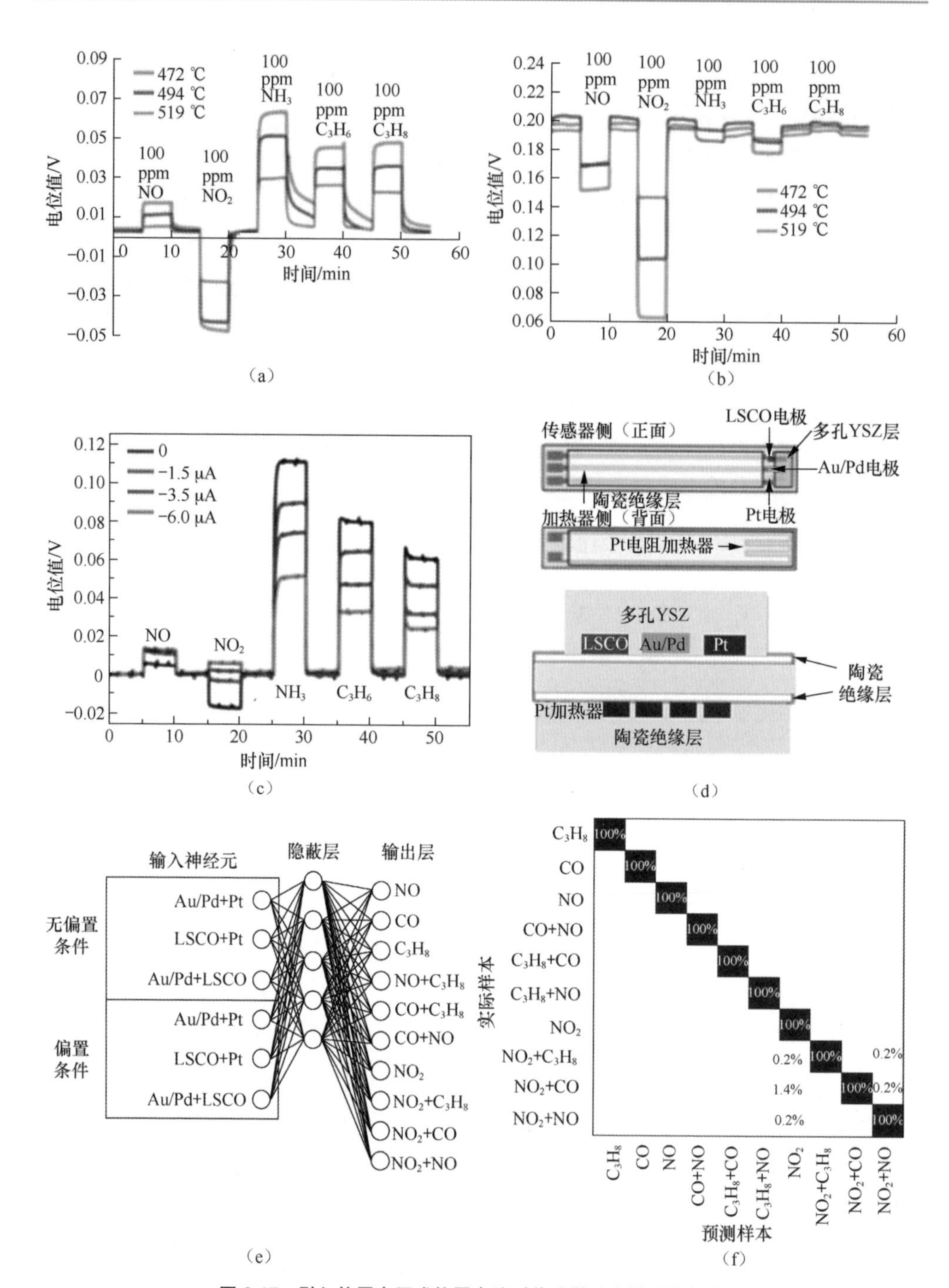

图 6.17　引入偏置电压或偏置电流对传感器响应模式的影响

（a）以 $La_{0.8}Sr_{0.2}CrO_3$ 为敏感电极制作的 YSZ 基混成电位型气体传感器在无偏置电压情况下的敏感特性；（b）0.2 V 偏置电压下的敏感特性；（c）Au|YSZ|Pt 传感器在有偏置电流和无偏置电流条件下的响应；（d）三电极传感器的示意；（e）具有 6 个可能输入神经元的三电极阵列的人工神经网络结构；（f）使用有偏置和无偏置模式获取的数据的单一和二元混合气体组合的混淆矩阵分析结果

6.3 本章小结

本章介绍了 YSZ 基混成电位型气体传感器的其他新型增感策略，即光增感策略和阵列结构增感策略。光增感策略通过开发具有光催化活性的敏感电极材料，在 TPB 处引入光催化反应，从而达到提升敏感特性的目的。然而，光照会同时提高气相催化反应活性，这对于混成电位型气体传感器的响应信号的形成是不利的。因此，到目前为止，是否可以通过使用光敏材料来进一步提升传感器的敏感特性，仍然是不明晰的。此外，通过将多个传感器单元按照一定的方式组合并构筑阵列，不仅可以提高传感器的灵敏度，还能有效改善选择性，这也是混成电位型气体传感器的重要发展方向。

参考文献

[1] JIN H, HAICK H. UV regulation of non-equilibrated electrochemical reaction for detecting aromatic volatile organic compounds [J]. Sensors and Actuators B: Chemical, 2016, 237: 30-40.

[2] JIN H, ZHANG X, HUA C, et al. Further enhancement of the light-regulated mixed-potential signal with ZnO-based electrodes [J]. Sensors and Actuators B: Chemical, 2018, 255: 3516-3522.

[3] XU Y, LI H, ZHANG X, et al. Light-regulated electrochemical reaction assisted core-shell heterostructure for detecting specific volatile markers with controllable sensitivity and selectivity [J]. ACS Sensors, 2019, 4(4): 1081-1089.

[4] YU J, DENG S, JIN H, et al. Gas phase reaction combined light-regulated electrochemical sensing technique for improved response selectivity and sensitivity to hydrocarbons [J]. Ionics, 2020, 26(12): 6351-6357.

[5] ZOU J, SUN H, ZHANG X, et al. Light-regulated electrochemical reaction: Can it be able to improve the response behavior of amperometric gas sensors? [J]. Sensors and Actuators B: Chemical, 2018, 267: 366-372.

[6] YANG J C, DUTTA P K. Promoting selectivity and sensitivity for a high temperature YSZ-based electrochemical total NO_x sensor by using a Pt-loaded zeolite Y filter [J]. Sensors and Actuators B: Chemical, 2007, 125(1): 30-39.

[7] MONDAL S P, DUTTA P K, HUNTER G W, et al. Development of high sensitivity potentiometric NO_x sensor and its application to breath analysis [J]. Sensors and Actuators B: Chemical, 2011, 158(1): 292-298.

[8] ALBERT K J, LEWIS N S, SCHAUER C L, et al. Cross-reactive chemical sensory

arrays [J]. Chemical Reviews, 2000, 100(7): 2595-2626.

[9] LIANG H, ZHANG X, SUN H, et al. Light-regulated electrochemical sensor array for efficiently discriminating hazardous gases [J]. ACS Sensors, 2017, 2(10): 1467-1473.

[10] LI H, JIN Q, ZHANG X, et al. Artificial tailored catalytic activity for identification of 6 kinds of volatile organic compounds via the light-regulated electrochemical reaction [J]. Sensors and Actuators B: Chemical, 2019, 282: 529-534.

[11] RAMAIYAN K, KRELLER C R, BROSHAA E L, et al. Quantitative decoding of complex gas mixtures using mixed-potential sensor arrays [J]. The Electrochemical Society, 2016, 75: 107-111.

[12] TSITRON J, KRELLER C R, SEKHAR P K, et al. Bayesian decoding of the ammonia response of a zirconia-based mixed-potential sensor in the presence of hydrocarbon interference [J]. Sensors and Actuators B: Chemical, 2014, 192: 283-293.

[13] JAVED U, RAMAIYAN K P, KRELLER C R, et al. Using sensor arrays to decode $NO/NH_3/C_3H_8$ gas mixtures for automotive exhaust monitoring [J]. Sensors and Actuators B: Chemical, 2018, 264, 110-118.

[14] TSUI L K, BENAVIDEI A, PALANISAMY P, et al. A three electrode mixed potential sensor for gas detection and discrimination [J]. ECS Transactions, 2016, 75: 9-22.

[15] TSUI L K, BENAVIDEZ A, PALANISAMY P, et al. Quantitative decoding of the response a ceramic mixed potential sensor array for engine emissions control and diagnostics [J]. Sensors and Actuators B: Chemical, 2017, 249: 673-684.

[16] TSUI L K, BENAVIDEZ A, PALANISAMY P, et al. Automatic signal decoding and sensor stability of a 3-electrode mixed-potential sensor for NO_x/NH_3 quantification [J]. Electrochimica Acta, 2018, 283: 141-148.

第 7 章　基于其他固体电解质的混成电位型气体传感器的构建和应用

通过前面章节的介绍，我们已经知道，基于固体电解质的混成电位型气体传感器通常由固体电解质、敏感电极和参考电极 3 个部分组成，其敏感特性强烈依赖于所选用的固体电解质和敏感电极材料的种类。在固体电解质的选择上，离子电导率起到了决定性作用。到目前为止，对于研究和应用最为广泛的固体电解质，我们已经详细介绍了 YSZ 及其在混成电位型气体传感器领域的研究和应用。然而，YSZ 固体电解质需要在较高的温度下才能得到较为可观的电导率，这在一定程度上也决定了 YSZ 基混成电位型气体传感器通常工作在较高的温度下。为了降低传感器的工作温度，减小功耗，研究人员将目光转向开发在较低温度下就可获得较高离子电导率的固体电解质。在本章我们将简要介绍基于其他固体电解质的混成电位型气体传感器，包括基于其他氧离子导体、钠离子导体以及其他离子导体的固体电解质。

7.1　基于其他氧离子导体固体电解质的混成电位型气体传感器

7.1.1　其他稳定氧化锆固体电解质

从前面的介绍中我们得知，向纯 ZrO_2 中掺杂一定量与 Zr^{4+} 半径相近的二价或三价金属离子而形成的稳定氧化锆，在高温下具有良好的氧离子导电性和良好的热/化学/机械稳定性，是研究和应用最为广泛的固体电解质材料。YSZ 是稳定氧化锆中的一种，此外，还有氧化钪稳定氧化锆（Scandia Stabilized Zirconia，ScSZ）、氧化钙稳定氧化锆（Calcia Stabilized Zirconia，CSZ）以及氧化镁稳定氧化锆（Magnesium Oxide Stabilized Zirconia，MSZ）等，基于这些固体电解质构建的混成电位型气体传感器也有报道。

Gauthier 等人在 1977 年和 1981 年的工作中研究了 CSZ/K_2SO_4 对 SO_x 的检测，按照工作机理来看这类传感器属于 Type II平衡电位型，而这种固体电解质几乎没有被用于混成电位型气体传感器的构建，因此这里不做详细介绍。在稳定氧化锆的体系中，8%（摩尔分数）Sc_2O_3-ZrO_2（8ScSZ）固体电解质通常被认为具有最高的离子导电性，在固体氧化物燃料电池等特定领域已经有了广泛的研究，然而由于极高的成本以及极高的烧结温度（至少 1700 ℃），导致 8ScSZ 在气体传感器领域的研究和应用远不及 YSZ 广泛，仅有少量研究工作被报道。

英国利兹大学的 Kale 等人针对 ScSZ 基混成电位型 NO_2 和 CO 传感器进行了一系列研究。如图 7.1 所示，以 Pt 为参考电极、$NiFe_{1.9}Al_{0.1}O_4$ 为敏感电极材料构建了 ScSZ 基混成电位型 NO_2 传感器[1]，在 703 ℃和 740 ℃下，其在 NO_2 浓度升高或者降低过程中都能产生可重复的响应和灵敏度，在 703 ℃时对 100～500 ppm NO_2 具有最高的灵敏度，并且 CO 和 CH_4 的干扰可以忽略不计。在以 CuO + $CuCr_2O_4$ 复合材料为敏感电极制作的传感器的研究中，如图 7.2 所示，最初发现 Pt|ScSZ|CuO + $CuCr_2O_4$ 传感器在 612 ℃下对低浓度 NO_2（10～30 ppm）表现出较高的灵敏度[2]，但随后的研究表明传感器在 612 ℃时对更大浓度 NO_2 的响应十分迟缓，在 659 ℃时，对 10～500 ppm NO_2 具有良好的响应，如图 7.3 所示[3]。此外，还研究了以 Au 为参考电极制作的 Au|ScSZ|CuO+$CuCr_2O_4$ 传感器对 NO_2 的敏感特性[4]，该传感器在 611 ℃的工作温度下对 100～500 ppm NO_2 的响应值绝对值最高，如图 7.4 所示。

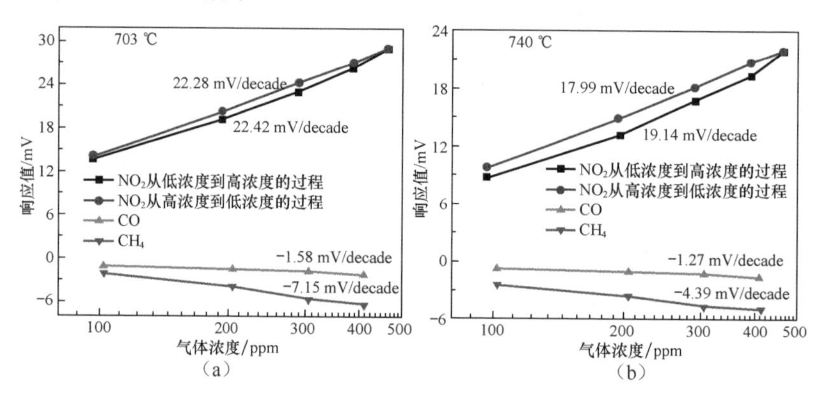

图 7.1 传感器响应值在不同温度下随 NO_2、CO 和 CH_4 浓度的变化情况

(a) 703 ℃；(b) 740 ℃ [1]

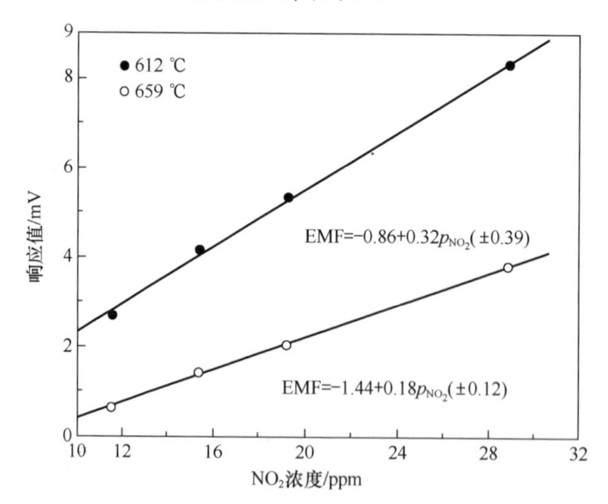

图 7.2 传感器响应值与 NO_2 浓度之间的关系（612 ℃和 659 ℃）[2]

（注：p_{NO_2} 为 NO_2 分压）

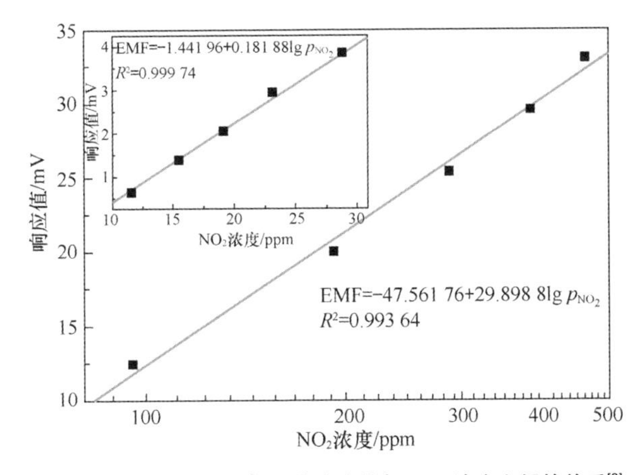

图 7.3 传感器在 659 ℃下的响应值与 NO_2 浓度之间的关系[3]

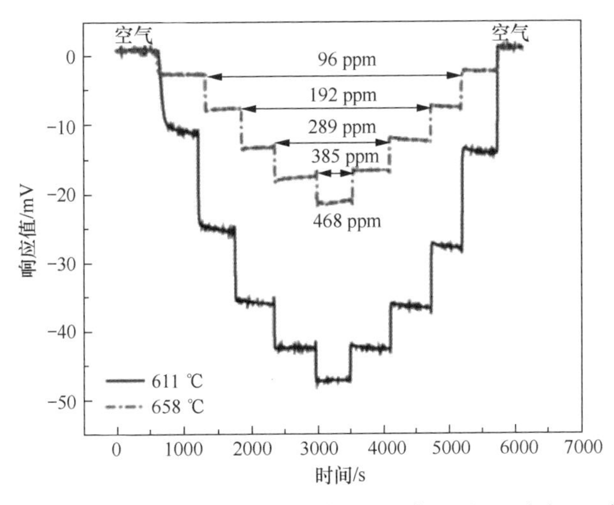

图 7.4 Au|ScSZ|CuO+$CuCr_2O_4$ 传感器在 611 ℃和 658 ℃下对不同浓度 NO_2 的响应曲线[4]

Xiong 和 Kale 以 Sn 掺杂的 In_2O_3（Indium Tin Oxide，ITO）为敏感电极构建了图 7.5（a）所示的 ScSZ 基混成电位型 CO 传感器。如图 7.6 所示，该传感器对低浓度的 CO（16～500 ppm）［在低氧环境下（体积分数为 4%）］表现出良好的灵敏度，具有较高的响应信号以及较短的响应时间（5 s）[5]。进一步的研究表明，采用图 7.5（b）所示的结构，传感器的灵敏度会大大提高（两种结构的传感器分别标记为传感器 1 和传感器 2）。Xiong 和 Kale 研究了 ITO 厚度对传感器性能的影响（传感器 3、传感器 4、传感器 5 的 ITO 厚度分别为 11 μm、22 μm 和 0.5 μm），如图 7.7 所示，可以看出厚度对 ScSZ 基混成电位型 CO 传感器的性能有较大影响，ITO 厚度为 11 μm 的传感器对 CO 具有最高的灵敏度，并且具有较短的响应时间[6]。

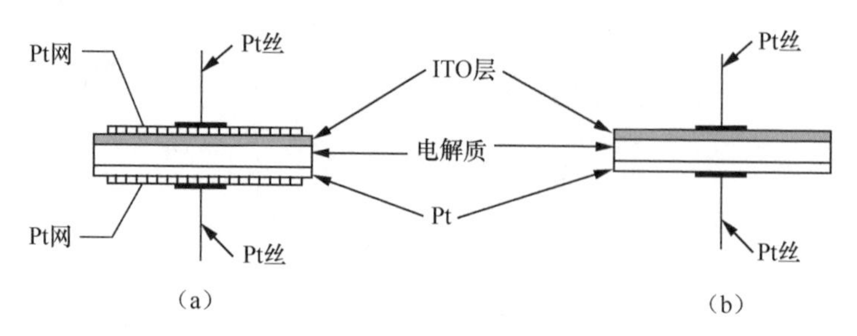

图 7.5　两种不同结构传感器的示意
(a) 有两个额外 Pt 网的传感器单元；(b) 没有两个 Pt 网的传感器单元[6]

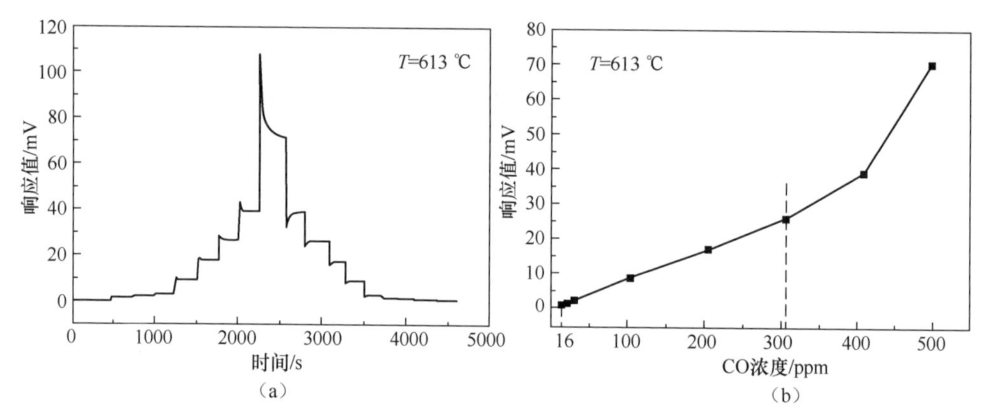

图 7.6　ITO|ScSZ|Pt 传感器在 613 ℃下对 CO 的敏感特性
(a) 响应恢复曲线；(b) 响应值与 CO 浓度之间的关系[5]

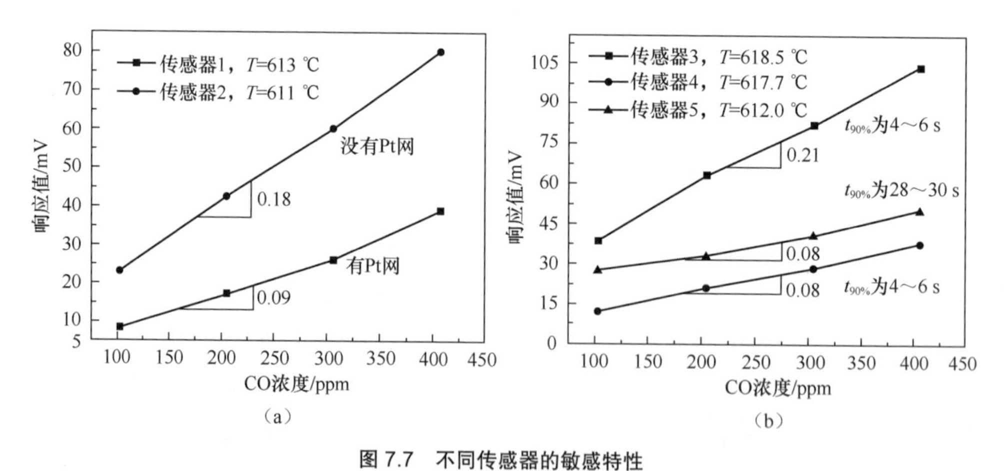

图 7.7　不同传感器的敏感特性
(a) 不同结构的传感器的响应值；(b) ITO 厚度（传感器 3、传感器 4、传感器 5 的 ITO 厚度分别为 11 μm、22 μm 和 0.5 μm）对敏感特性的影响[6]

此外，一些工作研究了 YSZ 和 ScSZ 等不同固体电解质对敏感特性的影响，如图 7.8 所示，Li 和 Kale 在上述以 ITO 为敏感电极制作的混成电位型 CO 传感器的基础上，研究了不同固体电解质的影响，发现 ScSZ 基混成电位型 CO 传感器与 YSZ 基混成电位型 CO 传感器具有类似的敏感特性[7]。如图 7.9 所示，Toldra-Reig 等人的研究结果表明，在以 $Fe_{0.7}Cr_{1.3}O_3$ 为敏感电极、$La_{0.9}Sr_{0.1}MnO_3$ 为参考电极的混成电位型 C_2H_4 传感器中，以 YSZ 为固体电解质的传感器在 550 ℃下具有最好的敏感特性，包括对 CO 有较低的交叉灵敏度，而对以 ScSZ 为固体电解质的传感器而言，最好的敏感特性在更低的温度下获得，即在 450 ℃下就能获得较好的敏感特性[8]。相较于 YSZ，ScSZ 由于具有更好的离子导电性，可替代 YSZ 用于低温下混成电位型气体传感器的构建，有助于降低传感器的工作温度。

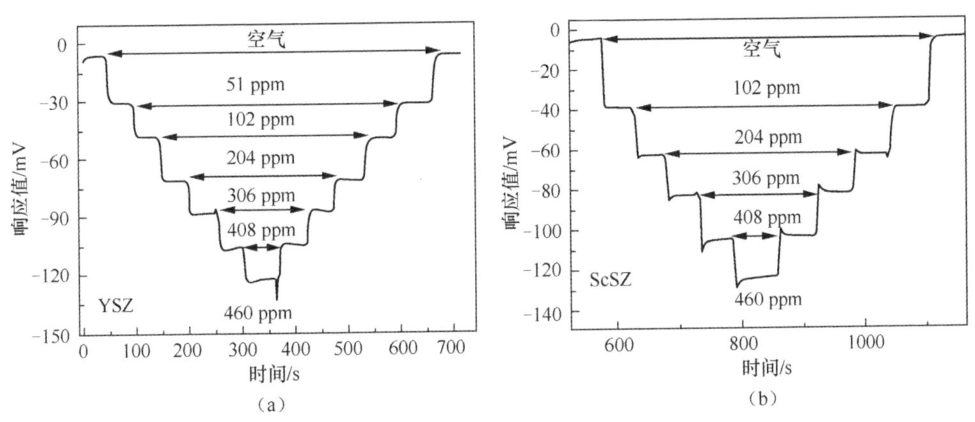

图 7.8　基于不同固体电解质和 ITO 敏感电极的混成电位型 CO 传感器对 CO 的响应曲线
（a）YSZ；（b）ScSZ[7]

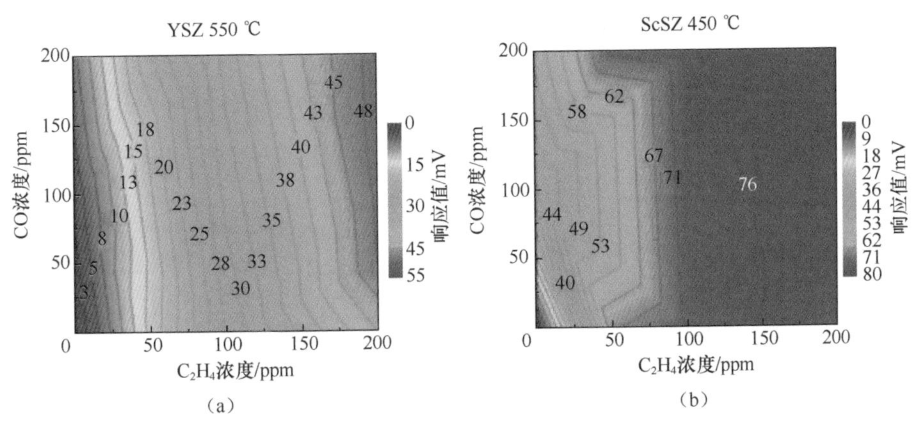

图 7.9　基于不同固体电解质的传感器在 550 ℃和 450 ℃下对 C_2H_4 的响应
（a）YSZ；（b）ScSZ（以 $Fe_{0.7}Cr_{1.3}O_3$ 为敏感电极、$La_{0.9}Sr_{0.1}MnO_3$ 为参考电极）[8]

正如前面所提到的限制 ScSZ 大规模应用的主要因素是高成本和较为苛刻的烧结温度，随着先进的分离技术的发展，Sc_2O_3 的使用成本在未来有可能显著降低，ScSZ

基混成电位型气体传感器在未来也许会有更大的发展空间。

7.1.2 $Ce_{0.8}Gd_{0.2}O_{1.95}$固体电解质

在中温区具有良好离子电导率的 CeO_2 固体电解质为气体传感器提供了很好的选择，近年来关于 CeO_2 固体电解质的研究也逐渐深入。与 YSZ 相似，纯的 CeO_2 是立方萤石结构，在该结构中，Ce^{4+}形成面心立方结构，O^{2-}位于四面体中心位置，且每一个 O^{2-}都与最近邻的 4 个 Ce^{4+}配位，每一个 Ce^{4+}周围有 6 个 O^{2-}，位于面心位置的 Ce^{4+}与周围 6 个 O^{2-}构成的八面体内部形成了空隙，该八面体空隙为材料中氧离子的传输提供相应的通道。纯的 CeO_2 在 600 ℃时离子电导率较低，约为 10^{-5} $S{\cdot}cm^{-1}$，并不能满足固体电解质气体传感器的应用条件，因此可以通过选择低价态氧化物的掺杂，并依靠空位补偿机制来增加材料的氧空位浓度，增强氧离子导电性。

针对提高中温区 CeO_2 离子电导率的掺杂剂，研究人员通常使用碱金属氧化物或稀土金属氧化物，如 MgO、CaO、SrO、BaO、Sm_2O_3 和 Gd_2O_3 等。1963 年，Kevane 最早报道了在 CeO_2 中掺杂 CaO 后，材料电导率升高，且电导率随掺杂量的升高呈现先增加后降低的趋势，当 CaO 摩尔分数为 7%左右时，电导率最高，而掺杂量进一步提高到 CaO 摩尔分数为 13%时，电导率开始降低。在这之后，这一现象在其他使用碱金属氧化物或稀土金属氧化物掺杂的 CeO_2 基固体电解质中均有报道。

以 Gd_2O_3 对 CeO_2 进行掺杂为例，当 Gd_2O_3 与 CeO_2 的摩尔比为 1∶2 时，原来阳离子格点上的两个 Ce^{4+}被 Gd^{3+}占据，并且晶格中的 4 个 O^{2-}只有 3 个被占据，由于空位补偿机制的存在，在材料内部产生了大量的氧空位，离子迁移数增多，从而提高了材料的离子导电性。随着 Gd_2O_3 掺杂量的增加，固体电解质的导电性不断增强，但是，当掺杂量过高时，会在材料内部形成缺陷缔合体，抑制 O^{2-}的快速迁移，导致固体电解质导电性减弱。此外，低温时氧空位与溶质离子之间的静电作用会降低自由氧空位的浓度，因此掺杂量的大小和温度共同影响离子电导率的大小。由于影响因素太多，到目前为止还没有形成固定统一的最佳掺杂量，但是对于 Gd_2O_3，摩尔分数为 10%～20%是研究人员普遍认同的最佳掺杂量。

除了掺杂量之外，另一个影响 CeO_2 基固体电解质电导率的关键因素是掺杂元素的离子半径，Kim 等人对该问题进行了详细的研究，并指出 0.1106 nm 和 0.1038 nm 分别为二价碱金属元素和三价稀土元素的临界半径 r_c，掺杂元素的离子半径与临界半径越接近，掺杂后 CeO_2 的离子电导率就越高。当掺杂元素的摩尔分数为 10%、温度为 800 ℃时，掺杂元素离子半径的大小与材料离子电导率的关系如图 7.10 所示。在二价碱金属元素中，Ca^{2+}的离子半径最接近临界半径，因此 Ca^{2+}的掺杂使得材料的离子电导率最高，使用该元素进行掺杂的 CeO_2 基固体电解质也成为研究较多的材料。掺杂稀土元素的材料的离子电导率普遍较高，在稀土元素中，使离子电导率最高的掺杂元素为 Sm^{3+}和 Gd^{3+}（分别用 SDC 和 GDC 表示这两种固体电解质），这两种材料成为 CeO_2 基固体电解质的研究热点。通过测量 YSZ 和 GDC 的电导率发现，经过元素掺杂，GDC 的离子电导率比 YSZ 的高出大约一个数量级，除了元素掺杂量和元素种类之外，即使是在相同的掺杂条件下，也能得出同样的结论，这是因为与 Zr^{4+}相比，Ce^{4+}的离子半径更大，O^{2-}能够在更加开放的结构中进行离子迁移。

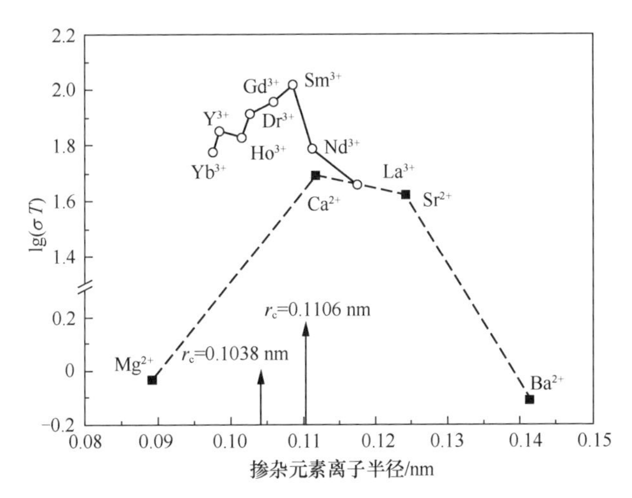

图 7.10　掺杂元素离子半径与 CeO_2 基固体电解质离子电导率的关系

作为一种非常有应用前景的固体电解质材料，GDC 在 SOFC 中得到了很好的应用，但在固体电解质气体传感器中的报道相对较少。Mukundan 等人研究了用于检测 CO 和 C_xH_y 的 Pt|GDC|Au 传感器，并将该传感器与 YSZ 基混成电位型气体传感器进行了对比，结果表明，该传感器尽管响应值较小，但是稳定性要比 YSZ 基混成电位型气体传感器好。这表明 GDC 作为固体电解质在气体传感器方面具有很大的研究价值。

吉林大学卢革宇教授研究团队开发了一系列以金属氧化物为敏感电极的 GDC 基混成电位型丙酮传感器，下面分别对这些传感器做简要介绍。

（1）Yang 等人开发了以 $La_{1-x}Sr_xCoO_3$ 为敏感电极的 GDC 基混成电位型丙酮传感器[9]。采用柠檬酸络合法合成 $La_{1-x}Sr_xCoO_3$（x=0.1,0.2,0.3,0.5）敏感电极材料，分别构建了 GDC 基混成电位型丙酮传感器（分别表示为 S1、S2、S3 和 S5）。如图 7.11 所示，其中以 $La_{0.8}Sr_{0.2}CoO_3$ 为敏感电极的 GDC 基混成电位型丙酮传感器在 600 ℃下对丙酮具有最佳的敏感特性，检测下限低至 1 ppm，对 1～5 ppm 和 5～50 ppm 丙酮的灵敏度分别为−26 mV/decade 和−49 mV/decade。

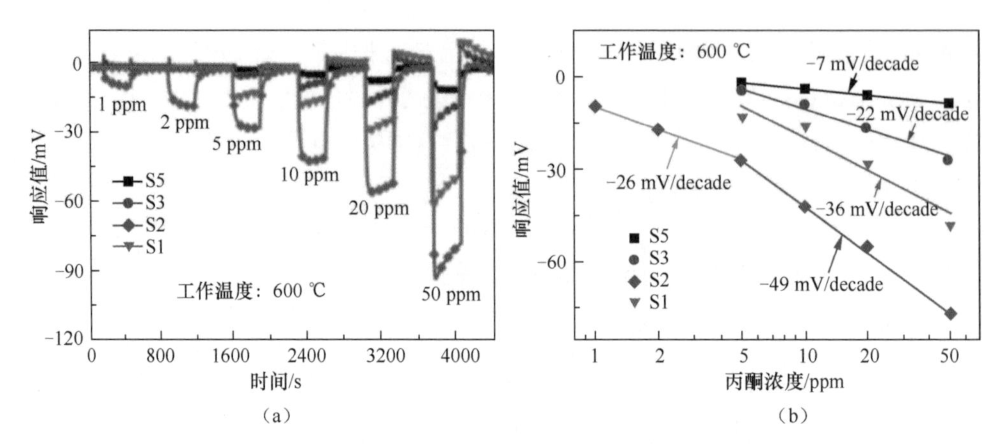

图 7.11　以 $La_{1-x}Sr_xCoO_3$ 为敏感电极的 GDC 基混成电位型丙酮传感器在 600 ℃下对丙酮的敏感特性

（a）对 1~50 ppm 丙酮的连续响应恢复曲线；（b）响应值与丙酮浓度之间的依赖关系[9]

（2）Liu 等人构建了以 $MMnO_3$（M 为 Sr、Ca、La 和 Sm）为敏感电极的 GDC 基混成电位型丙酮传感器[10]。分别使用 $SrMnO_3$、$CaMnO_3$、$LaMnO_3$ 和 $SmMnO_3$ 作为敏感电极构建了 GDC 基混成电位型丙酮传感器，探究了 4 种传感器对丙酮的敏感特性。如图 7.12 所示，以 $SrMnO_3$ 为敏感电极的 GDC 基混成电位型丙酮传感器对丙酮的响应最大，极化曲线证明这是由于 $SrMnO_3$ 对丙酮具有最高的电化学催化活性。该传感器的工作温度为 600 ℃，对 1～50 ppm 丙酮的灵敏度为−38 mV/decade，并且具有较好的重复性和选择性。

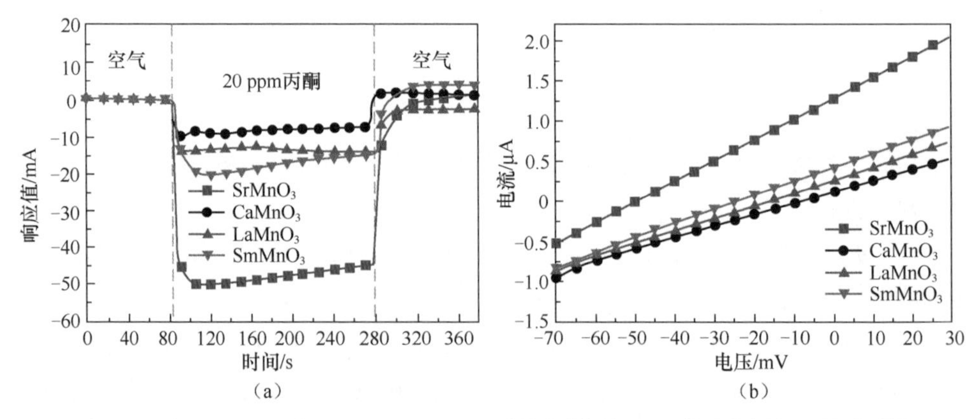

图 7.12　以 $MMnO_3$ (M 为 Sr、Ca、La 和 Sm)为敏感电极的 GDC 基混成电位型丙酮传感器在 600 ℃下对 20 ppm 丙酮的敏感特性

（a）响应恢复曲线；（b）极化曲线[10]

（3）Liu 等人研制了以钙钛矿结构的铁酸盐为敏感电极的 GDC 基混成电位型丙酮传感器。利用溶胶-凝胶法合成了一系列钙钛矿结构的铁酸盐 $MFeO_3$（M 为 La、

Sm 和 Bi）敏感电极材料，如图 7.13 所示，800 ℃下烧结的 $BiFeO_3$ 由于具有疏松多孔的微观结构以及对丙酮具有最高的电化学催化活性，是制备 GDC 基混成电位型丙酮传感器的最佳敏感电极材料，该传感器对 1～5 ppm 和 5～200 ppm 丙酮的灵敏度分别为−7 mV/decade 和−75 mV/decade[11]。在此基础上，为了增强基于 $BiFeO_3$ 敏感电极材料的 GDC 基混成电位型丙酮传感器在低浓度范围内的灵敏度，对 $BiFeO_3$ 敏感电极材料的 A 位使用同价元素（La）进行部分取代，研究了 La^{3+} 部分取代 Bi^{3+} 后敏感电极材料的微观结构变化和对丙酮电化学催化活性的影响，如图 7.14 所示，以 800 ℃下烧结的 $Bi_{0.5}La_{0.5}FeO_3$ 为敏感电极的 GDC 基混成电位型丙酮传感器对 1～5 ppm 丙酮的灵敏度为−17.5 mV/decade，是基于 $BiFeO_3$ 敏感电极材料的传感器的 2.5 倍[12]。

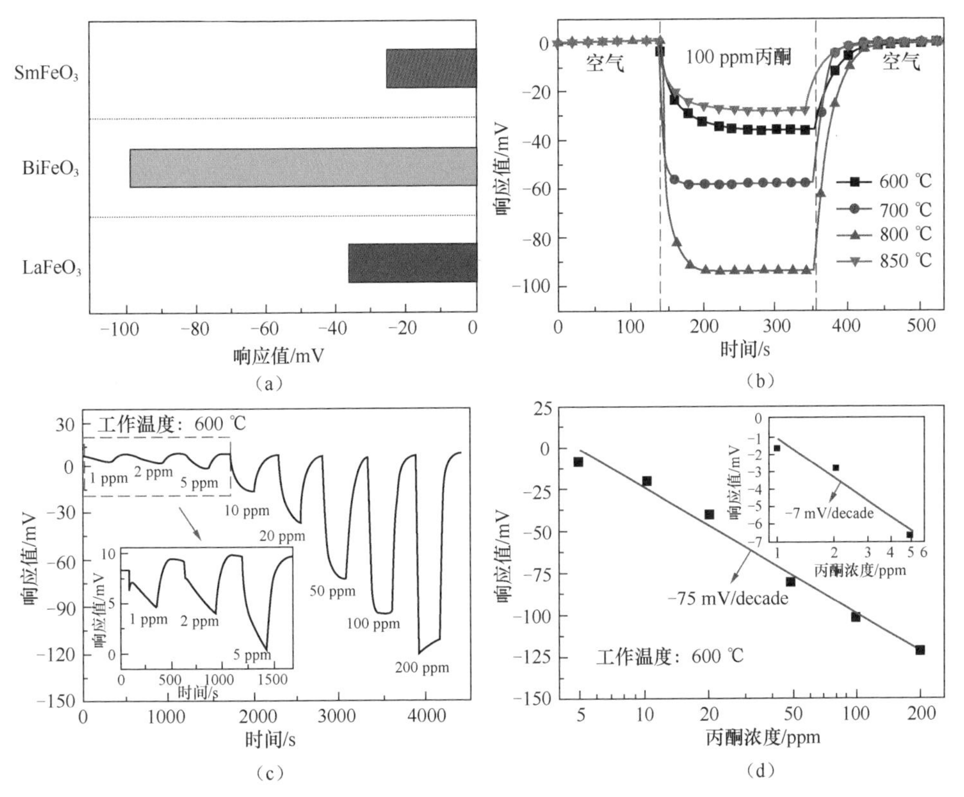

图 7.13　以 $MFeO_3$(M 为 La、Sm 和 Bi)为敏感电极的 GDC 基混成电位型丙酮传感器对丙酮的敏感特性
（a）基于 800 ℃下烧结的不同敏感电极的 GDC 基混成电位型丙酮传感器对 100 ppm 丙酮的响应值对比；（b）以不同温度下烧结的 $BiFeO_3$ 为敏感电极的 GDC 基混成电位型丙酮传感器的响应恢复曲线对比；（c）工作温度为 600 ℃时，以 800 ℃下烧结的 $BiFeO_3$ 为敏感电极的 GDC 基混成电位型丙酮传感器对 1~200 ppm 丙酮的连续响应恢复曲线；（d）以 $BiFeO_3$ 为敏感电极的 GDC 基混成电位型丙酮传感器对 1~5 ppm 和 5~200 ppm 丙酮的灵敏度曲线[11]

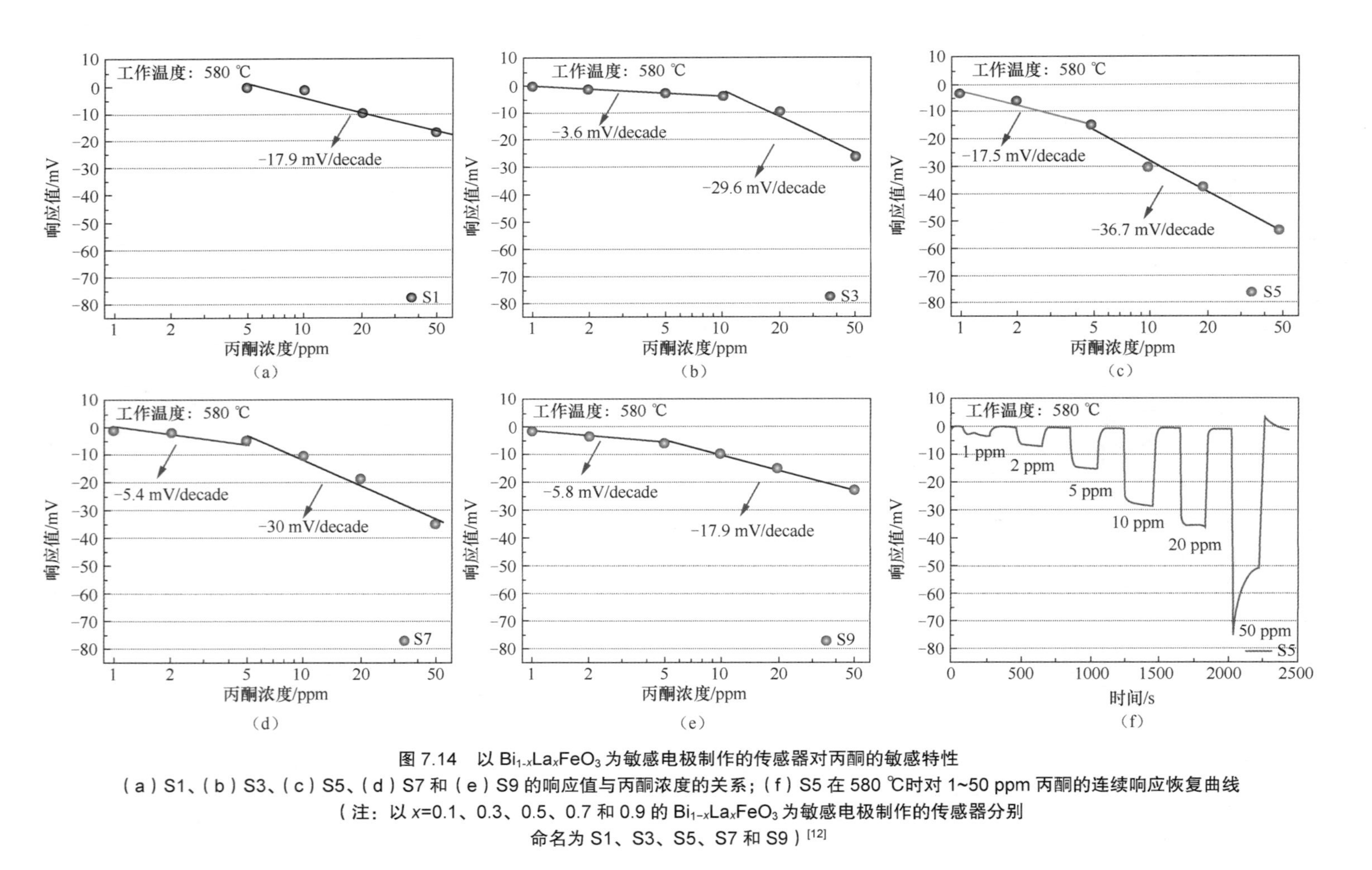

图 7.14　以 $Bi_{1-x}La_xFeO_3$ 为敏感电极制作的传感器对丙酮的敏感特性

（a）S1、（b）S3、（c）S5、（d）S7 和（e）S9 的响应值与丙酮浓度的关系；（f）S5 在 580 ℃时对 1~50 ppm 丙酮的连续响应恢复曲线

（注：以 x=0.1、0.3、0.5、0.7 和 0.9 的 $Bi_{1-x}La_xFeO_3$ 为敏感电极制作的传感器分别命名为 S1、S3、S5、S7 和 S9）[12]

为了进一步降低传感器的检测下限，使用与 Bi^{3+}价态不同的 Sr^{2+}对 $BiFeO_3$ 敏感电极材料的 A 位进行部分取代，Sr^{2+}取代可以增加敏感电极材料的氧空位浓度，使 TPB 处氧气的阴极反应更加剧烈，同时进一步增加了 $BiFeO_3$ 敏感电极材料对丙酮的电化学催化活性，改善了传感器的敏感特性。如图 7.15 所示，以 $Bi_{0.4}Sr_{0.6}FeO_3$ 为敏感电极的 GDC 基混成电位型丙酮传感器获得了最佳的敏感特性，在 590 ℃时检测下限低至 0.3 ppm，远低于以 $BiFeO_3$ 和 $Bi_{0.5}La_{0.5}FeO_3$ 为敏感电极的 GDC 基混成电位型丙酮传感器，响应值绝对值和灵敏度也都得到了大幅提高，进一步提升了传感器对丙酮的敏感特性[13]。

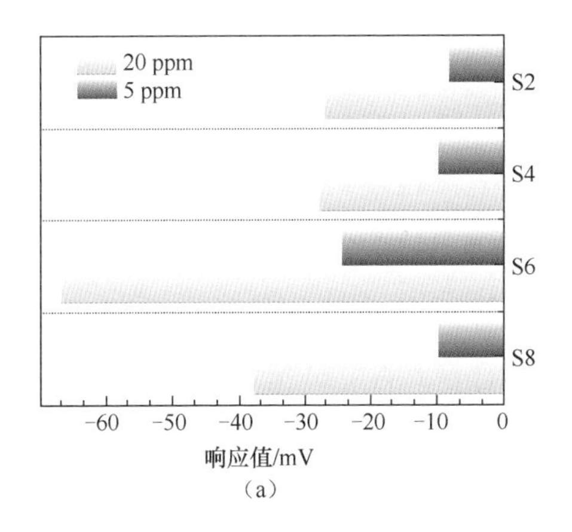

（a）

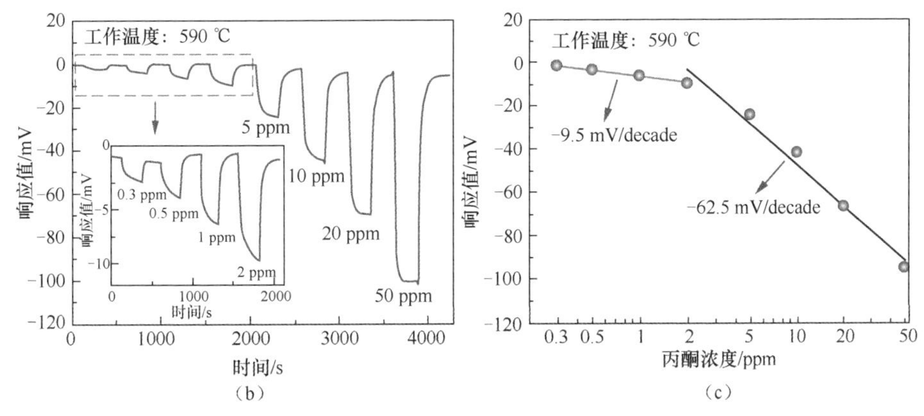

（b）　　　　（c）

图 7.15　以 $Bi_{1-x}Sr_xFeO_3$ 为敏感电极制作的传感器对丙酮的敏感特性

（a）不同传感器对 5 ppm 和 20 ppm 丙酮的响应值对比；（b）S6 对 0.3~50 ppm 丙酮的连续响应恢复曲线；（c）S6 的灵敏度曲线[13]

（注：以 x=0.2、0.4、0.6 和 0.8 的 $Bi_{1-x}Sr_xFeO_3$ 为敏感电极制作的传感器分别命名为 S2、S4、S6 和 S8）

（4）Liu 等人开发了基于双钙钛矿敏感电极材料的 GDC 基混成电位型丙酮传感器。为了开发出具有更高敏感特性的 GDC 基混成电位型丙酮传感器，Liu 等人在上述工作基础上，设计开发了具有双钙钛矿结构的 Sr_2MMoO_6（M 为 Fe、Mg 和 Ni）[14]和 La_2MMnO_6（M 为 Co 和 Cu）[15]并作为敏感电极。如图 7.16 所示，在 Sr_2MMoO_6（M 为 Fe、Mg 和 Ni）体系中，敏感电极材料为 Sr_2FeMoO_6 的传感器对丙酮的响应值绝对值远高于另外两种传感器，其对 100 ppm 丙酮的响应值为−147 mV，响应时间为 13 s，灵敏度为−100 mV/decade（5～200 ppm）（是目前已报道的混成电位型丙酮传感器中灵敏度绝对值最高的），检测下限为 0.5 ppm，此外，其还具有优异的重复性与稳定性。如图 7.17 所示，以 La_2MMnO_6（M 为 Co 和 Cu）体系作为敏感电极时，La_2CuMnO_6 更适合作为敏感电极构建 GDC 基混成电位型丙酮传感器，实现对 10～1000 ppm 丙酮的良好检测，该传感器与前面提到的丙酮传感器相比，可用于高浓度丙酮的检测，在构筑大量程传感器阵列方面具有良好的应用前景。

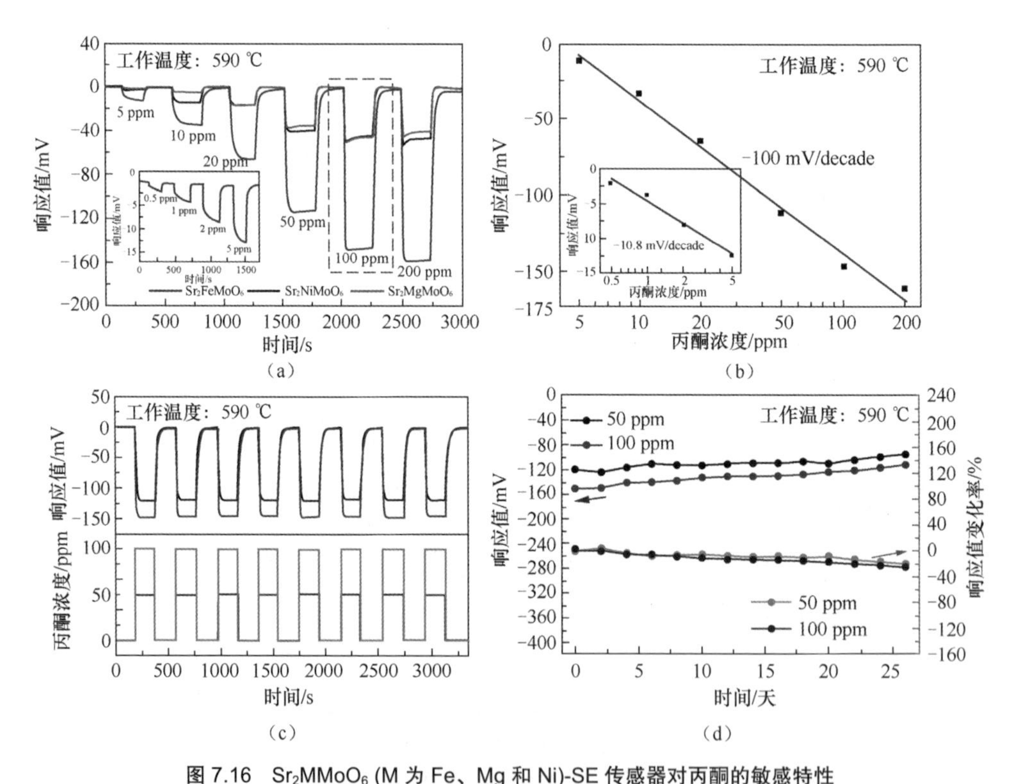

图 7.16　Sr_2MMoO_6 (M 为 Fe、Mg 和 Ni)-SE 传感器对丙酮的敏感特性

（a）连续响应恢复曲线；（b）Sr_2FeMoO_6-SE 传感器对 0.5~5 ppm 和 5~200 ppm 丙酮的灵敏度曲线；（c）Sr_2FeMoO_6 -SE 传感器对 50 ppm 和 100 ppm 丙酮的重复性测试曲线；（d）25 天连续测试中，Sr_2FeMoO_6 -SE 传感器对 50 ppm 和 100 ppm 丙酮的响应值的变化曲线[14]

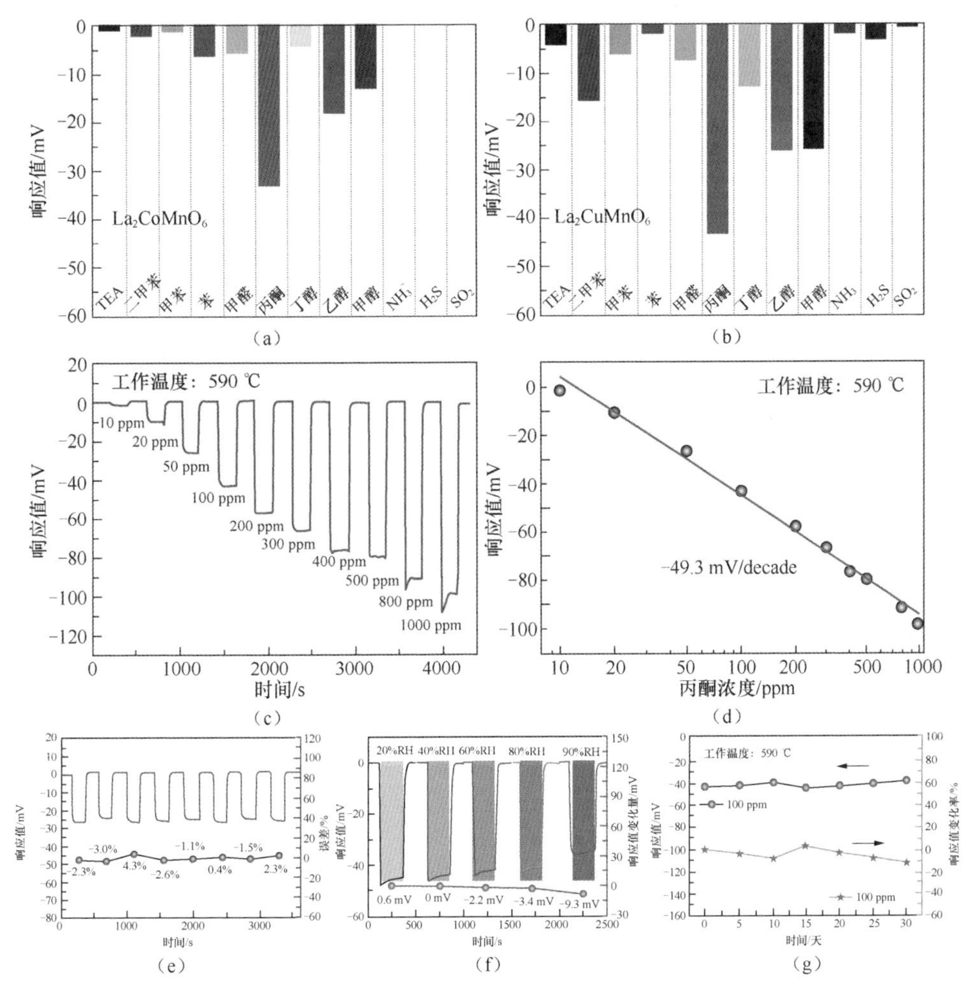

图 7.17　以 La_2CoMnO_6 和 La_2CuMnO_6 为敏感电极制备的传感器对丙酮的敏感特性

（a）La_2CoMnO_6-SE 传感器和（b）La_2CuMnO_6-SE 传感器对丙酮的选择性；（c）La_2CuMnO_6-SE 传感器对 10~1000 ppm 丙酮的连续响应恢复曲线；（d）La_2CuMnO_6-SE 传感器灵敏度曲线；（e）La_2CuMnO_6-SE 传感器对 50 ppm 丙酮的重复性；（f）La_2CuMnO_6-SE 传感器对 100 ppm 丙酮的相对湿度（RH）稳定性；（g）La_2CuMnO_6-SE 传感器长期稳定性[15]

从 GDC 基混成电位型气体传感器的发展来看，GDC 基混成电位型丙酮传感器的构建取得了较大成功。通过开发新的敏感电极材料以构建 GDC 基混成电位型气体传感器，从而对其他种类气体进行检测，如图 7.18 所示，Wang 等人发现以 $La_{0.8}Sr_{0.2}MnO_3$ 为敏感电极的 GDC 基混成电位型气体传感器对三乙胺（Triethylamine，TEA）表现出良好的敏感特性，传感器对 TEA 具有较好的选择性，对 1～100 ppm TEA 的灵敏度达到了−59.2 mV/decade[16]。

虽然目前对 GDC 基混成电位型气体传感器的报道较少，但从已有的进展来看，

GDC 在混成电位型气体传感器的研究中有巨大的发展潜力。此外，由于 GDC 相较于 YSZ 在中温区范围内具有更优的离子导电性，我们相信 GDC 固体电解质在未来会得到更加广泛的研究和应用。

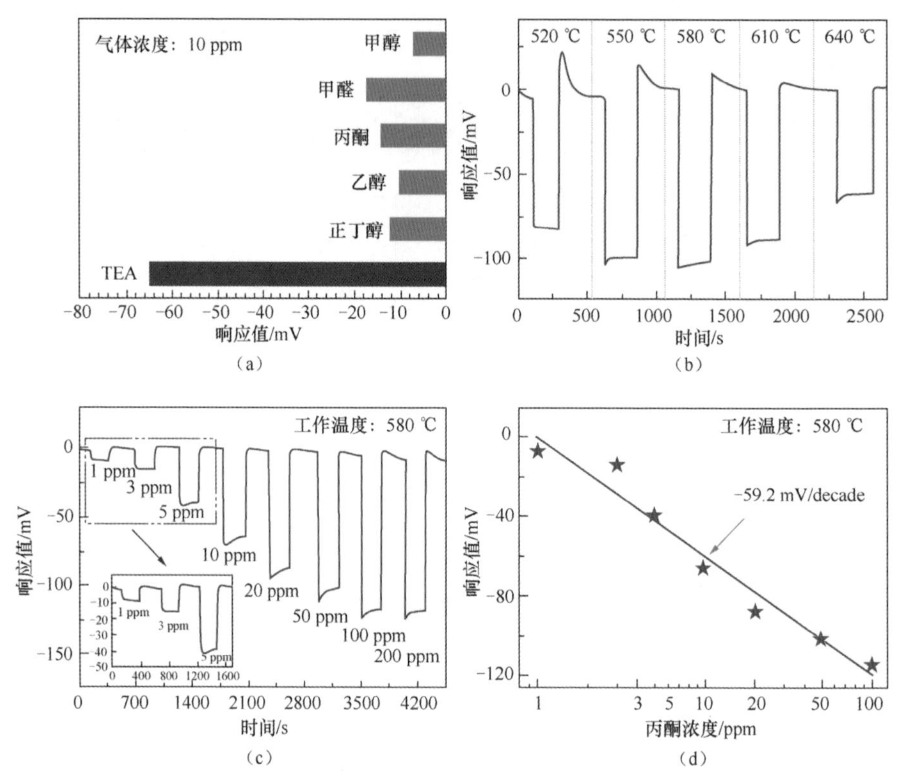

图 7.18 以 $La_{0.8}Sr_{0.2}MnO_3$ 为敏感电极的 GDC 基混成电位型气体传感器对 TEA 的敏感特性
（a）选择性；（b）在不同工作温度下对 100 ppm TEA 的连续响应恢复曲线；（c）在 580 ℃下对 1~200 ppm TEA 的连续响应恢复曲线；（d）灵敏度曲线[16]

7.1.3 $La_{10}Si_6O_{27}$ 固体电解质

$La_{10}Si_6O_{27}$（LSO）是磷灰石型固体电解质 $Ln_{10-x}(SiO_4)_6O_{2+y}$（Ln 代表镧系元素）的一种，随着 1995 年 Nakayama 首次合成并报道了其高电导率，这种新型的固体电解质迅速引起了研究人员的兴趣。

$La_{10}Si_6O_{27}$ 属于六方晶系，*P*63/*m* 空间群，其晶体结构如图 7.19 所示，其中 Si 与 O 组成了孤立的四面体，四面体之间通过 La 连接在一起。La^{3+}具有两种不同的化学环境，一种位于 4f 位，另一种位于 6h 位，数量比为 2∶3，配位数分别为 9 和 7。可以看到位于 6h 位的 La^{3+}组成了环状的结构，构成了平行于 *c* 轴的通道，在这个环状通道的正中心填充着间隙 O^{2-}，形成了 O^{2-}的传输通道；另外，结构中部分 4f 位 La^{3+}的缺失造成了阳离子空位。这种固体电解质中 O^{2-} 的传输主要依靠间隙 O^{2-} 和阳离子空位，因此其传输机理与传统的氧化物（如前面提到的 YSZ、GDC 等）完全不同。

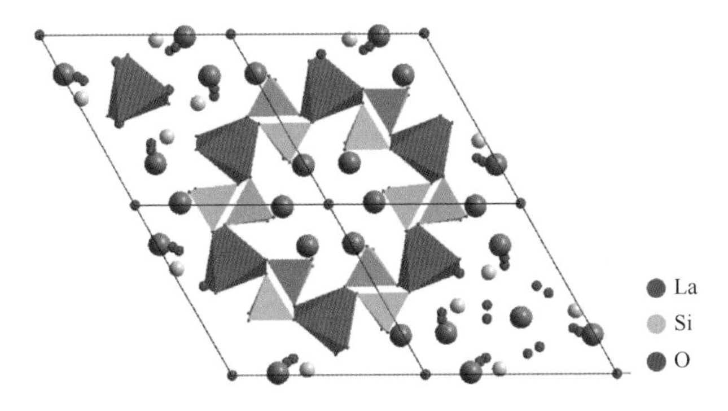

图 7.19　$La_{10}Si_6O_{27}$ 固体电解质的晶体结构

尽管最初 Nakayama 报道的 LSO 在 1073 K（800 ℃）下的电导率（2×10^{-3} S·cm^{-1}）远不及 YSZ 的电导率（2×10^{-2} S·cm^{-1}），但后续的研究发现，即使温度降低，LSO 仍能保持较高的电导率，在 500 ℃下的电导率是 YSZ 的 2 倍，是一种能够工作在中低温条件下的优良固体电解质。并且进一步研究发现，以 LSO 为代表的磷灰石型固体电解质在很大的氧分压范围内为纯氧离子导电，化学稳定性高，可以在 La 位或者 Si 位进行广泛的掺杂，进一步提升电学性能。另外，由于 LSO 与常用的电极具有相匹配的热膨胀系数，因而被认为在固体电解质气体传感器的构建方面具有良好的发展前景。

人们在 LSO 的掺杂方面做了大量的研究工作，较为常见的是利用稀土元素或者碱土金属元素进行 La 位的掺杂，利用 Al、Fe、Mg、Co 等金属元素进行 Si 位的掺杂，以及进行 La 位和 Si 位的共掺杂。经过掺杂的 LSO，例如 $La_{9.95}K_{0.05}Si_6O_{26.5}$、$La_{10}Si_{5.5}Al_{0.5}O_{27}$、$La_{10}Si_5MgO_{27}$、$La_{9.95}K_{0.05}Si_5AlO_{26.45}$ 等，电导率均得到了较大的提高，其中一些高性能的固体电解质也已经成功地应用到混成电位型气体传感器的研究与开发中。

华北理工大学王岭教授团队从敏感电极材料的设计和开发入手，研究了基于 $La_{10}Si_5MgO_{27}$、$La_{10}Si_{5.5}Al_{0.5}O_{27}$ 和 $La_{9.95}K_{0.05}Si_5AlO_{26.45}$ 固体电解质的混成电位型 NH_3 传感器。

（1）Dai 等人采用固相反应法制备了 $La_{10}Si_5MgO_{27}$（LSMO）固体电解质，如图 7.20 所示，在 400～800 ℃（图中转化为热力学温度 T）下测试了 LSMO 固体电解质的电导率，电导率与温度之间满足阿伦尼乌斯（Arrhenius）方程，离子迁移的活化能为 0.87 eV，电学性能在测试温度范围内要优于 YSZ。此外，LSMO 固体电解质的电导率几乎不受氧分压变化的影响，证明了所制备的 LSMO 固体电解质是纯净的氧离子导体。Dai 等

人开发了以 $CoWO_4$ 为敏感电极的 LSMO 基混成电位型气体传感器，通过在致密的 LSMO 固体电解质基板上制备一层多孔固体电解质层，有效地提高了传感器的灵敏度。具有多孔 LSMO 固体电解质层的传感器对 30～300 ppm NH_3 具有良好的敏感特性，在 400 ℃下灵敏度能够达到−72.18 mV/decade[17]。

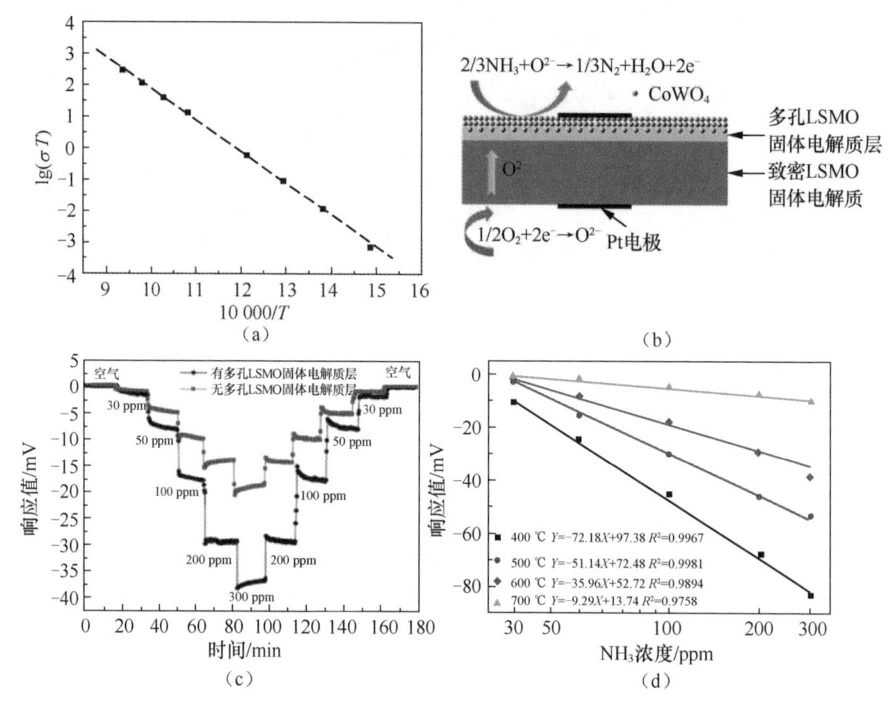

图 7.20　LSMO 固体电解质的性质及传感器的敏感特性

（a）LSMO 固体电解质在 400~800 ℃的电导率与温度的关系；

（b）传感器结构示意；（c）有无多孔 LSMO 固体电解质层的两种传感器对 30~300 ppm NH_3 的连续响应恢复曲线；（d）具有多孔 LSMO 固体电解质层的传感器在不同工作温度下的灵敏度曲线[17]

如图 7.21 所示，以 In_2O_3 纳米球为敏感电极、CuO 为参考电极的 LSMO 固体电解质基传感器在 550 ℃下实现了对 25～500 ppm NH_3 的高灵敏检测，灵敏度为−35.88 mV/decade，并且传感器具有良好的选择性和较好的抗湿性[18]。

（2）如图 7.22 所示，Meng 等人采用固相反应法合成了 $La_{10}Si_{5.5}Al_{0.5}O_{27}$（LSAO）固体电解质，设计了具有核-壳结构的 TiO_2@WO_3 复合金属氧化物敏感电极材料，构建了 LSAO 基混成电位型气体传感器。相较于单独的 TiO_2 和 WO_3 敏感电极以及两者混合物 TiO_2/WO_3，以 TiO_2@WO_3 复合材料为敏感电极的传感器具有更大的响应值以及更加稳定的响应信号，能够对 50～300 ppm NH_3 进行有效检测，在 450 ℃下灵敏度最高能达到 69.7 mV/decade[19]。

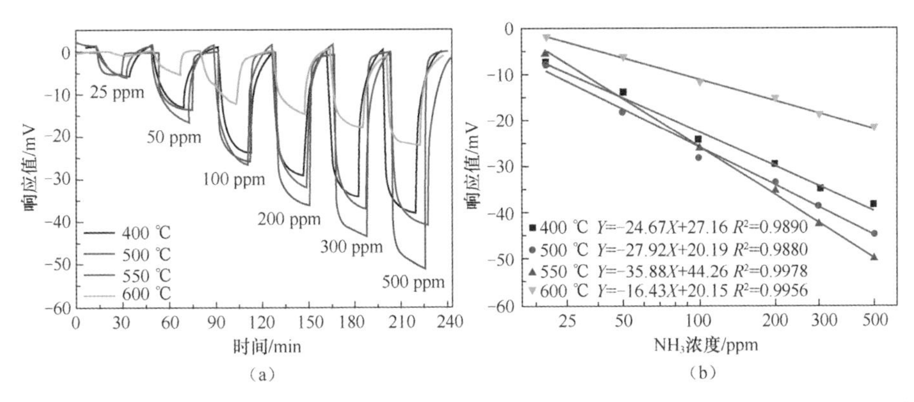

图 7.21　以 In_2O_3 纳米球为敏感电极、CuO 为参考电极的 LSMO 固体电解质基传感器在不同工作温度下对 25~500 ppm NH_3 的敏感特性

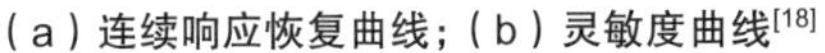

（a）连续响应恢复曲线；（b）灵敏度曲线[18]

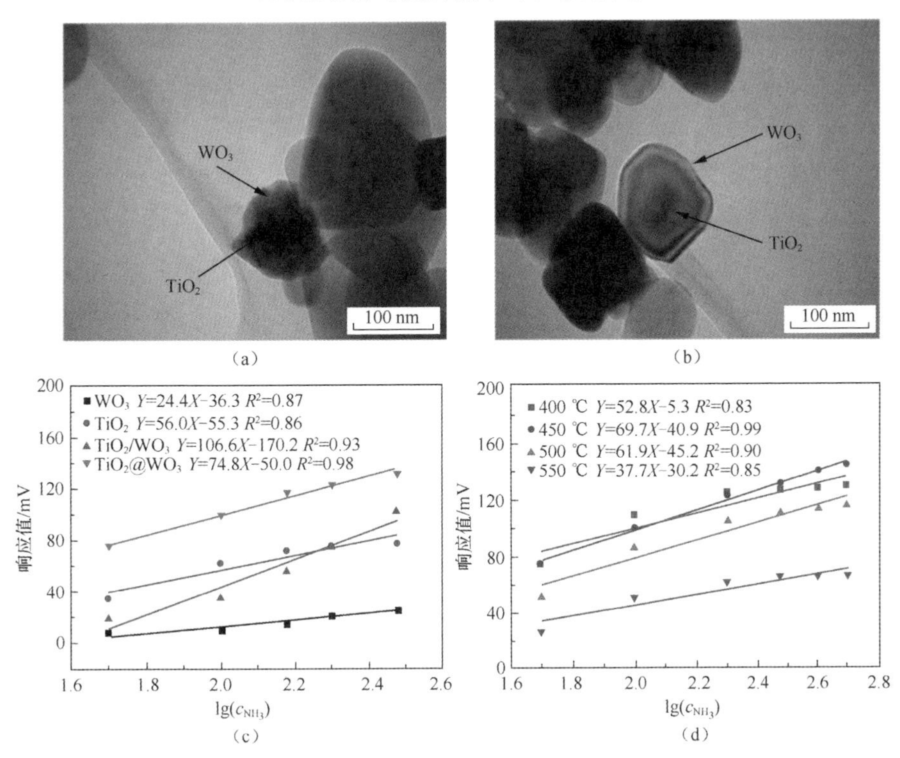

图 7.22　$TiO_2@WO_3$ 敏感电极材料的性质及以其制作的传感器对 NH_3 的敏感特性

（a）和（b）为 $TiO_2@WO_3$ 敏感电极材料的 TEM 图；（c）以不同敏感电极材料制作的传感器在 450 ℃下的灵敏度曲线；（d）以 $TiO_2@WO_3$ 为敏感电极的传感器在不同工作温度下对 NH_3 的灵敏度曲线[19]

如图 7.23 所示，Meng 等人采用具有相变效应的锐钛矿型 TiO_2（α-TiO_2）作为敏感电极开发了 LSAO 基混成电位型 NH_3 传感器，通过在致密 LSAO 衬底和 α-TiO_2 敏感电极之间插入多孔 LSAO 固体电解质层，有效提高了传感器的 NH_3 敏感特性，

所构建的传感器的最佳工作温度为 500 ℃，对 50～300 ppm 范围内 NH_3 的灵敏度达到了 169.7 mV/decade，并且该传感器在经过 367 天老化后仍然能够保持良好的 NH_3 敏感特性，长期稳定性十分突出[20]。

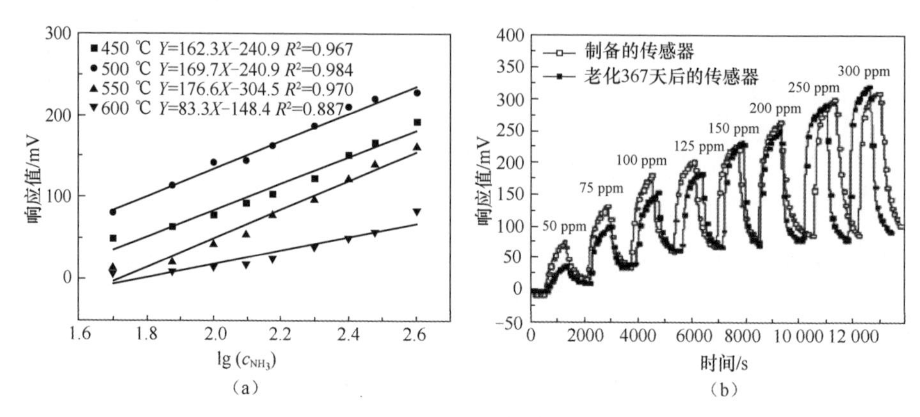

图 7.23　以 α-TiO_2 为敏感电极的 LSAO 基混成电位型 NH_3 传感器的敏感特性

（a）在不同工作温度下的灵敏度曲线；（b）老化 367 天前后的连续响应恢复曲线[20]

如图 7.24 所示，Meng 等人利用 LSAO 固体电解质和花状结构 $Bi_{0.95}Ni_{0.05}VO_{3.975}$ 敏感电极材料构建了混成电位型 NH_3 传感器，其在 550 ℃的工作温度下表现出优异的敏感特性，并且进一步将浓度为 0.05 mol/L 的 $Ag(NO)_3$ 溶液浸渍到敏感电极层中，形成 Ag 掺杂的敏感电极。分别将 30 μL 和 40 μL 的 $Ag(NO)_3$ 溶液浸渍的敏感电极记为 $Bi_{0.95}Ni_{0.05}VO_{3.975}$−0.16 mg Ag 和 $Bi_{0.95}Ni_{0.05}VO_{3.975}$−0.22 mg Ag。Ag 的掺杂不仅增大了传感器对 NH_3 的响应，还有效减少了 NO_2 等干扰气体的影响，极大地提高了传感器的选择性，这说明 Ag 修饰的策略除了可提高灵敏度外，还为提高 NH_3 传感器的选择性提供了新的思路[21]。

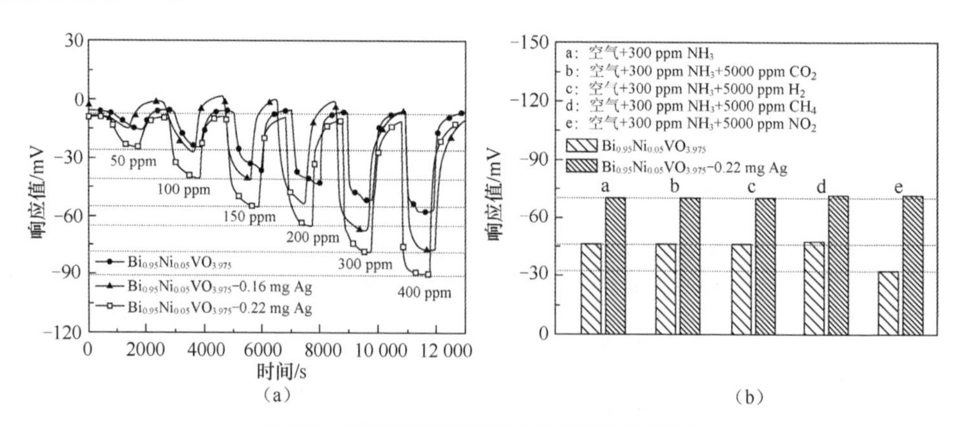

图 7.24　不同敏感电极构建的传感器的敏感特性

（a）传感器对 50~400 ppm NH_3 的连续响应恢复曲线；（b）选择性[21]

在此基础上，Li 等人开发了具有钙钛矿结构的 $AgNbO_3$（ANO）敏感电极材料，并且利用外溶法原位合成了 Ag 纳米颗粒负载的 $AgNbO_3$（e-ANO）敏感电极材料。如图 7.25 所示，e-ANO-SE 传感器对 NH_3 的灵敏度和选择性提高。敏感特性的提升可以借助 Nyquist 阻抗图谱，从电化学催化活性的角度进行说明，而对选择性的解释则可以借助程序升温脱附（Temperature Programmed Desorption，TPD）曲线。ANO 的 TPD

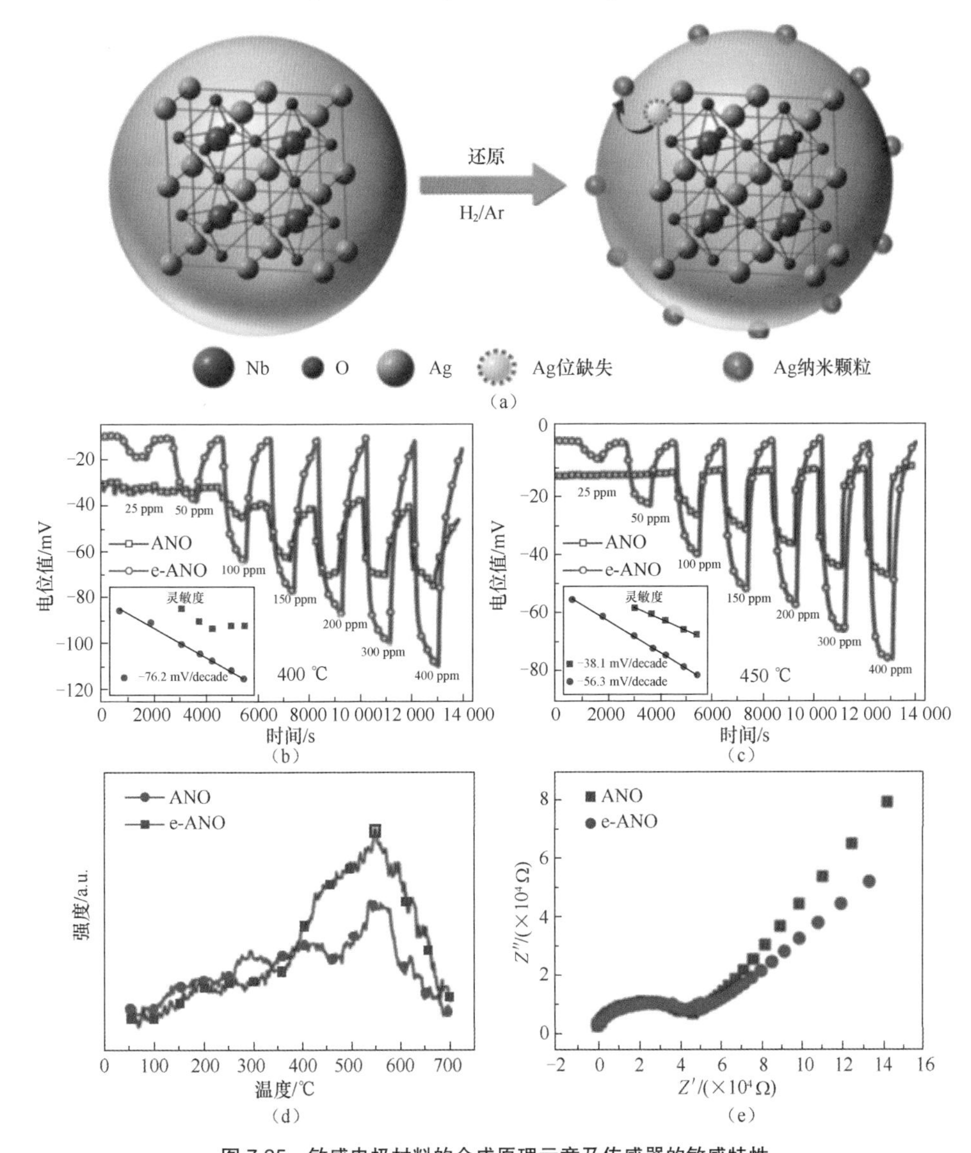

图 7.25　敏感电极材料的合成原理示意及传感器的敏感特性

（a）ANO 溶出过程示意；以 ANO 和 e-ANO 为敏感电极的传感器在（b）400 ℃和（c）450 ℃下的连续响应恢复曲线和灵敏度曲线；（d）ANO 和 e-ANO 敏感电极在 NH_3 中的 TPD 曲线；（e）以 ANO 和 e-ANO 为敏感电极的传感器在 450 ℃、150 ppm NH_3 中的 Nyquist 阻抗图谱[22]

曲线中有 3 个峰分别位于 245 ℃、314 ℃和 445 ℃，这归因于桥式硝酸盐和双齿硝酸盐的分解，而 e-ANO 仅在 246 ℃有一个尖峰，面积更小，这意味着形成的具有更高化学吸附键能的双齿硝酸盐物种减少，从而抑制了 NO_2 的吸附，同时增强了对 NH_3 的敏感特性，有效提高了传感器对 NO_2 的抗干扰能力[22]。

（3）La、Si 位共掺杂的 $La_{9.95}K_{0.05}Si_5AlO_{26.45}$（LKSAO）固体电解质在 400～500 ℃的中温区范围内具有极高的电导率（400 ℃下能达到 1.26×10^{-4} S·cm^{-1}），Meng 等人在这种固体电解质基底上研究了以不同比例 Ag 掺杂的 $BiVO_4$ 为敏感电极的传感器对 NH_3 敏感特性的影响。如图 7.26 所示，Ag 掺杂能够有效提升传感器的敏感特性，以 $Bi_{0.8}Ag_{0.2}VO_{4-\delta}$ 为敏感电极的传感器在 400 ℃下对 NH_3 具有最强响应和绝对值最大的灵敏度（−77.3 mV/decade）[23]。

从上述例子也能看出，$La_{10}Si_6O_{27}$ 基固体电解质在混成电位型气体传感器领域也具有较大的应用潜力，是用来开发中低温混成电位型气体传感器的理想固体电解质材料。

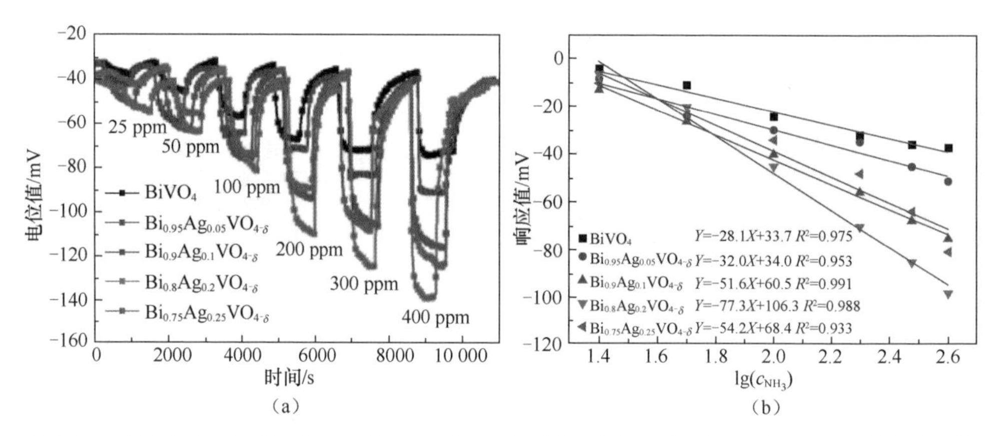

图 7.26　以 LKSAO 为固体电解质、$Bi_{1-x}Ag_xVO_{4-\delta}$ 为敏感电极的传感器对 25~400 ppm NH_3 的敏感特性（a）连续响应恢复曲线；（b）灵敏度曲线[23]

7.1.4　$BiMeVO_x$ 固体电解质

$Bi_4V_2O_{11}$ 是一类令研究人员十分感兴趣的固体电解质，当晶格中的 V 位被其他金属阳离子部分取代时，其在较低温度下表现出较高的氧离子电导率，这种阳离子取代创造出一种新的材料体系 $BiMeVO_x$，可以用通式 $Bi_2Me_xV_{1-x}O_{5.5-\delta}$（Me 通常包括 Co、Cu、Zn、Ti、Sn、Pb、Al、Cr、La 等）来表示。在这一系列化合物中，$BiCuVO_x$（$Bi_2Cu_{0.1}V_{0.9}O_{5.35}$）具有最高的电导率，在 250 ℃就能达到 1×10^{-3} S·cm^{-1}，比 YSZ 要高出两个数量级。另外，$BiMeVO_x$ 熔点较低，这意味着制备该材料的烧结温度能够大幅降低，在 800 ℃的温度下就能实现，远低于制备 YSZ 固体电解质基板所需的 1300 ℃的烧结温度。因此以 $BiMeVO_x$ 为固体电解质制作的传感器可以在较低的温度下使用。

这些材料已经在氧泵、膜反应器和氧传感器中得到了应用。

Cho 等人最初利用 $BiCuVO_x$ 固体电解质，用钙钛矿材料（$La_{0.5}Sr_{0.5}MnO_3$、$La_{0.6}Sr_{0.4}CoO_3$ 和 $La_{0.6}Sr_{0.4}Co_{0.8}Fe_{0.2}O_3$）与 $BiCuVO_x$ 复合材料作为敏感电极取代 Pt 电极，在 400 ℃及以上的温度下实现了对 O_2 的传感[24]。在此基础上，Kida 等人利用 $BiCuVO_x$ 固体电解质和 $BiCuVO_x/La_{0.6}Sr_{0.4}Co_{0.8}Fe_{0.2}O_3$ 敏感电极，构建了图 7.27（a）所示结构的混成电位型气体传感器。如图 7.28 所示，该传感器在 350～400 ℃对甲醛和乙醇具有较高响应，实现了对 2～40 ppm 甲醛的检测[25]。在进一步的工作中，研究人员采用图 7.27（a）和图 7.27（b）所示的浓差电池型和平面式两种不同的器件结构，研究结构对传感器敏感特性的影响。

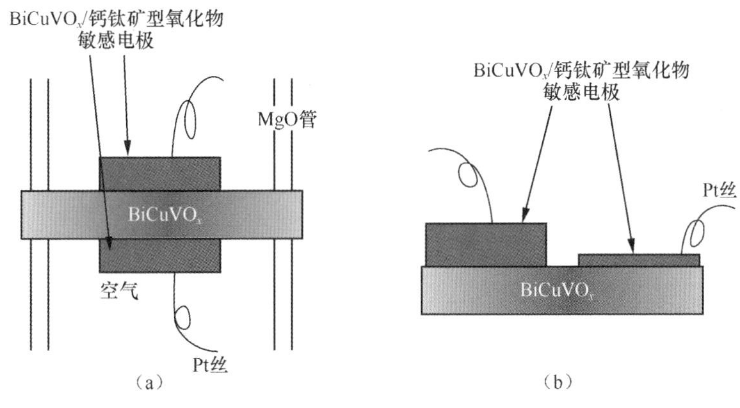

图 7.27 传感器的结构示意
（a）浓差电池型；（b）平面式[26]

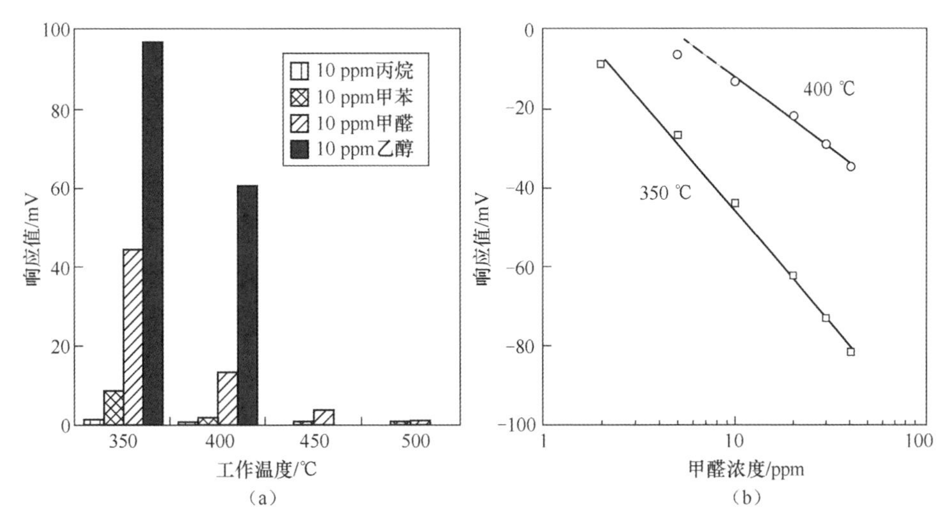

图 7.28 基于 $BiCuVO_x$ 固体电解质和 $BiCuVO_x/La_{0.6}Sr_{0.4}Co_{0.8}Fe_{0.2}O_3$ 敏感电极的浓差电池型传感器的敏感特性
（a）对不同种类 VOC 气体（10 ppm）的响应值；（b）在 350 ℃和 400 ℃下对 2~40 ppm 甲醛的灵敏度曲线[25]

结果表明，这两种结构的传感器均对乙醇表现出良好的敏感特性，但受 O_2 浓度的影响不同。如图 7.29 所示，由于浓差电池型传感器也具有氧气浓差电池的功能，因此显示出对氧气的敏感特性。相比起来，由于平面式传感器两个电极的厚度有差别，这导致到达反应界面的气体量不同，从而引起反应活性的不同，在对乙醇显示出高敏感特性的同时，受氧气浓度的影响很小。对平面式传感器的极化测量表明，混成电位原理很好解释了乙醇的敏感机理[26]。

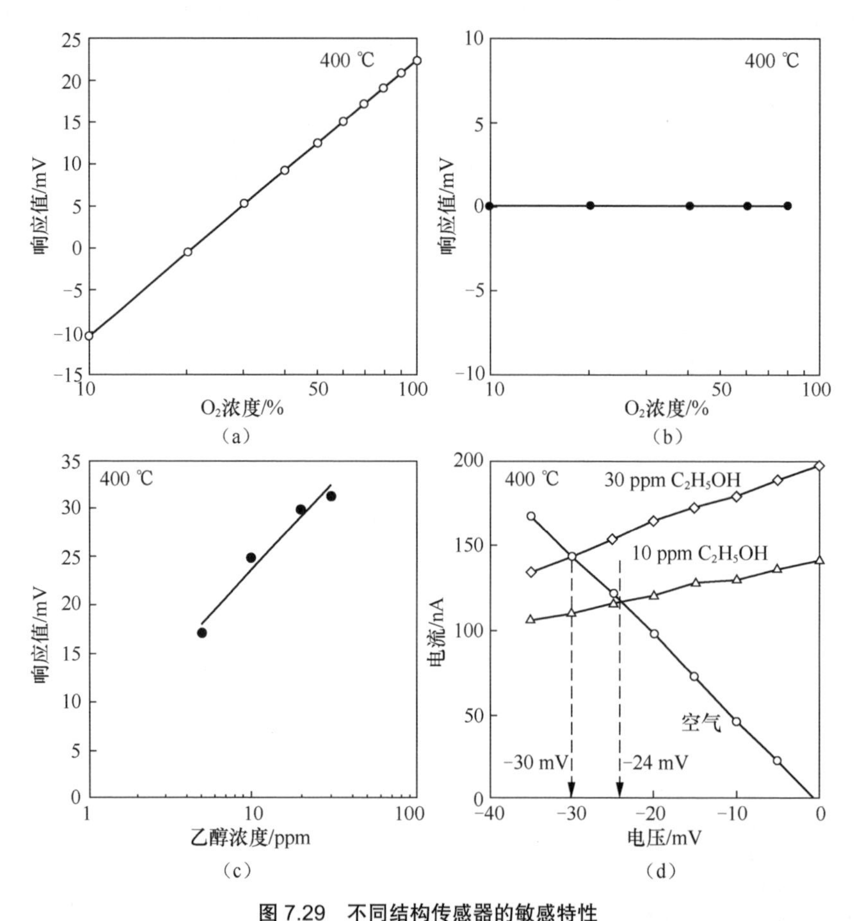

图 7.29　不同结构传感器的敏感特性

（a）浓差电池型传感器和（b）平面式传感器在不同浓度 O_2 中的响应值；（c）平面式传感器对乙醇的响应值与乙醇浓度之间的关系；（d）平面式传感器在空气、10 ppm 和 30 ppm 乙醇中的极化曲线[26]

在上述两项工作的基础上，Kida 等人开发了 $La_{0.6}Sr_{0.4}Co_{0.78}Ni_{0.02}Fe_{0.2}O_3$ 敏感电极材料，并将其与 $BiCuVO_x$（$Bi_2Cu_{0.1}V_{0.9}O_{5.35}$）的复合材料作为敏感电极、参考电极和对电极。如图 7.30 所示，通过设计不同的传感器结构、在对电极外涂覆 Pt/Al_2O_3 催化层调节电极反应，Kida 等人研究了传感器对 2～40 ppm 乙醇的响应行为。如图 7.31

所示，具有较薄敏感电极和较厚对电极的传感器 A，能够在 350～450 ℃下有效地检测乙醇，然而在较低温度下由于对电极上产生了对乙醇的混成电位反应，使得整体电位降低，传感器不能定量检测高浓度的乙醇。对于传感器 B 和 C，由于对电极外涂覆 Pt/Al_2O_3 催化层，能够有效地调节乙醇在对电极上的反应，使得敏感特性得到了极大优化。两个传感器均能有效检测 2～40 ppm 这一范围内的乙醇，并且响应值与乙醇浓度之间呈现出线性依赖关系。此外，由于催化层的作用，对电极一侧对氧气浓度不再敏感，而敏感电极一侧的电极反应仍然受到氧气浓度的影响，因而传感器整体的响应值与氧气浓度之间也存在着线性依赖关系，这与混成电位型气体传感器的响应行为一致[27]。

尽管 $BiMeVO_x$ 是一类在中低温下具有巨大应用潜力与价值的固体电解质材料，但它的应用仍然不如 YSZ 等固体电解质广泛，这主要受到 $BiMeVO_x$ 在还原性环境下以及长期老化的过程中的不稳定性的限制。Tikhonovich 等人报道了 $Bi_2Cu_{0.1}V_{0.9}O_{5.5}$ 在 500 ℃、$1\times10^{-4.3}$ atm 的氧分压下分解为 $Bi_4V_2O_{10}$、Bi_2O_3 和 V_2O_3，在更高的温度下材料更容易发生还原性降解。Watanabe 和 Das 报道了 $Bi_2Cu_{0.1}V_{0.9}O_{5.35}$ 在 450 ℃下长时间退火导致高导电性的 γ 相向新的导电性较差的相转变。因此 $BiMeVO_x$ 的应用被限制在较低温度的环境中。随着基于固体电解质的混成电位型气体传感器应用领域的扩大，对于中低温环境，$BiMeVO_x$ 也是一种具有应用前景的候选材料。

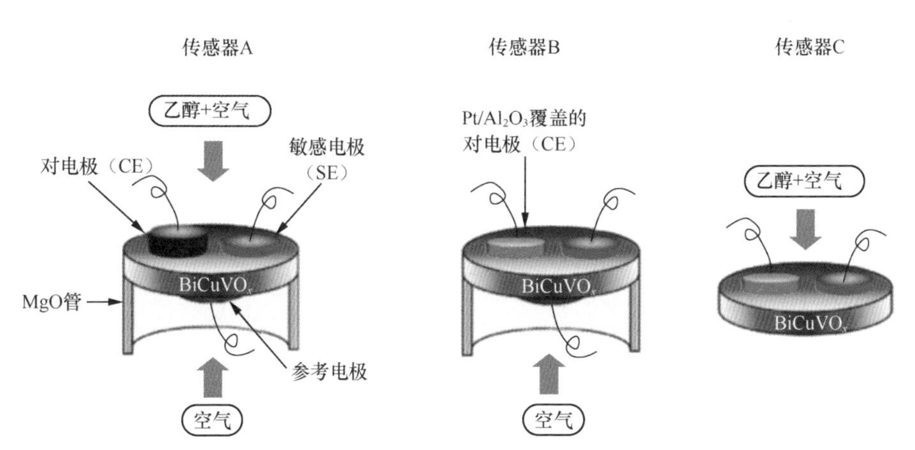

图 7.30 基于 $BiCuVO_x$ ($Bi_2Cu_{0.1}V_{0.9}O_{5.35}$)固体电解质和 $BiCuVO_x/La_{0.6}Sr_{0.4}Co_{0.78}Ni_{0.02}Fe_{0.2}O_3$ 敏感电极的传感器的结构示意

（注：对于传感器 A 和 B，空气被不断地引入参考电极，敏感电极和对电极暴露在待测气体中；对于传感器 B 和 C，对电极外涂覆 Pt/Al_2O_3 燃烧催化剂[27]）

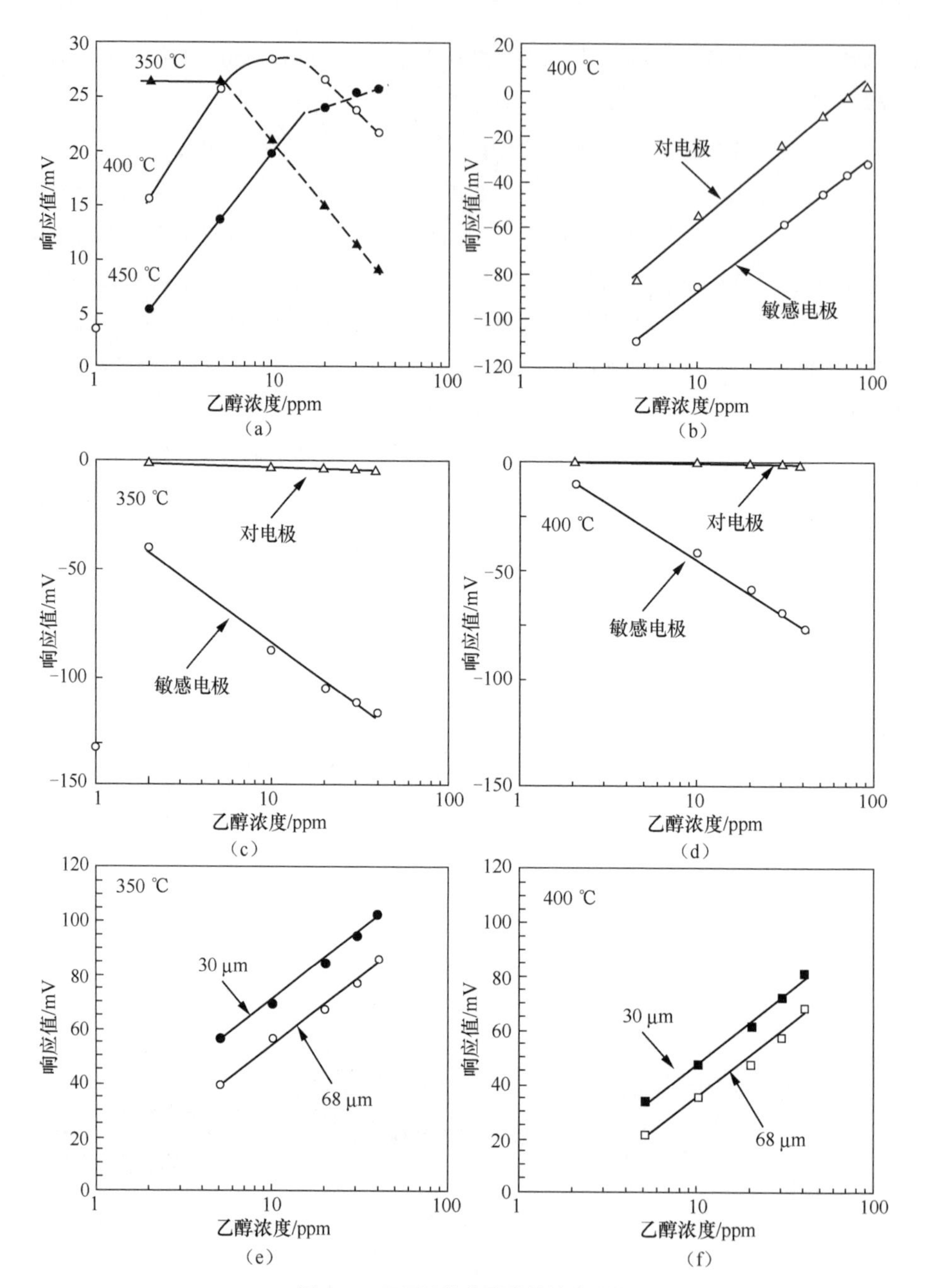

图 7.31　不同结构传感器的敏感特性

（a）传感器 A 对乙醇的响应值与乙醇浓度之间的关系；（b）传感器 A 的参考电极和对电极相对敏感电极的响应值与乙醇浓度之间的关系；传感器 B 在（c）350 ℃和（d）400 ℃下，参考电极和对电极相对敏感电极的响应值随乙醇浓度变化曲线；使用不同厚度敏感电极的传感器 C 在（e）350 ℃和（f）400 ℃下，对乙醇的响应值与乙醇浓度之间的关系[27]

7.2　基于钠离子导体固体电解质的混成电位型气体传感器

7.2.1　NaSICON 固体电解质

迄今为止，钠快离子导体（NaSICON）是除了 YSZ 以外在固体电解质气体传感器中应用最广泛的电解质材料之一，在了解基于 NaSICON 固体电解质的气体传感器之前，有必要对 NaSICON 固体电解质进行简要概述。

1. NaSICON 固体电解质简介

NaSICON 是钠快离子导体（Sodium Super Ionic Conductor），是对一类导电载流子为 Na^+的固体电解质的总称。早在 20 世纪 60 年代，Hong 和 Goodenough 等人就开始研究 $Na[Ge, Ti, Zr]_2(PO_4)_3$ 化合物，在 1976 年成功制备并将其命名为 NaSICON。这一发现和命名是在 Yao 和 Kummer 等人发现 β-Al_2O_3（$Na_2O·Al_2O_3$）之后。β-Al_2O_3 具有层状结构，Na^+在位于 Al_2O_3 尖晶石块之间的二维 Na^+导电平面间迁移。基于此，Hong 提出了一种框架结构，该框架结构具有合适的隧道尺寸，可以在三维平面上迁移 Na^+，被看作最有利于离子迁移的结构之一。在早期的研究中，在固溶体 $NaZr_2P_3O_{12}$ 中由 Si 和 Na 部分地代替固溶体中的 P 而得到 $Na_{1+x}Zr_2Si_xP_{3-x}O_{12}$（$0 \leqslant x \leqslant 3$）。这种材料具有很高的电导率，是因为其具有由八面体 ZrO_6 和四面体 PO_4/SiO_4 构成的三维骨架结构，这种三维骨架的间隙为 Na^+各向同性传输提供了通道。

如图 7.32 所示，在 NaSICON 晶体结构中，Na^+通常占据 M_1 和 M_2 位置，其中，M_2 位置的势能比 M_1 位置的高，也就是说当 Na^+从 M_1 位置迁移到 M_2 时需要跨越势垒。当 x=0 时，材料化学式为 $NaZr_2(PO_4)_3$，此时由于 M_1 的势能相对较低，Na^+将优先占据 M_1 位置，而此时 M_2 位置上是空的，Na^+若从 M_1 迁移到 M_2，需要较高的迁移活化能，所以此化合物的电导率并不高。当 x=3 时，化学式为 $Na_4Zr_2(SiO_4)_3$，此时 M_1 和 M_2 位置均被 Na^+占据，在这种情况下 Na^+也难以完成迁移，同样难以获得较高的电导率。

为了获得高电导率的 NaSICON，研究人员比较系统地研究了组分对 NaSICON 电导率的影响。Hong 等人成功制备了介于上述两种化合物之间的材料，材料的组成为 $Na_3Zr_2Si_2PO_{12}$，这种化学计量比在保证材料内部具有由 ZrO_6 和 PO_4/SiO_4 构成的三维骨架结构的同时，可以使 Na^+部分地占据 M_1 和 M_2 位置，降低了迁移活化能，从而得到了具有高电导率的 NaSICON。

NaSICON 与 β-Al_2O_3 类似，是一种具有共价键骨架的固体电解质，它们具有很高的德拜温度，因而有高的晶格热导率。NaSICON 具有共价键骨架结构，因而获得了高的热稳定性和化学稳定性，而且 NaSICON 在接近其工作温度时不会发生明显的结构变化。NaSICON 的三维骨架结构中以四面体 PO_4/SiO_4 以及八面体 ZrO_6 的组合作为结构单元，如图 7.33 所示，$Na_3Zr_2Si_2PO_{12}$ 呈现由 PO_4/SiO_4 与 ZrO_6 共顶点连接形成的三维网络结构，这个结构单元由四面体沿 z 轴无限循环形成。Na^+间隙位于结构单元的内部，通过一个宽通道相连接，Na^+可以通过这些通道进行传输，Na^+（Na1 和 Na2）的传输通道呈现三维的 Z 字形。

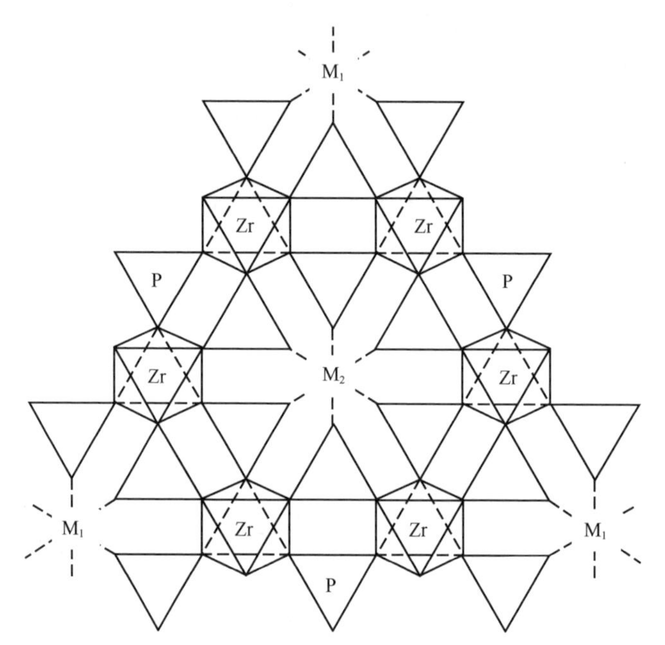

图 7.32　NaSICON 三维骨架结构中 M_1、M_2 位置

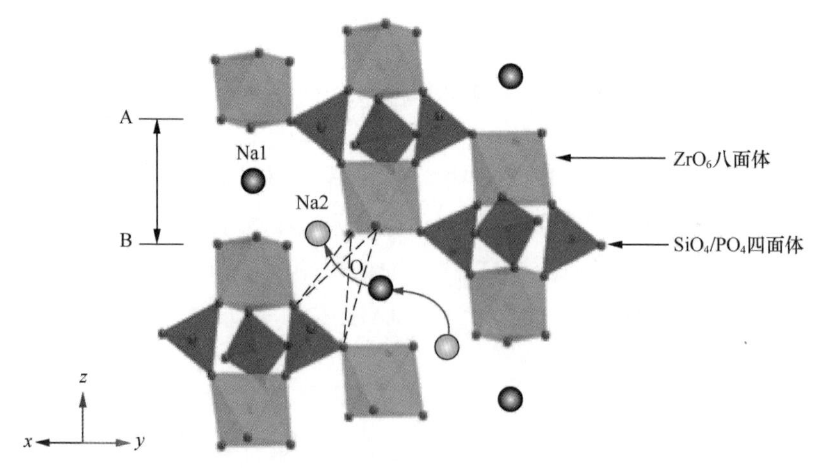

图 7.33　NaSICON 结构示意

NaSICON 三维骨架允许较大范围的化学替换，这是因为它具有低的热膨胀系数，组分调整使 NaSICON 成为固体电解质中最具吸引力的一员。对于 NaSICON，大多数研究都集中在 $1.8<x<2.4$ 的这一范围，当 $x=2$ 时，其呈现出最高离子电导率，甚至高于 $\beta\text{-}Al_2O_3$。但是，当 NaSICON 与熔融的钠或钠盐接触时，稳定性会降低。

在探索 NaSICON 的合成路线的过程中，研究人员发现在产物中若存在 ZrO_2 杂质，会降低离子电导率。为了避免在 NaSICON 产物中出现 ZrO_2 杂相，不但要选择适当的合成方法，而且要严格控制烧结温度。Pokodi 等人发展出一种新的合成方法，制备了 NaSICON 前驱体。在 900 ℃下烧结 4 h 得到了纯相的 NaSICON 小球，其在室温下的离子电导率达到 5.3×10^{-3} S·cm^{-1}，当烧结条件为 1220 ℃、40 h 时，离子电导率降低为 2.5×10^{-3} S·cm^{-1}。

Fuentes 等人研究了 $Na_{1+x}Zr_2Si_xP_{3-x}O_{12}$ 的微观结构和电学性能之间的关系，发现 NaSICON 的晶粒大小取决于烧结温度和烧结时间，随着烧结温度升高和烧结时间延长，晶粒会增大。图 7.34 显示的是通过溶胶-凝胶法制备的 NaSICON 在不同烧结温度下的复阻抗曲线，可以看出随着烧结温度的升高，材料的阻抗急剧减小。这种现象可以归因于晶界的贡献，因为所有的晶界弧的高频截距的高度接近。在 800 ℃、900 ℃和 1000 ℃烧结的 NaSICON 的密度分别达到理论密度的 89%、91%和 94%，可见晶界电阻的降低与致密度密切相关。

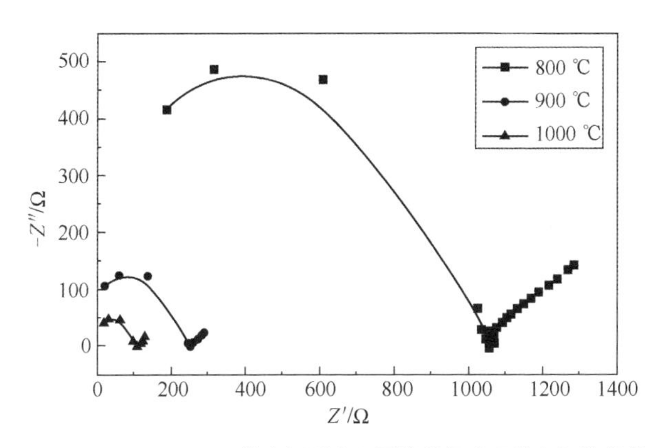

图 7.34　NaSICON 固体电解质在不同烧结温度下的复阻抗特性

如上所述，烧结温度是影响 NaSICON 固体电解质电导率的重要因素，但是当烧结温度超过 1000 ℃时，材料中的磷会挥发，使 NaSICON 内部骨架结构发生改变，影响 Na^+传输的通道，从而导致离子电导率下降。因此，在较高温度下烧结 NaSICON 时，需要在烧结过程中进行补磷处理，如使用气态补磷法等方法。图 7.35 是补磷前后材料中磷元素的 X 射线光电子能谱（X-ray Photoelectron Spectroscopy，XPS），从

XPS 中可以看出，补磷后的材料中+5 价磷的含量明显增加，证实了气态补磷法的有效性。

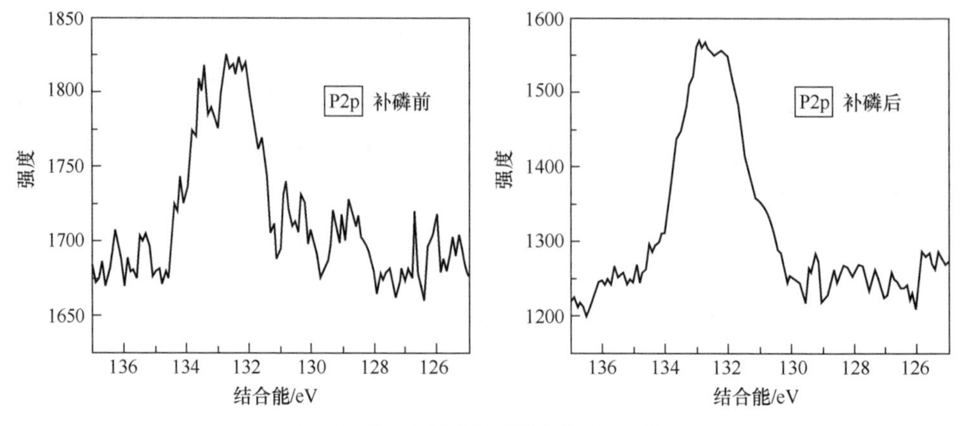

图 7.35　补磷前后两种材料中磷元素的 XPS

图 7.36 是 NaSICON 固体电解质材料补磷前后的电阻率随温度变化的曲线，从图中可以看出，补磷后的材料的电阻率降低了，这是因为通过气态补磷法增加了磷的含量，形成了更多的 PO_4 四面体结构，修补了可供 Na^+ 传输的通道。

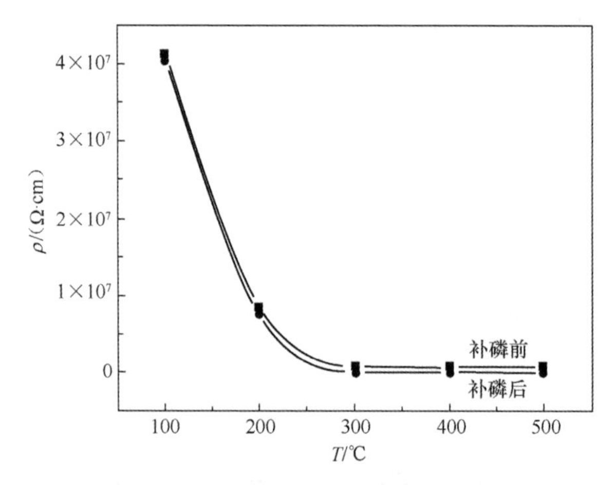

图 7.36　补磷前后两种材料电阻率的比较

NaSICON 在中温区（200～500 ℃）就具有良好的离子导电性，其离子电导率接近已知的离子电导率最高的离子导体 β″-Al_2O_3 的离子电导率。因此，与 YSZ 相比，它适合于制作在中温区工作的固体电解质。

在过去几十年里，基于 NaSICON 固体电解质的气体传感器也得到了广泛研究。下面将对基于 NaSICON 固体电解质的混成电位型气体传感器进行简要介绍。

2. 基于 NaSICON 固体电解质的混成电位型气体传感器

根据传感器的敏感机理，基于 NaSICON 固体电解质的气体传感器可以分为 3 种类型，这 3 种不同类型的传感器及其研究主要包括以下几方面。

（1）基于 NaSICON 固体电解质的电流型气体传感器。针对这类传感器的研究主要体现在传感器结构的设计和辅助相电极材料的研究两方面。

（2）基于 NaSICON 固体电解质的平衡电位型气体传感器。以 CO_2 传感器为重点，研究人员主要致力于辅助相电极材料、参考电极材料以及传感器敏感机理的研究。

（3）基于 NaSICON 固体电解质的混成电位型气体传感器。针对这一类型传感器的研究，主要聚焦于通过传感器结构的设计以及氧化物敏感电极材料的开发来提升传感器的敏感特性。

本书中我们重点介绍基于 NaSICON 固体电解质和金属氧化物敏感电极的混成电位型气体传感器。Bredikhin 在 1993 年利用 Sb、V 等掺杂的 SnO_x 为敏感电极、Na_xCoO_2 为参考电极制作了 NaSICON 固体电解质气体传感器，在这项工作中，他们首次发现了 NaSICON 固体电解质气体传感器中的非能斯特现象，并对敏感机理进行了简要的分析。随后，Shimizu 等人开发了一种以 $NdCoO_3$ 为敏感电极、$La_{0.8}Ba_{0.2}CoO_3$ 为参考电极的 CO_2 传感器，如图 7.37 所示，由于 $NdCoO_3$ 和 $La_{0.8}Ba_{0.2}CoO_3$ 对 CO_2 具有不同的敏感特性，且对 O_2 敏感特性较弱，因此构建的传感器对 CO_2 具有较好的敏感特性，受氧分压的影响不大[28]。

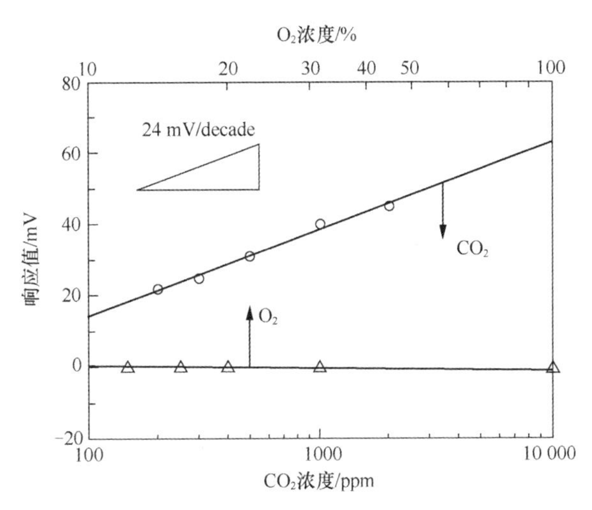

图 7.37　$NdCoO_3$|NaSICON|$La_{0.8}Ba_{0.2}CoO_3$ 传感器在 300 ℃下对 CO_2 和 O_2 的敏感特性[28]

Shimizu 等人研究开发了基于 NaSICON 固体电解质和烧绿石型氧化物（$Pb_2M_2O_{7-y}$，$M = Ir$ 或 $M_2 = Ru_{2-x}Pb_x$，$x = 0\sim0.75$）敏感电极的混成电位型气体传感器，该传感器在 400 ℃时对 NO 和 NO_2 的敏感特性良好，响应值几乎与 NO 或 NO_2 浓度的对数呈线性关系。在所研制的传感器中，以 $Pb_2Ru_{1.5}Pb_{0.5}O_{7-y}$ 为敏感电极的传感器具有优良的 NO 敏感特性。图 7.38 显示了以 $Pb_2Ru_{1.5}Pb_{0.5}O_7$ 为敏感电极的传感器的灵敏度。该传感器对空气中稀释的 NO_2 和 CO_2 几乎没有反应，而对 N_2 中稀释的 NO 表现出较高的响应，响应值与 NO 浓度的对数之间呈线性关系，灵敏度为−40 mV/decade。为了研究该传感器对 NO_x 的敏感机理，Shimizu 等人测试了在共存氧的条件下该传感器对 NO 的响应。在 O_2 与 NO 共存的条件下，传感器的响应值与 NO 浓度对数之间存在较好的线性关系，然而其灵敏度+43 mV/decade 与在 N_2 气氛中测试的结果（−40 mV/decade）在符号上相反，传感信号受到了 O_2 浓度的较大影响。因此，该传感器的敏感机理应该考虑敏感电极上的混成电位机制[29]。

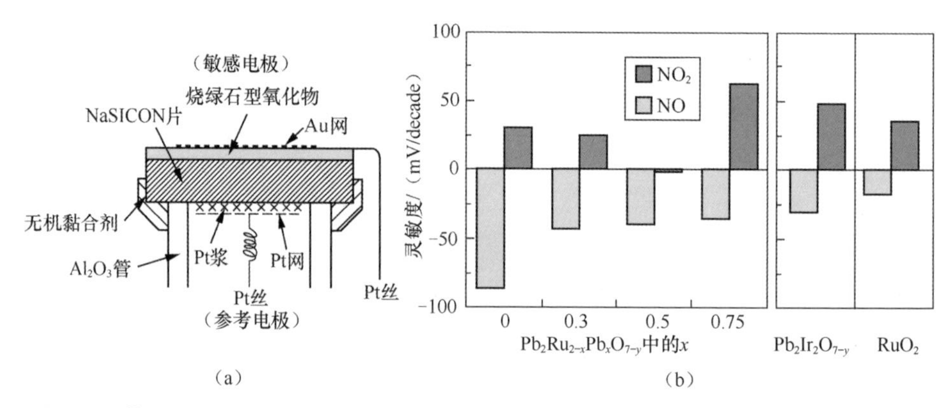

图 7.38 基于 NaSICON 固体电解质和烧绿石型氧化物敏感电极的 NO_x 传感器的结构和敏感特性

（a）结构示意；（b）对 NO 和 NO_2 的灵敏度对比[29]

在此之后，研究人员投入了越来越多的精力致力于开发基于 NaSICON 固体电解质的混成电位型气体传感器并对传感器敏感特性进行优化提升。如前面所提到的，对于这一领域的研究，主要从设计新型传感器结构和开发新型氧化物敏感电极材料两个方面开展。值得说明的是，高效 TPB 的构筑是传感器结构设计中最优先考虑的策略，我们前面介绍的 YSZ 基混成电位型气体传感器中 TPB 的设计与构筑方法，对基于 NaSICON 固体电解质的混成电位型气体传感器而言同样适用。此外，在传感器结构的设计方面，研究人员还设计制备了埋藏式结构、双功能器件等新型传感器结构，从减少气体扩散过程中的损失、提升电催化反应强度与速率、共用同一个参考电极以检测不同气体等多种策略出发，试图提升传感器的性能。

图 7.39 显示了传统的管式结构传感器（类型 A）、埋藏式结构传感器（类型 B）以及深层埋藏式结构传感器（类型 C）。对于传统的管式结构传感器，传感器的敏感电极和参考电极处于同一气体中，当传感器暴露在待测气体中时，参考电极上也会发生

反应进而产生电位，这就使得两个电极之间的电位差，即输出的电信号减弱。采用埋藏式结构传感器，可以有效减少参考电极上参与电化学反应的待测气体量，尽可能减小传感器参考电极上电化学反应所产生的电化学势，进而增强传感器的响应。对于将这种思路更进一步发展的深层埋藏式结构则是将参考电极设计在最下一层，将敏感电极置于上一层，使得到达两个电极的待测气体量不一致，尽可能抑制参考电极上电化学反应的发生，减小参考电极的电化学势，达到增强传感器响应的目的。以 Cr_2O_3 为敏感电极构建的 3 种不同传感器结构的 NaSICON 基混成电位型 Cl_2 传感器的灵敏度曲线表明，埋藏式结构传感器的灵敏度要高于传统的管式结构传感器，而深层埋藏式结构传感器则具有最高的灵敏度[30]。因此通过新型埋藏式结构、深层埋藏式结构的设计，可以有效提高 NaSICON 基混成电位型气体传感器的灵敏度。

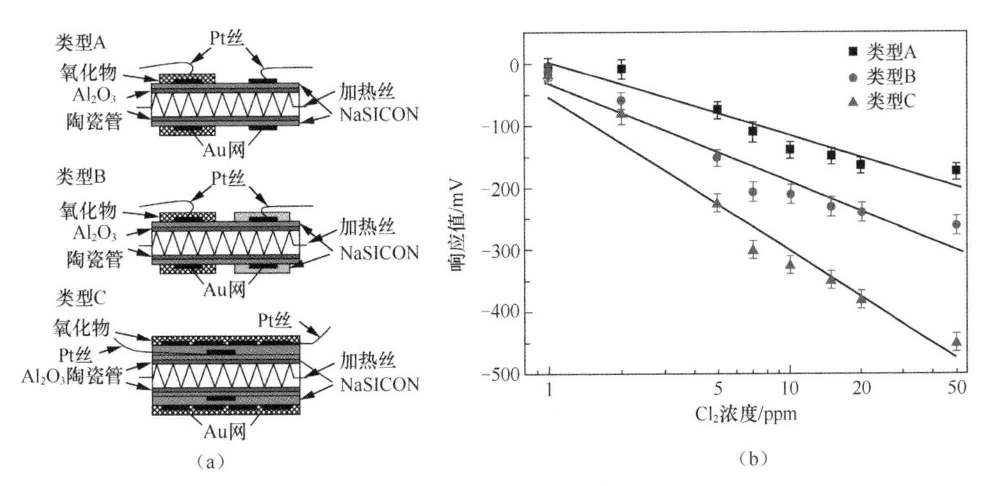

图 7.39 不同传感器的结构及灵敏度对比
（a）结构示意；（b）灵敏度曲线[30]

Liang 等人还设计了双功能管式混成电位型气体传感器。如图 7.40 所示，他们利用 NaSICON 和一对金属氧化物敏感电极设计了一种管式传感器，可用于同时检测 NH_3 和 C_7H_8。这种传感器用 Al_2O_3 管制作而成，将 C 掺杂的 Cr_2O_3 和 ZnO-TiO_2 材料分别覆盖在 NaSICON 层两端的 Au 电极上作为敏感电极，中部的网状 Au 电极作为参考电极。测试结果表明，不同的敏感电极侧可以分别检测不同的气体，且对另一种检测气体的响应很弱[31]。这种方法对于传感器敏感电极材料的选择有着较高的要求，需要确保两个电极检测的气体不会对彼此造成干扰，并且在相近的温度下对所检测气体展现出较为优良的敏感特性。

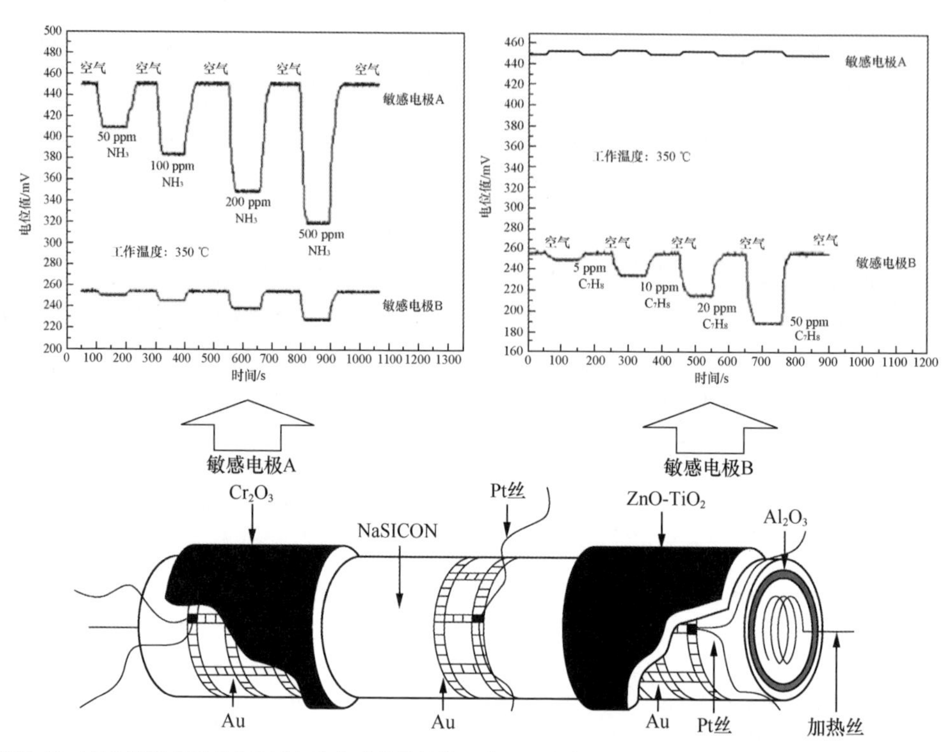

图 7.40 双功能管式混成电位型气体传感器的结构示意及两个电极对 NH_3 和 C_7H_8 的连续响应恢复曲线[31]

如图 7.41 所示，Izu 等人研究了以 $V_2O_5/WO_3/TiO_2$ + Au 或 Pt 为敏感电极的 NaSICON 基平面式混成电位型 SO_2 传感器。采用质量分数为 1.5%和 3%的 V_2O_5 掺杂的 Au 电极在 600 ℃下对 20～200 ppm 的 SO_2 灵敏度最高，为 80～83 mV/decade[32]。这种平面式传感器的研制不仅提高了 SO_2 传感器的性能，而且采用丝网印刷技术制作的平面式传感器易于工业化，为混成电位型气体传感器的产业化奠定了基础。

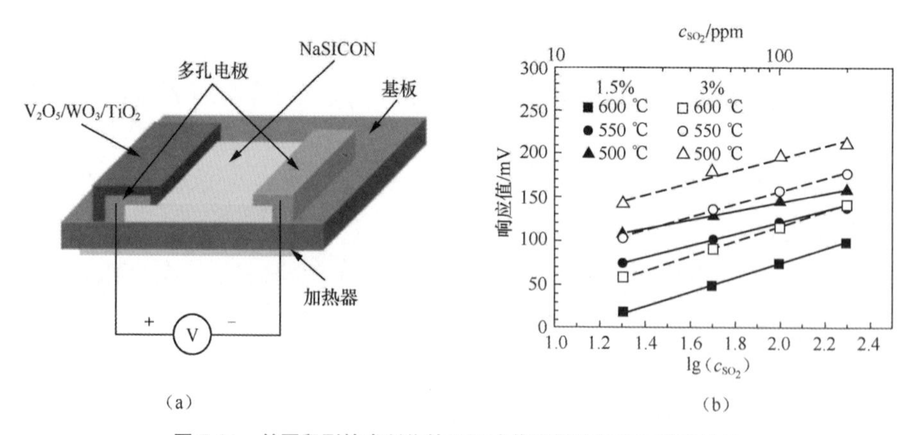

图 7.41 丝网印刷技术制作的平面式传感器的结构及敏感特性
（a）结构示意；（b）响应值与 SO_2 浓度对数的关系[32]

敏感电极材料的筛选与设计对当前的传感器而言至关重要，对于 NaSICON 基混成电位型气体传感器，敏感电极材料的性能是影响传感器检测能力和敏感特性的关键因素之一，对敏感电极材料的筛选及开发改性是提升传感器敏感特性的重要策略，已经成为该领域研究的热点。

截至目前，研究人员已经开发出了多种单一金属氧化物、复合金属氧化物等作为敏感电极材料，以提升传感器的敏感特性。在研究初期，研究人员利用单一金属氧化物或者混合金属氧化物作为敏感电极材料构建了多种气体传感器，随着研究的不断深入和拓展，复合金属氧化物材料如尖晶石型氧化物、钙钛矿型氧化物以及烧绿石型氧化物等，逐渐引起了研究人员的兴趣，并成为研究热点。

Liang 等人开发了多种新型敏感电极材料，构建了多种高性能的 NaSICON 基混成电位型气体传感器，除了前面提到的 Cr_2O_3 和 ZnO-TiO_2 外，还有以下几种电极材料。

（1）以 Pr_6O_{11} 掺杂的 SnO_2 作为敏感电极材料构建了 NaSICON 基混成电位型 H_2S 传感器。与纯 SnO_2 敏感电极材料相比，Pr_6O_{11} 掺杂的 SnO_2 更加适用于 H_2S 的检测，如图 7.42 所示，其在 200 ℃、250 ℃、300 ℃、350 ℃和 400 ℃下对 5～50 ppm H_2S 的灵敏度分别为 13 mV/decade、37 mV/decade、74 mV/decade、32 mV/decade 和 31 mV/decade，可以看出该传感器在 300 ℃下具有最高的灵敏度，对 50 ppm H_2S 的响应值也达到了 180 mV[33]。

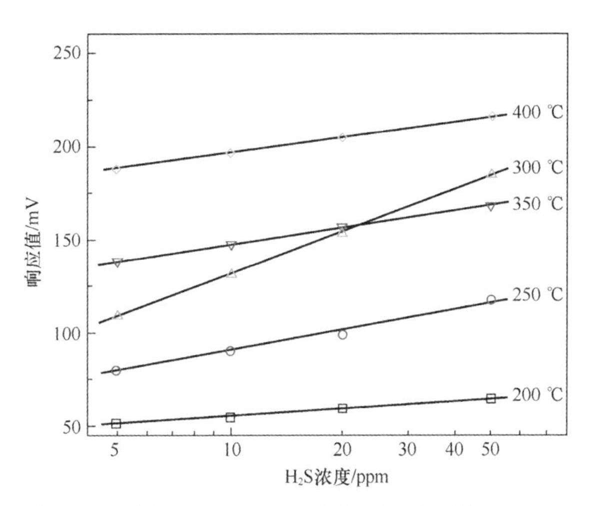

图 7.42　在 200~400 ℃下，以掺杂 Pr_6O_{11} 的 SnO_2 为敏感电极构建的 NaSICON 基混成电位型 H_2S 传感器的响应值与 H_2S 浓度的依赖关系[33]

（2）以 $CaMg_3(SiO_3)$掺杂的 CdS 为敏感电极的 NaSICON 基混成电位型 Cl_2 传感器。该传感器在 200 ℃下对 1～10 ppm Cl_2 具有最佳的敏感特性，并且传感器的敏感特性强烈依赖于敏感电极材料的烧结温度。如图 7.43 所示，分别利用在 500 ℃、600 ℃、700 ℃和 800 ℃下烧结的敏感电极材料构建传感器，其响应值与 Cl_2 浓度的对数之间均呈现良好的线性关系，其中利用 600 ℃下烧结的 $CaMg_3(SiO_3)$掺杂的 CdS 为敏感电极的传感器具有绝对值最大的灵敏度，可达−392 mV/decade。此外，该传感器还具有非常高的选择性[34]。

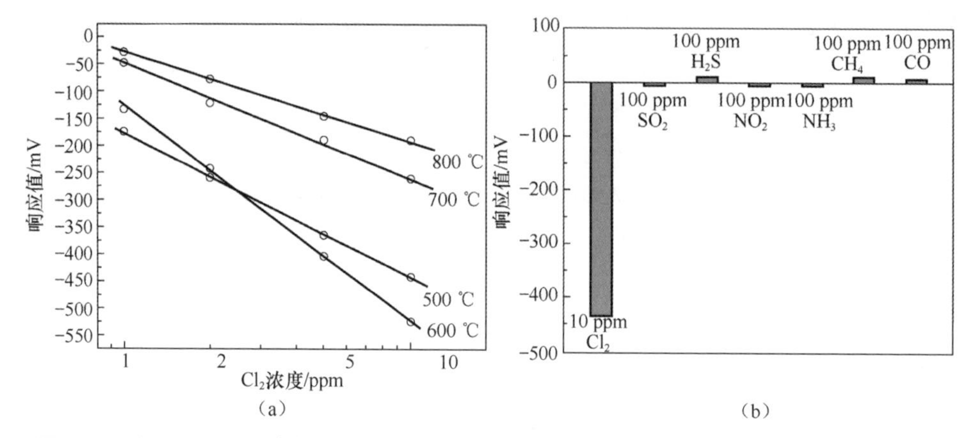

图 7.43　以 $CaMg_3(SiO_3)$掺杂的 CdS 为敏感电极的 NaSICON 基混成电位型 Cl_2 传感器的敏感特性（a）不同烧结温度对传感器灵敏度的影响；（b）以 600 ℃下烧结的 $CaMg_3(SiO_3)$掺杂的 CdS 为敏感电极的 NaSICON 基混成电位型 Cl_2 传感器的选择性[34]

（3）以 V_2O_5 掺杂的 TiO_2 为敏感电极的 NaSICON 基混成电位型 SO_2 传感器。研究了 V_2O_5 掺杂量（质量分数）对传感器敏感特性的影响。如图 7.44 所示，以纯 TiO_2 为敏感电极的传感器在 300 ℃下对 50 ppm SO_2 的响应值达到了−70 mV，其 90%的响应时间、恢复时间分别为 5 s 和 25 s。少量 V_2O_5 的掺杂可以极大地提升传感器的敏感特性，V_2O_5 质量分数为 5%时传感器表现出最强响应（对 50 ppm SO_2 为−176 mV）以及较短的响应时间、恢复时间（分别为 10 s 和 35 s）。然而当掺杂量进一步增大时，无论是响应值绝对值还是响应恢复特性均有所下降[35]。

随着敏感电极材料种类的不断拓展，为了进一步提升传感器的敏感特性，复合金属氧化物敏感电极材料逐渐成为研究热点。Zhang 等人开发制备了一系列尖晶石型的复合金属氧化物敏感电极材料，包括 $CoCr_2O_4$、$NiCr_2O_4$、$ZnCr_2O_4$ 以及三元金属氧化物 $CoCr_{2-x}Mn_xO_4$。如图 7.45（a）所示，以 $CoCr_2O_4$ 为敏感电极的 NaSICON 基混成电位型气体传感器对 Cl_2 具有良好的敏感特性，灵敏度（−235 mV/decade）绝对值要远高于前面提到的以 Cr_2O_3 为敏感电极的传感器[36]。如图 7.45（b）所示，以 $NiCr_2O_4$ 为敏感电极的传感器则显示出对丙酮的良好敏感特性，并且通过将 $NiCr_2O_4$ 与 NaSICON 粉末混合来构筑高效 TPB，进一步提高了传感器的灵敏度[37]。如图 7.45（c）和图 7.45（d）所示，以尖晶石型三元金属氧化物 $CoCr_{2-x}Mn_xO_4$ 为敏感电极的传感器可用于 H_2S 的有效检测，

基于 $CoCr_{1.2}Mn_{0.8}O_4$ 的传感器对 H_2S 的响应最强，检测下限可达 0.1 ppm[38]。

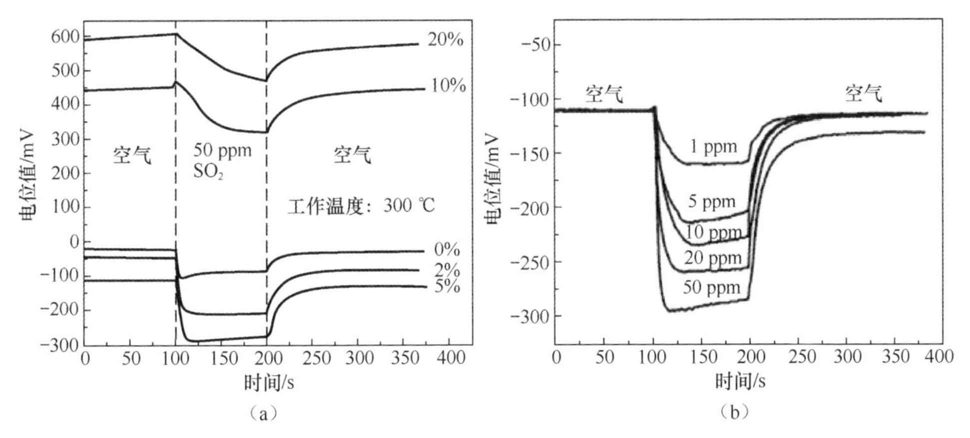

图 7.44　以 V_2O_5 掺杂的 TiO_2 为敏感电极的 NaSICON 基混成电位型气体传感器的敏感特性
（a）V_2O_5 掺杂量（质量分数）对传感器性能的影响；（b）掺杂量为 5%时，传感器在 300 ℃下对不同浓度的 SO_2 的响应曲线[35]

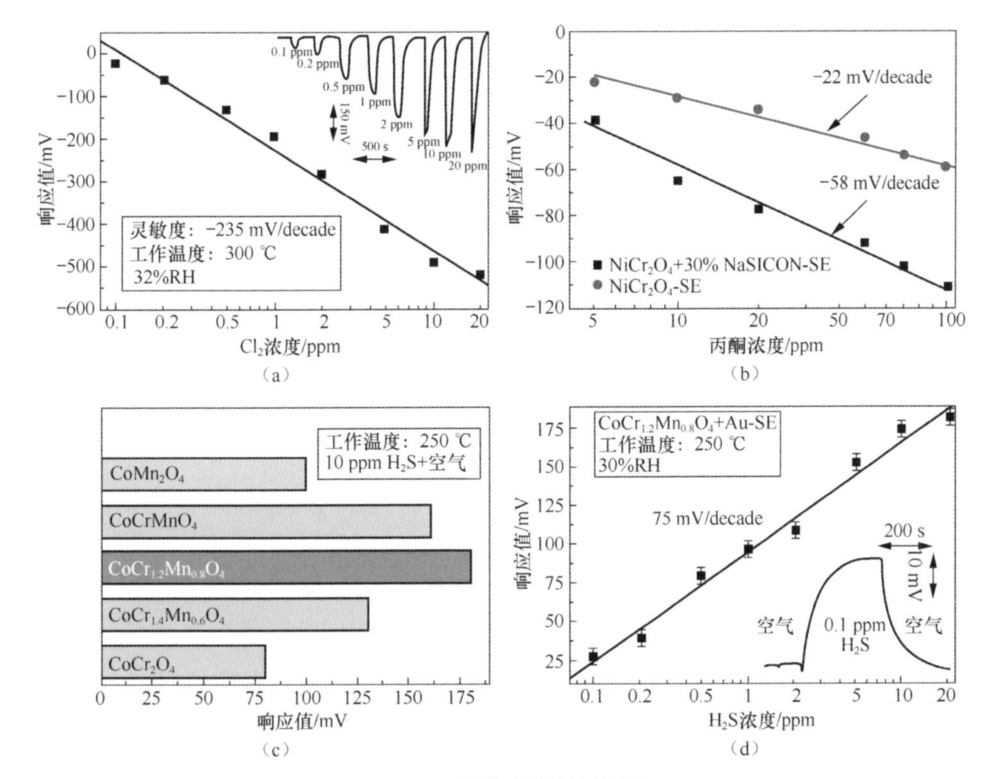

图 7.45　不同传感器的敏感特性
（a）以 $CoCr_2O_4$ 为敏感电极的传感器对 Cl_2 的连续响应恢复曲线和灵敏度曲线[36]；（b）以 $NiCr_2O_4$ 为敏感电极的传感器对丙酮的灵敏度曲线[37]；（c）以 $CoCr_{2-x}Mn_xO_4$ 为敏感电极的传感器对 H_2S 的响应对比；（d）以 $CoCr_{1.2}Mn_{0.8}O_4$ 为敏感电极的传感器在 250 ℃下对 0.1~20 ppm H_2S 的灵敏度曲线[38]

Ma 等人研究了钙钛矿型金属氧化物在 NaSICON 基混成电位型气体传感器中的应用。

（1）面向大气环境应用领域的低浓度 SO_2 检测，开发出以 $La_{0.5}Sm_{0.5}FeO_3$ 为敏感电极的 NaSICON 基混成电位型 SO_2 传感器，如图 7.46 所示。该传感器在 275 ℃下对 SO_2 具有良好的敏感特性，检测下限可达 5 ppb，能够实现低浓度 SO_2 的有效检测[39]。

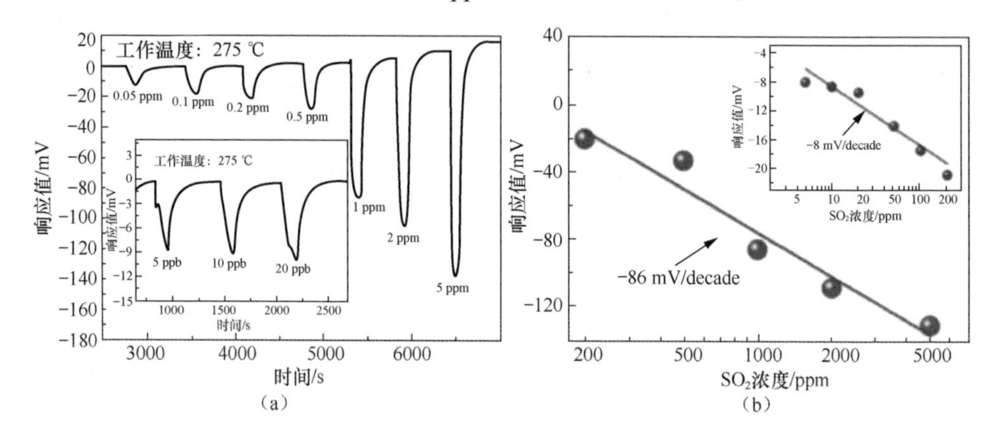

图 7.46　以 $La_{0.5}Sm_{0.5}FeO_3$ 为敏感电极的传感器对 0.005~5 ppm SO_2 的敏感特性
（a）连续响应恢复曲线；（b）灵敏度曲线[39]

（2）面向微环境监控等应用领域的三乙胺检测，分别开发了以 $SmMO_3$（M 为 Cr、Co、Al）和 $MMnO_3$（M 为 Gd、Sm、La）为敏感电极的 NaSICON 基混成电位型气体传感器。对于 $SmMO_3$（M 为 Cr、Co、Al）敏感电极，如图 7.47 所示，以 $SmCrO_3$ 为敏感电极的传感器对三乙胺具有较强敏感特性。而对于 $MMnO_3$（M 为 Gd、Sm、La）敏感电极，如图 7.48 所示，以 $SmMnO_3$ 为敏感电极的传感器对三乙胺的响应值绝对值最大[40, 41]。

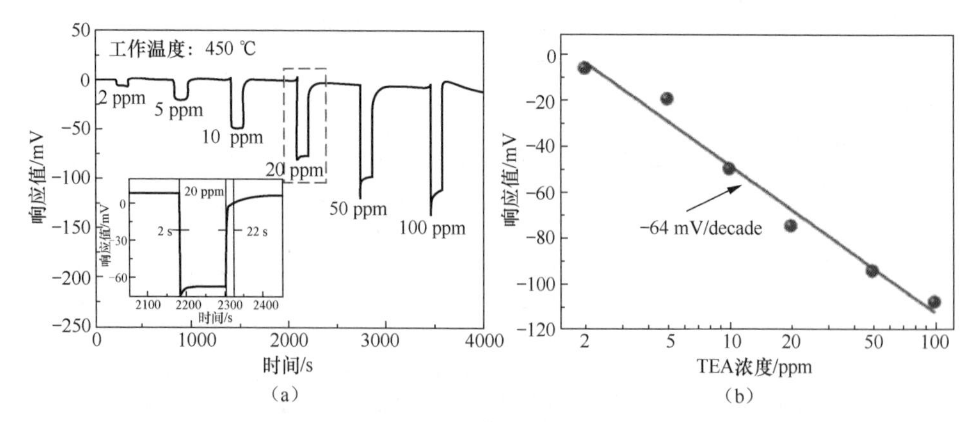

图 7.47　以 $SmCrO_3$ 为敏感电极的传感器对 2~100 ppm 三乙胺的敏感特性
（a）连续响应恢复曲线；（b）灵敏度曲线[40]

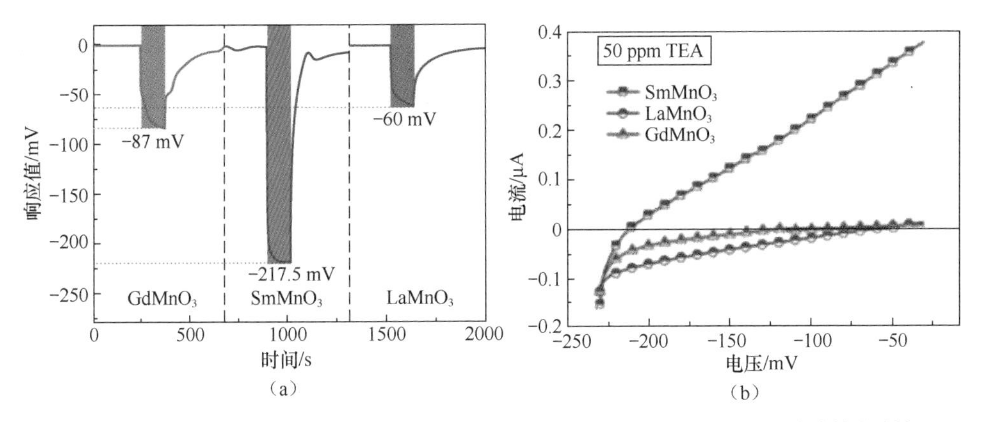

图 7.48　以 $MMnO_3$ (M 为 Gd、Sm 和 La)为敏感电极的传感器对 50 ppm 三乙胺的敏感特性（a）响应值；（b）极化曲线 [41]

表 7.1 总结了 NaSICON 基混成电位型气体传感器中典型的敏感电极材料及所构建传感器的敏感特性对比。可以看出，金属氧化物敏感电极材料的设计和开发是混成电位型气体传感器研究中最为重要的研究思路。不难想象，随着混成电位型气体传感器的进一步发展，未来还会有更多的敏感电极材料体系被开发出来，针对现有材料体系的优化改性工作也会逐渐深入。

表 7.1　以不同敏感电极材料构建的 NaSICON 基混成电位型气体传感器

检测气体	敏感电极材料	灵敏度 /（mV/decade）	检测范围 /ppm	工作温度 /℃
H_2S	Pr_6O_{11}-SnO_2	74	5～50	300
H_2S	$CoCr_{1.2}Mn_{0.8}O_4$	75	0.1～20	250
SO_2	V_2O_5-TiO_2	−78	1～50	300
SO_2	$V_2O_5/WO_3/TiO_2$-Au	83	20～200	600
SO_2	$La_{0.5}Sm_{0.5}FeO_3$	−8（0.005～0.2 ppm） −86（0.2～5 ppm）	0.005～5	275
Cl_2	$CaMg_3(SiO_3)$-CdS	−392	1～10	200
Cl_2	Cr_2O_3	−270	1～50	300
Cl_2	$CoCr_2O_4$	−235	0.1～20	300
NH_3	多孔 Cr_2O_3	−89	50～500	350
C_7H_8	ZnO-TiO_2	−90	5～50	350
NO	$Pb_2Ru_{1.5}Pb_{0.5}O_{7-y}$	−40	50～1000	400
NO	$Pb_2Ru_2V_{0.1}O_7$	−52	50～1000	400
H_2	$LaCrO_3$	−123	100～5000	400
CO	$NiFe_2O_4$	−45	100～1000	350
CO	Y_2O_3	−45	5～50	400
丙酮	$NiCr_2O_4$	−58	5～100	375
三乙胺	$SmCrO_3$	−64	2～100	450
三乙胺	$SmMnO_3$	−21（0.05～1 ppm） −105（1～50 ppm）	0.05～50	325
甲苯	$ZnTiO_3$	−90	5～50	350

除了金属氧化物敏感电极材料，Li 等人还分别以 Na_2SO_4-$BaSO_4$ 混合盐和稀土硫

酸复盐为敏感电极材料制备了片式混成电位型 SO_2 传感器。如图 7.49 所示，该类型传感器的响应值与 SO_2 浓度的对数呈良好的线性关系，在 260 ℃具有最佳性能。以 Na_2SO_4-$BaSO_4$ 混合盐为敏感电极的传感器对 20～100 ppm SO_2 的灵敏度达到了近 160 mV/decade，并且具有良好的重复性。以稀土硫酸复盐 $NaLa(SO_4)_2$ 和 $NaCe(SO_4)_2$ 为敏感电极的两种传感器展现出相似的敏感特性，均在 260 ℃下具有最高灵敏度。这种优良的敏感特性以及片式传感器结构简单、低成本的优势，为该传感器在 SO_2 检测方面的应用提供了可能[42]。

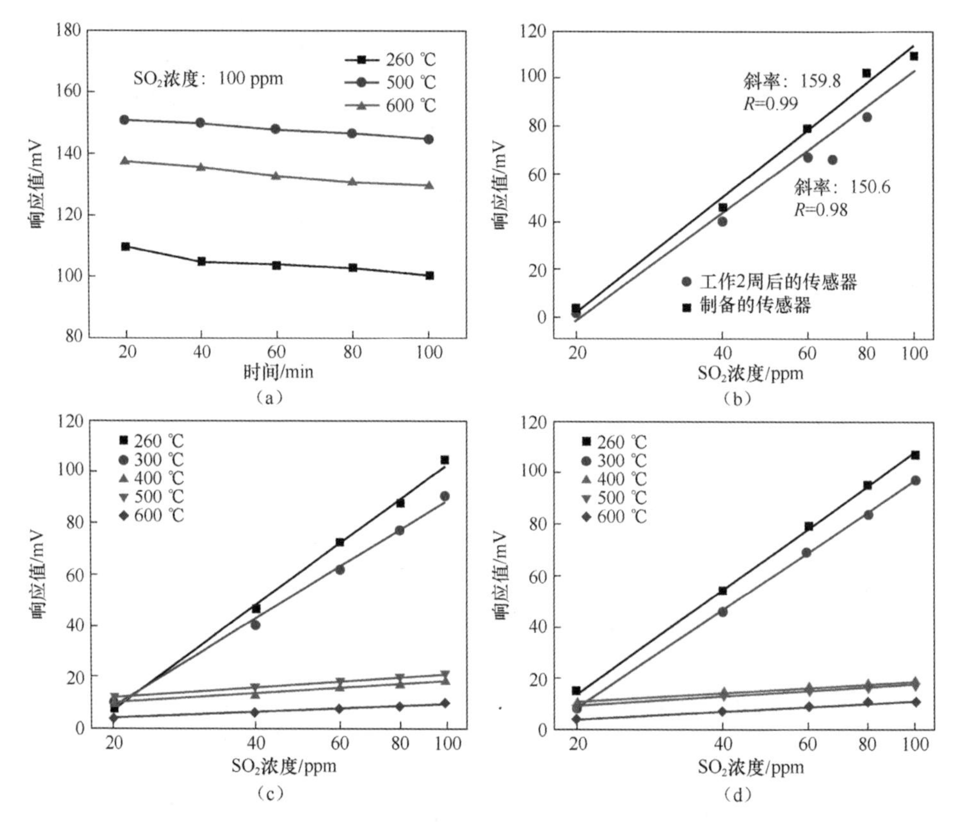

图 7.49　不同传感器的敏感特性

(a) 以 Na_2SO_4-$BaSO_4$ 为敏感电极的传感器在不同温度下对 100 ppm SO_2 的重复性；(b) 以 Na_2SO_4-$BaSO_4$ 为敏感电极的传感器工作 2 周前后的灵敏度对比；(c) 以 $NaLa(SO_4)_2$ 为敏感电极的传感器和 (d) 以 $NaCe(SO_4)_2$ 为敏感电极的传感器在不同工作温度下的灵敏度曲线[42]

7.2.2 NaDyCON 固体电解质

NaDyCON（$Na_5DySi_4O_{12}$）也被用于混成电位型气体传感器的研究。Souda 和 Shimizu 研制了以硫化物（金属单硫化物 MS，M 为 Ni、Cu、Zn、Cd、Pb；多硫化物 Bi_2S_3 和 $M'S_2$，M′为 Ni、Ru）为敏感电极的 NaDyCON 基混成电位型 SO_2 传感器。如图 7.50 所示，他

们设计了 A、B 两种不同结构的传感器，分别测试了传感器对 SO_2 的敏感特性。表 7.2 和表 7.3 是使用硫化物敏感电极的传感器的敏感特性参数（表中×代表该参数不稳定，DR 代表漂移），综合来看，以 CdS 为敏感电极的 B 传感器在 400 ℃下对 SO_2 具有最佳的敏感特性，能够线性检测 20～200 ppm 这一范围内的 SO_2[43]。

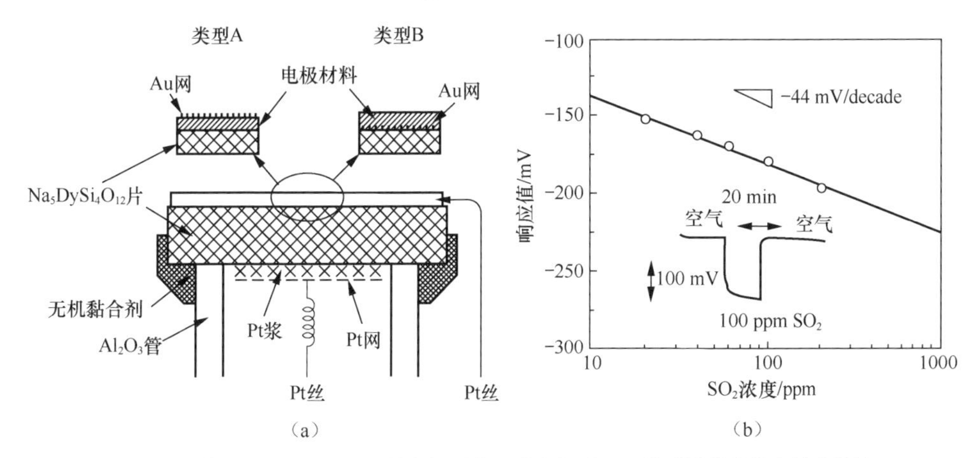

图 7.50　基于 $Na_5DySi_4O_{12}$ 固体电解质的混成电位型 SO_2 传感器的结构及敏感特性
（a）结构示意；（b）以 CdS 为敏感电极的 B 传感器对 SO_2 的敏感特性[43]

表 7.2　使用单硫化物敏感电极的传感器对 SO_2 的敏感特性[43]

敏感电极材料	工作温度/℃	ΔE（响应值）/mV[a]	灵敏度/(mV/decade)	90%响应时间/min[b]	器件类型
NiS	150～200	0	0	–	A
	250	−83	−58	15（DR）	A
	300	−144	−100	15（DR）	A
	400	−86	19	15	A
ZnS	200～300	×	×	×	B
	400	−334	6	9	B
CdS	200	×	×	×	A
	300	−308	−53	4（DR）	A
	300	−159	34	11	B
	400	−405	−94	4（DR）	A
	400	−179	−44	2	B
CuS	200～400	×	×	×	B
GeS	300	0	0	–	A
	400	0	0	–	A
SnS	300	−51	−19	16[c]	A
	400	−217	−49	7[c]	A
PbS	300	−105	−29	3.9[c]	A
	400	−287	−20	6.6[c]	A

[a] $\Delta E=E_{100\ ppmSO_2}-E_{空气}$。

[b] 对 100 ppm SO_2 的 90%响应时间。

[c] 对 198 ppm SO_2 的 90%响应时间。

表 7.3　使用不同硫化物敏感电极的传感器对 SO_2 的敏感特性[43]

敏感电极材料	工作温度/℃	ΔE/mV[a]	灵敏度/(mV/decade)	90%响应时间/min[b]	器件类型
NiS_2	150～400	0	0	0	A
Ni_3S_4	150～250	0	0	0	A
Ag_2S	150～250	0	0	0	A
MoS_2	300	0	0	0	A
	400	−300	−12	10	A
WS_2	300	0	0	0	A
	400	−176	−11	14	A
RuS_2	300	×	×	×	A
	400	−123	−48	12	A
Bi_2S_3	300	−73	2	14	A
	400	−200	73	11	A

[a] $\Delta E = E_{100\ ppm\ SO_2} - E_{空气}$。

[b] 对 100 ppm SO_2 的 90%响应时间。

该工作证明了金属硫化物可作为 NaDyCON 基混成电位型 SO_2 传感器的敏感电极，因此在后续的工作中，他们系统地研究了金属单硫化物、多硫化物和尖晶石型硫化物敏感电极对 NaDyCON 基混成电位型 SO_2 传感器敏感特性的影响。如图 7.51 所示，研究发现以 $Pb_{1-x}Cd_xS$（x=0.1, 0.2）为敏感电极的传感器在 400 ℃对 SO_2 表现最佳的敏感特性，在 40～400 ppm 的 SO_2 浓度范围内，响应值与 SO_2 浓度的对数几乎呈线性关系，对 100 ppm SO_2 的 90%响应时间为 3～15 min，也表现出较高的选择性[44]。

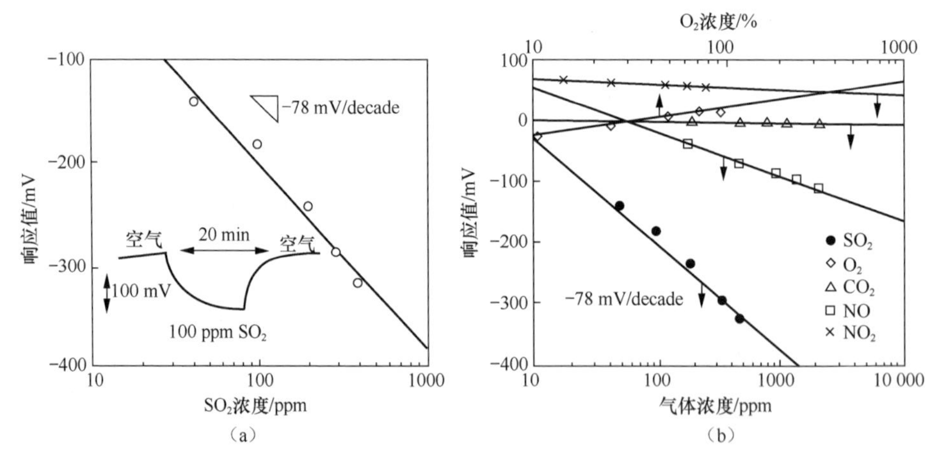

图 7.51　以 $Pb_{1-x}Cd_xS$ 为敏感电极的传感器的敏感特性
（a）对 SO_2 的灵敏度曲线与响应恢复曲线；（b）选择性[44]

7.3　基于其他离子导体固体电解质的混成电位型气体传感器

除了前文提到的氧离子导体、钠离子导体固体电解质外，还有大量的基于其他离子导体的固体电解质，比如基于质子（H^+）、Li^+、Mg^{2+}、Al^{3+}等离子导体的固体电解质，常见的固体电解质的种类和导电离子类型可在表 2.1 中查看。基于这些固体电解质的混成电位型气体传感器的研究并不多，本节将对它们简要介绍。

7.3.1　质子（H^+）导电固体电解质

基于质子（H^+）导电的固体电解质，如 Nafion、$CaZr_{0.9}In_{0.1}O_3$、$KCa_2Nb_3O_{10}$ 等，在气体传感器领域也得到了不少应用，如 Li 等人开发的基于 Nafion 固体电解质和 C 担载的 $PdCl_2$-$CuCl_2$ 纳米复合材料敏感电极的 CO 传感器、Gross 等人开发的基于循环伏安法的 Nafion 基 CH_4 传感器，以及利用 $CaZr_{0.9}In_{0.1}O_{3-\delta}$ 固体电解质构筑的 H_2 传感器、极限电流氧传感器等[45-50]。它们也展示了质子导电固体电解质在气体传感器领域的成功应用，尤其在 H_2 检测领域展现出了巨大的优势。

在混成电位型气体传感器的研究中，关于质子导电固体电解质的研究也有报道。Tomita 采用质子导电的 $Sn_{0.9}In_{0.1}P_2O_7$ 固体电解质和活性 Pt/C 敏感电极制备了双室结构的混成电位型气体传感器，研究了室温条件下其对 H_2 的敏感特性。如图 7.52 所示，传感

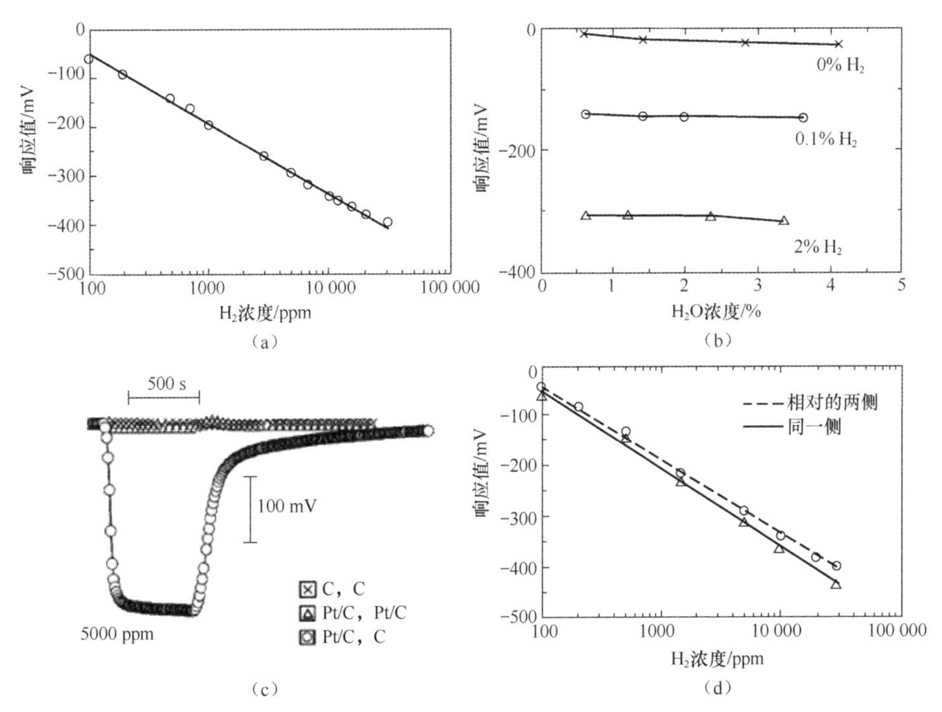

图 7.52　利用 $Sn_{0.9}In_{0.1}P_2O_7$ 固体电解质和活性 Pt/C 敏感电极制备的传感器的敏感特性
（a）对 H_2 的灵敏度曲线；（b）不同浓度水蒸气对响应值的影响；（c）两个电极位于固体电解质基板同一侧表面的单室传感器对 5000 ppm H_2 的响应值；（d）两个电极位于固体电解质基板同一侧或者相对的两侧的传感器的灵敏度对比[51]

器对 H_2 浓度的变化表现出负的电位响应，响应值与 H_2 浓度的对数呈线性关系，并且传感器的性能受水蒸气的影响较小。通过测量传感器在不同浓度 H_2 和空气气氛中的极化曲线，发现该传感器的传感机制基于混成电位原理。此外，他们研究了传感器结构对敏感特性的影响。他们分别在固体电解质基板的两侧和同一侧利用活性 Pt/C 敏感电极和 C 电极构建了两种不同的传感器，这两种结构的传感器表现出了相似的敏感特性[51]。

7.3.2 Al^{3+}导电固体电解质

目前，文献中报道的 Al^{3+}导电的固体电解质只有两种，一种是具有 $Sc_2(WO_4)_3$ 结构的 $Al_2(WO_4)_3$，另一种是具有 NaSICON 结构的$(Al_{0.2}Zr_{0.8})_{4/3.8}NbP_3O_{12}$。然而 $Al_2(WO_4)_3$ 固体电解质的电导率在 600 ℃下仅为 3.2×10^{-6} S·cm^{-1}，这难以满足实际应用的要求。2002 年发现了$(Al_{0.2}Zr_{0.8})_{4/3.8}NbP_3O_{12}$ 固体电解质，其电导率在 600 ℃下能够达到 4.46×10^{-4} S·cm^{-1}，比 $Al_2(WO_4)_3$ 高出了 2 个数量级。然而这样的电导率仍然限制了这种固体电解质在某些场景的应用，特别是在较低的温度下。为了提高$(Al_{0.2}Zr_{0.8})_{4/3.8}NbP_3O_{12}$ 的电学性能，研究人员采用了两种策略，包括提升固体电解质的密度以及通过掺杂提升电导率。已有的研究表明，在$(Al_{0.2}Zr_{0.8})_{4/3.8}NbP_3O_{12}$ 烧结过程中添加 B_2O_3 有助于提升固体电解质的电导率和机械强度，采用 Ti^{4+}、La^{3+}对 Zr^{4+}或 Al^{3+}位点进行掺杂有可能提升$(Al_{0.2}Zr_{0.8})_{4/3.8}NbP_3O_{12}$ 的电导率。

Wang 等人制备了 F 掺杂取代 O 位的$(Al_{0.2}Zr_{0.8})_{4/3.8}NbP_3O_{12-x}F_{2x}$ 固体电解质，如图 7.53 所示，$(Al_{0.2}Zr_{0.8})_{4/3.8}NbP_3O_{11.7}F_{0.6}$ 固体电解质具有最佳的电学性能。以$(Al_{0.2}Zr_{0.8})_{4/3.8}NbP_3O_{11.7}F_{0.6}$ 为固体电解质、In_2O_3 为敏感电极材料构建了混成电位型 NH_3 传感器。所研制的传感器在 200～350 ℃的工作温度范围内均对 NH_3 表现出良好的敏感特性，在 250 ℃下对 100～400 ppm NH_3 的灵敏度达到了 99.71 mV/decade。

对于该传感器的敏感机理，可以简要地用敏感电极和参考电极两侧可能发生的化学反应来描述：

$$\frac{1}{2}Al_2O_3+NH_3 \rightleftharpoons \frac{1}{2}N_2+\frac{3}{2}H_2O+Al^{3+}+3e^- \tag{7.1}$$

$$Al^{3+}+\frac{3}{4}O_2+3e^- \rightleftharpoons \frac{1}{2}Al_2O_3 \tag{7.2}$$

整个反应过程可以用 $\frac{3}{4}O_2+NH_3 \rightleftharpoons \frac{1}{2}N_2+\frac{3}{2}H_2O$ 来表示。根据反应过程，通过能斯特方程计算出传感器在 200 ℃、250 ℃、300 ℃和 350 ℃下的灵敏度，分别为 31.3 mV/decade、34.6 mV/decade、37.9 mV/decade 和 41.2 mV/decade，与实际测试的结果差距很大，表明传感器类型不是符合能斯特方程的平衡电位型，而是混成电

位型。然而对于该传感器的传感机制还缺乏更加深入的研究。此外，该传感器对NO_2的选择性很差，这可能与$(Al_{0.2}Zr_{0.8})_{4/3.8}NbP_3O_{12-x}F_{2x}$中$NbPO_5$亚相的形成有关。因此如何通过抑制$NbPO_5$亚相的形成来消除传感器对$NO_2$的交叉敏感性，是今后的研究工作中需要关注的一个问题[52]。

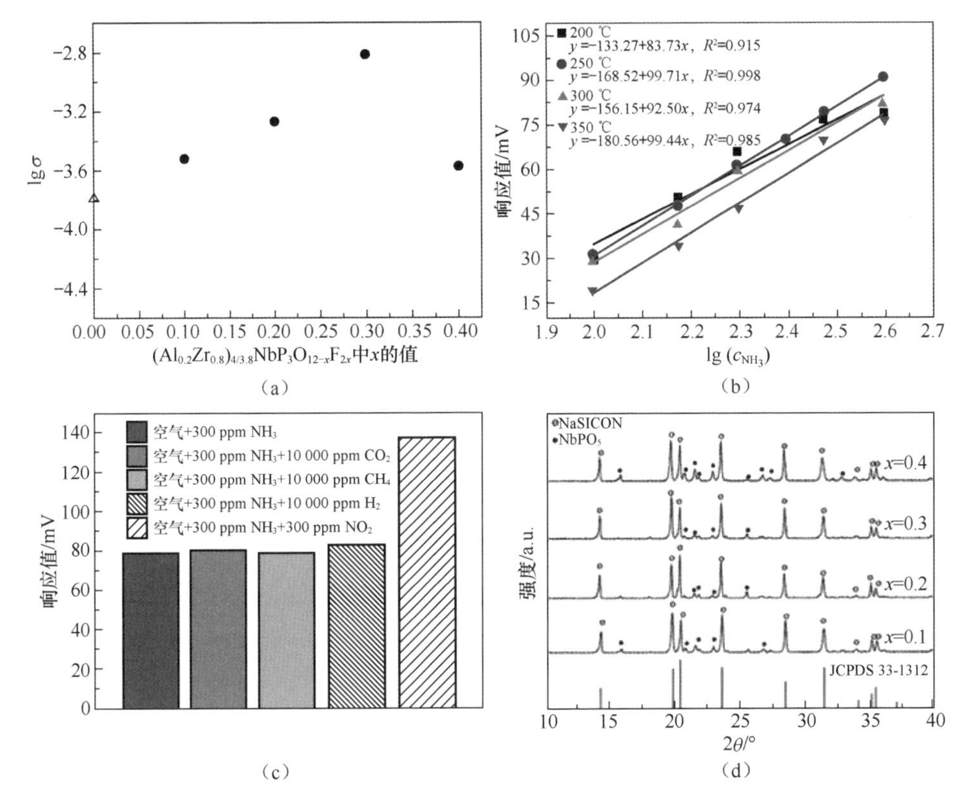

图7.53 $(Al_{0.2}Zr_{0.8})_{4/3.8}NbP_3O_{12-x}F_{2x}$固体电解质的性质及传感器的敏感特性

(a) 500 ℃下固体电解质的电导率随x的变化情况；(b) 传感器对NH_3的灵敏度曲线；(c) 传感器对混合气体的交叉敏感性；(d) $(Al_{0.2}Zr_{0.8})_{4/3.8}NbP_3O_{12-x}F_{2x}$的XRD图[52]

7.4 本章小结

本章我们介绍了多种基于其他固体电解质的混成电位型气体传感器，开发具有高离子电导率的新型固体电解质是混成电位型气体传感器发展的重要方向之一。迄今为止，在混成电位型气体传感器中应用广泛的固体电解质是YSZ和NaSICON，基于一些新的固体电解质（如CeO_2、$La_{10}Si_6O_{27}$等）的混成电位型气体传感器的研究也在进行。尽管目前利用其他固体电解质构建混成电位型气体传感器的研究远不如YSZ广泛，但已有的少量报道也足以证明它们具有应用潜力。随着工艺技术的进步、混成电位型气体传感器应用范围的进一步拓宽，相信其他具有优良离子导电性的固体电解质也会受到越来越多的关注，得到更加广泛和深入的研究。

参考文献

[1] XIONG W, KALE G M. Electrochemical NO_2 sensor using a $NiFe_{1.9}Al_{0.1}O_4$ oxide spinel electrode [J]. Analytical Chemistry, 2007, 79: 3561-3567.

[2] XIONG W, KALE G M. Novel high-selectivity NO_2 sensor for sensing low-level NO_2 [J]. Electrochemical and Solid-State Letters, 2005, 8: H49-H53.

[3] XIONG W, KALE G M. Novel high-selectivity NO_2 sensor incorporating mixed-oxide electrode [J]. Sensors and Actuators B: Chemical, 2006, 114(1): 101-108.

[4] XIONG W, KALE G M. High-selectivity mixed-potential NO_2 sensor incorporating Au and $CuO+CuCr_2O_4$ electrode couple [J]. Sensors and Actuators B: Chemical, 2006, 119(2): 409-414.

[5] Li X, XIONG W, KALE G M. Novel nanosized ITO electrode for mixed potential gas sensor [J]. Electrochemical and Solid-State Letters, 2005, 8: H27-H30.

[6] LI X, KALE G M. Influence of thickness of ITO sensing electrode film on sensing performance of planar mixed potential CO sensor [J]. Sensors and Actuators B: Chemical, 2006, 120(1): 150-155.

[7] LI X, KALE G M. Influence of sensing electrode and electrolyte on performance of potentiometric mixed-potential gas sensors [J]. Sensors and Actuators B: Chemical, 2007, 123(1): 254-261.

[8] TOLDRA-REIG F, PASTOR D, SERRA J M. Influence of the solid-electrolyte ionic material in a potentiometric sensor for ethylene detection [J]. Journal of the Electrochemical Society, 2019, 166(14): B1343-B1355.

[9] YANG X, HAO X, LIU T, et al. CeO_2-based mixed potential type acetone sensor using $La_{1-x}Sr_xCoO_3$ sensing electrode [J]. Sensors and Actuators B: Chemical, 2018, 269: 118-126.

[10] LIU T, YANG X, MA C, et al. CeO_2-based mixed potential type acetone sensor using $MMnO_3$ (M: Sr, Ca, La and Sm) sensing electrode [J]. Solid State Ionics, 2018, 317: 53-59.

[11] LIU T, ZHANG Y, YANG X, et al. CeO_2-based mixed potential type acetone sensor

using $MFeO_3$ (M: Bi, La and Sm) sensing electrode [J]. Sensors and Actuators B: Chemical, 2018, 276: 489-498.

[12] LIU T, LI L, YANG X, et al. Mixed potential type acetone sensor based on $Ce_{0.8}Gd_{0.2}O_{1.95}$ and $Bi_{0.5}La_{0.5}FeO_3$ sensing electrode used for the detection of diabetic ketosis [J]. Sensors and Actuators B: Chemical, 2019, 296: 126688.

[13] LIU T, GUAN H, WANG T, et al. Mixed potential type acetone sensor based on GDC used for breath analysis [J]. Sensors and Actuators B: Chemical, 2021, 326: 128846.

[14] LIU T, LI W, ZHANG Y, et al. Acetone sensing with a mixed potential sensor based on $Ce_{0.8}Gd_{0.2}O_{1.95}$ solid electrolyte and Sr_2MMoO_6 (M: Fe, Mg, Ni) sensing electrode [J]. Sensors and Actuators B: Chemical, 2019, 284: 751-758.

[15] LIU T, ZHANG Y, WANG T, et al. Mixed potential type acetone sensor based on $Ce_{0.8}Gd_{0.2}O_{1.95}$ solid electrolyte and La_2MMnO_6 (M: Co, Cu) sensing electrode [J]. Solid State Ionics, 2019, 343: 115069.

[16] WANG T, LIU T, LI W, et al. Triethylamine sensing with a mixed potential sensor based on $Ce_{0.8}Gd_{0.2}O_{1.95}$ solid electrolyte and $La_{1-x}Sr_xMnO_3$ ($x = 0.1, 0.2, 0.3$) sensing electrodes [J]. Sensors and Actuators B: Chemical, 2021, 327: 128830.

[17] DAI L, YANG G, ZHOU H, et al. Mixed potential NH_3 sensor based on Mg-doped lanthanum silicate oxyapatite [J]. Sensors and Actuators B: Chemical, 2016, 224: 356-363.

[18] DAI L, LIU Y, MENG W, et al. Ammonia sensing characteristics of $La_{10}Si_5MgO_{26}$-based sensors using In_2O_3 sensing electrode with different morphologies and CuO reference electrode [J]. Sensors and Actuators B: Chemical, 2016, 228: 716-724.

[19] MENG W, DAI L, ZHU J, et al. A novel mixed potential NH_3 sensor based on TiO_2@WO_3 core–shell composite sensing electrode [J]. Electrochimica Acta, 2016, 193: 302-310.

[20] MENG W, DAI L, MENG W, et al. Mixed-potential type NH_3 sensor based on TiO_2 sensing electrode with a phase transformation effect [J]. Sensors and Actuators B: Chemical, 2017, 240: 962-970.

[21] MENG W, WANG L, LI Y, et al. Enhanced sensing performance of mixed potential ammonia gas sensor based on $Bi_{0.95}Ni_{0.05}VO_{3.975}$ by silver [J]. Sensors and Actuators B: Chemical, 2018, 259: 668-676.

[22] LI X, DAI L, HE Z, et al. Enhancing NH_3 sensing performance of mixed potential type sensors by chemical exsolution of Ag nanoparticle on $AgNbO_3$ sensing electrode

[J]. Sensors and Actuators B: Chemical, 2019, 298: 126854.

[23] MENG W, DAI L, LI Y, et al. Mixed potential NH_3 sensor based on $La_{9.95}K_{0.05}Si_5Al_1O_{26.45}$ electrolyte and Ag doped $BiVO_4$ sensing electrode [J]. Sensors and Actuators B: Chemical, 2020, 316: 128206.

[24] CHO H S, SAKAI G, SHIMANOE K, et al. Preparation of $BiMeVO_x$ (Me=Cu, Ti, Zr, Nb, Ta) compounds as solid electrolyte and behavior of their oxygen concentration cells [J]. Sensors and Actuators B: Chemical, 2005, 109(2): 307-314.

[25] KIDA T, MINAMI T, YUASA M, et al. Organic gas sensor using $BiCuVO_x$ solid electrolyte [J]. Electrochemistry Communications, 2008, 10(2): 311-314.

[26] KIDA T, MINAMI T, KISHI S, et al. Planar-type $BiCuVO_x$ solid electrolyte sensor for the detection of volatile organic compounds [J]. Sensors and Actuators B: Chemical, 2009, 137(1): 147-153.

[27] KIDA T, HARANO H, MINAMI T, et al. Control of electrode reactions in a mixed-potential-type gas sensor based on a $BiCuVO_x$ solid electrolyte [J]. Journal of Physical Chemistry C, 2010, 114: 15141-15148.

[28] SHIMIZU Y, YAMASHITA N. Solid electrolyte CO_2 sensor using NaSICON and perovskite-type oxide electrode [J]. Sensors and Actuators B: Chemical, 2000, 64: 102-106.

[29] SHIMIZU Y, MAEDA K. Solid electrolyte NO_x sensor using pyrochlore-type oxide electrode [J]. Sensors and Actuators B: Chemical, 1998, 52: 84-89.

[30] ZHANG H, LI J, ZHANG H, et al. NaSICON-based potentiometric Cl_2 sensor combining NaSICON with Cr_2O_3 sensing electrode [J]. Sensors and Actuators B: Chemical, 2013, 180: 66-70.

[31] LIANG X, LU G, ZHONG T, et al. New type of ammonia/toluene sensor combining NaSICON with a couple of oxide electrodes [J]. Sensors and Actuators B: Chemical, 2010, 150(1): 355-359.

[32] IZU N, HAGEN G, SCHÖNAUER D. Planar potentiometric SO_2 gas sensor for high temperatures using NaSICON electrolyte combined with $V_2O_5/WO_3/TiO_2$+Au or Pt electrode [J]. Journal of the Ceramic Society of Japan, 2011, 119: 687-691.

[33] LIANG X, HE Y, LIU F, et al. Solid-state potentiometric H_2S sensor combining NaSICON with Pr_6O_{11}-doped SnO_2 electrode [J]. Sensors and Actuators B: Chemical, 2007, 125(2): 544-549.

[34] LIANG X, LIU F, ZHONG T, et al. Chlorine sensor combining NaSICON with

$CaMg_3(SiO_3)_4$-doped CdS electrode [J]. Solid State Ionics, 2008, 179(27-32): 1636-1640.

[35] LIANG X, ZHONG T, QUAN B, et al. Solid-state potentiometric SO_2 sensor combining NaSICON with V_2O_5-doped TiO_2 electrode [J]. Sensors and Actuators B: Chemical, 2008, 134(1): 25-30.

[36] ZHANG H, CHENG X, SUN R, et al. Enhanced chlorine sensing performance of the sensor based NaSICON and Cr-series spinel-type oxide electrode with aging treatment [J]. Sensors and Actuators B: Chemical, 2014, 198: 26-32.

[37] ZHANG H, YIN C, GUAN Y, et al. NaSICON-based acetone sensor using three-dimensional three-phase boundary and Cr-based spinel oxide sensing electrode [J]. Solid State Ionics, 2014, 262: 283-287.

[38] ZHANG H, ZHONG T, SUN R, et al. Sub-ppm H_2S sensor based on NaSICON and $CoCr_{2-x}Mn_xO_4$ sensing electrode [J]. RSC Advances, 2014, 4(98): 55334-55340.

[39] MA C, HAO X, YANG X, et al. Sub-ppb SO_2 gas sensor based on NaSICON and $La_xSm_{1-x}FeO_3$ sensing electrode [J]. Sensors and Actuators B: Chemical, 2018, 256: 648-655.

[40] MA C, WANG L, ZHANG Y, et al. Mixed-potential type triethylamine sensor based on NaSICON utilizing $SmMO_3$ (M = Al, Cr, Co) sensing electrodes [J]. Sensors and Actuators B: Chemical, 2019, 284: 110-117.

[41] ZHANG Y, MA C, YANG X, et al. NaSICON-based gas sensor utilizing $MMnO_3$ (M: Gd, Sm, La) sensing electrode for triethylamine detection [J]. Sensors and Actuators B: Chemical, 2019, 295: 56-64.

[42] DAN-YU J, CHEN Z, WAN-YAN S H I, et al. SO_2 non-equilibrium gas sensor based on $Na_3Zr_2Si_2PO_{12}$ solid electrolyte [J]. Journal of Inorganic Materials, 2018, 33(2): 229-236.

[43] SOUDA N, SHIMIZU Y. Sensing properties of solid electrolyte SO_2 sensor using metal-sulfide electrode [J]. Journal of Materials Science, 2003, 38: 4301-4305.

[44] SHIMIZU Y, OKIMOTO M, SOUDA N. Solid-state SO_2 sensor using a sodium-ionic conductor and a metal–sulfide electrode [J]. International Journal of Applied Ceramic Technology, 2006, 3: 193-199.

[45] LI X, XUAN T, YIN G, et al. Highly sensitive amperometric CO sensor using nanocomposite C-loaded $PdCl_2$-$CuCl_2$ as sensing electrode materials [J]. Journal of Alloys and Compounds, 2015, 645: 553-558.

[46] GROSS P A, JARAMILLO T, PRUITT B. Cyclic-voltammetry-based solid-state gas sensor for methane and other VOC detection [J]. Analytical Chemistry, 2018, 90(10): 6102-6108.

[47] HILLS M P, SCHWANDT C, KUMAR R V. The zirconium/hydrogen system as the solid-state reference of a high-temperature proton conductor-based hydrogen sensor [J]. Journal of Applied Electrochemistry, 2011, 41(5): 499-506.

[48] SCHWANDT C, FRAY D J. The titanium/hydrogen system as the solid-state reference in high-temperature proton conductor-based hydrogen sensors [J]. Journal of Applied Electrochemistry, 2006, 36(5): 557-565.

[49] DAI L, WANG L, SHAO G, et al. A novel amperometric hydrogen sensor based on nano-structured ZnO sensing electrode and $CaZr_{0.9}In_{0.1}O_{3-\delta}$ electrolyte [J]. Sensors and Actuators B: Chemical, 2012, 173: 85-92.

[50] KALYAKIN A S, LYAGAEVA J Y, VOLKOV A N, et al. Unusual oxygen detection by means of a solid state sensor based on a $CaZr_{0.9}In_{0.1}O_{3-\delta}$ proton-conducting electrolyte [J]. Journal of Electroanalytical Chemistry, 2019, 844: 23-26.

[51] TOMITA A, NAMEKATA Y, NAGAO M, et al. Room-temperature hydrogen sensors based on an In^{3+}-doped SnP_2O_7 proton conductor [J]. Journal of the Electrochemical Society, 2007, 154: J172-J176.

[52] WANG L, GAO C, DAI L, et al. Improvement of Al^{3+} ion conductivity by F doping of $(Al_{0.2}Zr_{0.8})_{4/3.8}NbP_3O_{12}$ solid electrolyte for mixed potential NH_3 sensors [J]. Ceramics International, 2018, 44(8): 8983-8991.

第 8 章　固体电解质气体传感器的应用领域及现状

气体传感器与人们的生产生活息息相关，在环境监测、安全监控、资源探测和医学诊疗等领域都有广泛的应用。基于 YSZ 固体电解质的混成电位型气体传感器由于具有耐高温、高湿的优点，最初在机动车尾气的在线监测中展现出很大的优势，成为机动车尾气在线监测领域难以替代的传感器。而随着 YSZ 基混成电位型气体传感器的不断发展，针对各种不同气体进行检测的传感器不断被开发出来，并且，由于其具有良好的选择性和灵敏度，逐渐被应用到其他领域。在本章中，我们将简要介绍 YSZ 基混成电位型气体传感器在机动车尾气监测、环境监测以及医学诊疗领域的应用。

8.1　固体电解质气体传感器在机动车尾气监测中的应用

自 19 世纪末以来，机动车一直是人类的重要交通工具。但机动车排放的尾气给大气环境带来了严重破坏，因此需要为其安装气体传感器。目前机动车尾气排放系统中需要的传感器主要有氧（O_2）传感器、氮氧化物（NO_x）传感器和氨气（NH_3）传感器。

8.1.1　氧（O_2）传感器的应用

如今，陶瓷尾气传感器在机动车尾气排放系统中的安装量高达数百万。很多机动车都配备有氧化锆尾气 λ 氧传感器（λ 探头），用于检测空燃比 λ。λ 是实际空气燃料混合物与化学计量空气燃料混合物的比例。λ 氧传感器分为窄带 λ 氧传感器和宽带 λ 氧传感器。

1. 窄带 λ 氧传感器

在窄带 λ 氧传感器中，$\lambda<1$ 代表空气不足，$\lambda>1$ 代表空气过量。所以需要精准的传感器来检测空燃比，确保发动机在 $\lambda=1$ 的条件下运行。目前主要有两种类型的传感器用来确保空燃比 $\lambda=1$[1]。

（1）电阻传感器

电阻传感器利用了某些金属氧化物电阻对氧分压（p_{O_2}）的依赖性，常用的是二氧化钛传感器。在 p_{O_2} 达到 1×10^{-2} bar 之前，传感器电阻 R_{sensor} 与 p_{O_2} 呈现单调递增关系，遵循式（8.1）：

$$R_{sensor} \propto \exp\left(\frac{E_A}{k_B T}\right)\left(p_{O_2}\right)^m \tag{8.1}$$

其中，E_A 表示活化能；k_B 表示玻尔兹曼常量；T 表示绝对温度；指数 m (0.2～0.25) 决定灵敏度，传感器电阻在 λ=1 附近变化几十倍。虽然这种传感器仍然在使用，但其所占的市场份额很小。因为它存在温度高、稳定性不好的问题，并且温度变化也会对传感器响应造成影响。

（2）电位传感器

电位传感器（“能斯特电池”）主导市场。它们是固体电解质浓差电池，产生的能斯特电压由电池两侧铂电极的氧分压关系决定，见式（8.2）。如图 8.1（a）所示，测试电极位于发动机的尾气中，参考电极位于环境空气中，固体电解质材料是 YSZ。将图 8.1（a）中的空燃比（Air/Fuel，即 A/F）归一化为 λ 后，得到图 8.1（b）所示的传感器电压与 λ 的关系曲线图及图 8.1（c）所示的 λ 与 p_{O_2} 的关系曲线图。

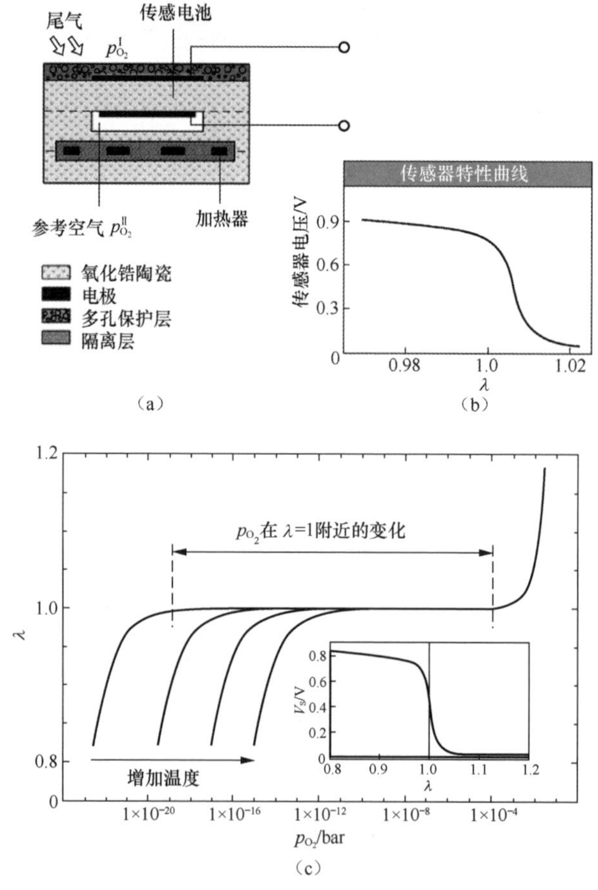

图 8.1　氧化锆能斯特型氧传感器

（a）基本原理[2]；（b）传感器电压 V_S 与 λ 的关系曲线[3]；（c）λ 与 p_{O_2} 的关系曲线

$$V_S = \frac{RT}{4F}\ln\left(\frac{p^{II}_{O_2}}{p^{I}_{O_2}}\right) \tag{8.2}$$

如果传感器工作温度为 735 ℃，并且以空气为参考（$p_{O_2}^{I} \approx 0.2$ bar），则每 10 个 p_{O_2} 差值会产生 50 mV 的电压差。根据图 8.1（c），传感器电压在 λ=1 附近变化几百毫伏，得到非常陡峭的 λ 开关状特性。

氧化锆能斯特型氧传感器的结构类型主要分为圆锥顶针型和平面氧化锆多层结构。目前主要应用的是平面氧化锆多层结构。受普通火花塞设计的影响，第一代常规氧化锆能斯特型氧传感器主体为圆锥顶针形状。陶瓷元件装配在不锈钢外壳中，以保护陶瓷免受机械和热冲击。多种保护管为暴露在尾气中的陶瓷元件的活性部分提供必要的保护。保护管开口的几何形状也决定了传感器的动态行为。传感器的最低工作温度大约为 350 ℃，而最初它的唯一热源是气体自身的温度，加热传感器可能需要很长时间[3]。为了克服这一缺点，第一个主要改进是于 20 世纪 80 年代早期引入了一个陶瓷加热元件（加热功率为 5～20 W），并将其作为一个单独的部件插入顶针陶瓷中（见图 8.2）[4]。

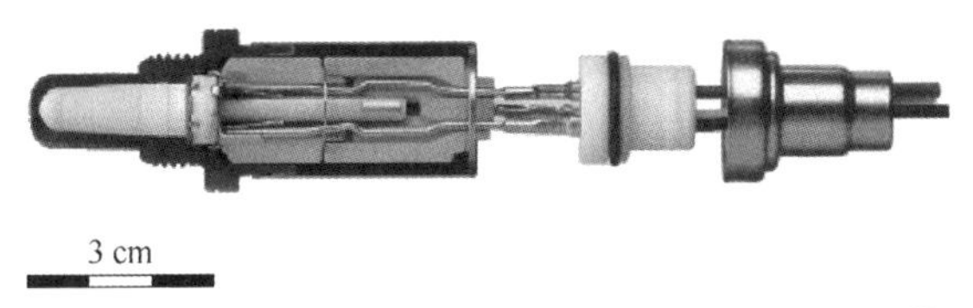

图 8.2　圆锥顶针型氧化锆能斯特型氧传感器（博世）[3]

新的结构使用平面氧化锆多层技术。它们的特点是预热时间短、体积小、重量轻，最重要的是生产成本低。图 8.3 示意性地描绘了平面 λ 探头（传感器）[图 8.3（a）为 λ 探头的分层结构，图 8.3（b）虚线所示为传感器顶端截面]。其制造过程类似于微电

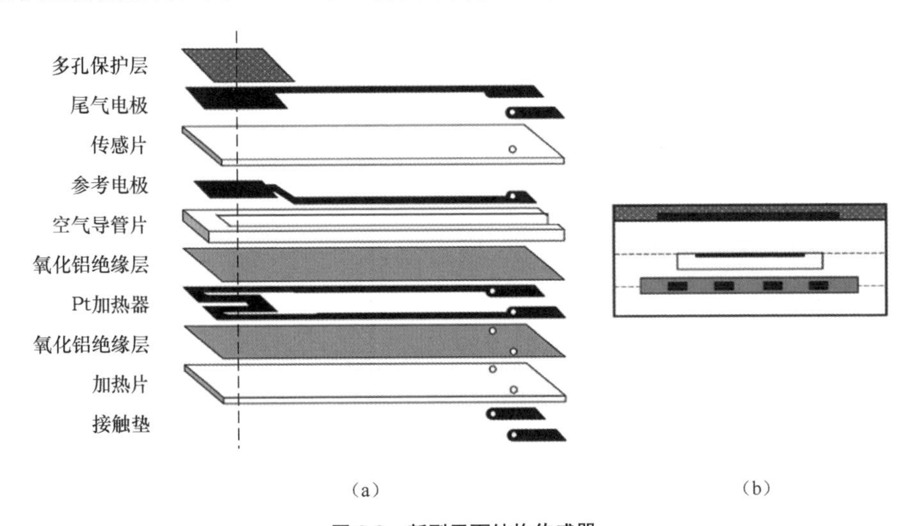

图 8.3　新型平面结构传感器

（a）商用平面 λ 探头（博世）的分层结构；（b）虚线所示为传感器顶端截面[1]

子混合生产。将陶瓷 YSZ 条带浇铸切割成合适的尺寸，穿孔。将加热器、电极、空气导管片、接触垫、多孔保护层和绝缘层丝网印刷在这些 YSZ 条带上。整个传感器元件由加热片、空气导管片和传感片组成。加热片表面覆盖了氧化铝绝缘层，用作 Pt 加热器的基底，Pt 加热器也由氧化铝绝缘层绝缘。多孔 Pt 电极印刷在传感片的两侧。多孔保护层保护尾气电极。在操作中，冲压空气导管片用作空气基准。YSZ 条带经过堆叠、层压、特制和共烧处理，由此产生了单片陶瓷传感器元件，可以在不到 10 s 的时间内将其加热到工作温度，仅消耗 7 W 的加热功率[5]。

2. 宽带 λ 氧传感器

除了窄带 λ 氧传感器，更为先进的是宽带 λ 氧传感器。其中宽带 λ 氧传感器的结构和工作原理已在前面介绍，这里不赘述。窄带 λ 氧传感器只能在 $\lambda=1$ 附近的较窄范围内精准检测，超出此范围，传感器无法精准测量，无法应对复杂的情况。与之相反，宽带 λ 氧传感器可以在更大的 λ 范围内进行精准测量，如图 8.4 所示，可将 λ 范围扩展至 1～2。当 $\lambda=1$ 时泵送电流 $I_P=0$，为理论混合比；当 $\lambda>1$ 时，为稀混合比，即空气过量，$I_P>0$；当 $\lambda<1$ 时，为浓混合比，$I_P<0$。通过控制 I_P 的大小，发动机电子控制单元即可得到连续的含氧感应值[6]。

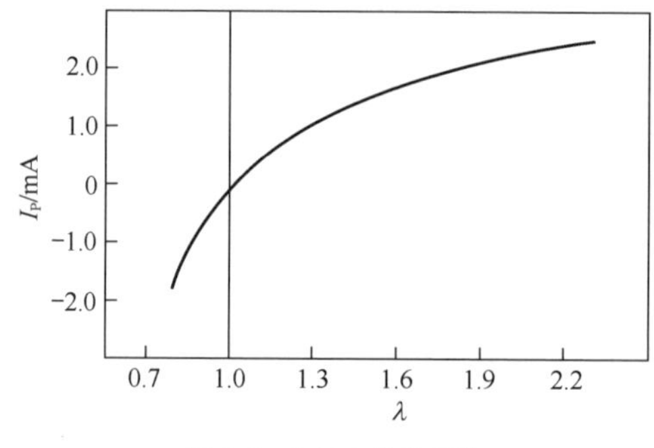

图 8.4 I_P 与 λ 的关系[6]

8.1.2 氮氧化物（NO_x）传感器的应用

图 8.5 所示是应用比较广泛的多功能氧化锆 NO_x 传感器。氧气或 NO_x 从尾气中通过第一个扩散屏障 A 扩散到第一个腔室 B。氧气被泵送至 B。泵送电流 I_{P1} 几乎与尾气中的氧分压成正比。由于泵送电压 V_{P1} 的作用，在 B 中建立了一个几乎无氧但不是还原性的气氛。B 中的氧分压由③和④之间（即腔室 B 和空气之间）的电动势闭环控制。第一个泵送电池的电极是催化惰性的铂金合金。因此 NO_x 在此处不分解，并通过第二个扩散屏障 C 扩散到第二个腔室 D。由于泵送电压 V_{P2} 的作用，NO_x 在第二个泵送电池的阴极⑤处发生电化学分解反应。产生的氧离子通过第二泵送单元被泵送到空气导管片中。在

那里，它们被再氧化。由于 D 中几乎没有游离氧，产生的泵送电流 I_{P2} 仅由分解的 NO_x 产生，泵送电流 I_{P2} 的值由尾气中的 NO_x 浓度决定，二者呈现近似的线性关系。由于大多数还原成分在 B 中被氧化，传感器对一氧化碳或碳氢化合物的交叉灵敏度较低[7]。但是，它对氨气很敏感[8]。尾气电极①和空气参考电极⑥之间的电压 V_S 符合式（8.2）。V_S（λ）显示了 λ 探头的特性，可用于确定汽油直喷发动机再生阶段的结束[1]。

这些传感器的一个主要问题是产生的电流较小。由于信号水平较低，陶瓷板中的漏电流可能会影响传感器信号。从图 8.5 可以看出，传感器结构非常复杂。功能性的要求使得传感器的成本升高。研究人员正利用传统的厚膜丝网印刷技术来简化传感器结构及生产步骤[9-11]。

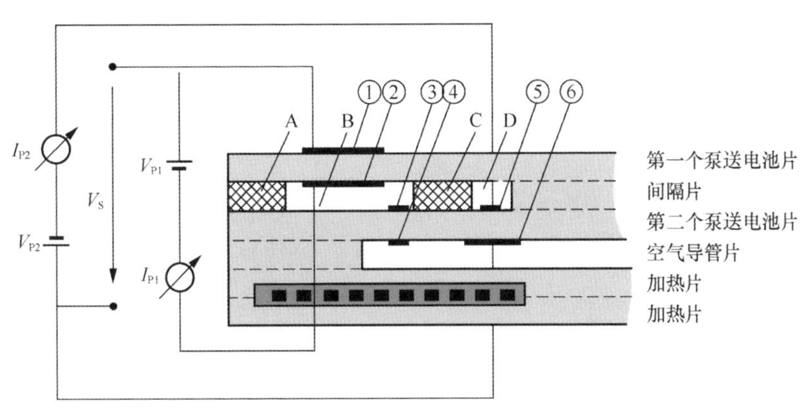

图 8.5　多功能氧化锆 NO_x 传感器

8.1.3　氨气（NH_3）传感器的应用

车用选择性催化还原系统利用尿素水溶液生成的氨气对 NO_x 进行还原，得到无毒的 N_2 来降低 NO_x 的排放。NO_x 的转化取决于温度、氧分压、NO_2 浓度、空间速度以及先前储存的 NH_3 的量。为了最大限度地减少尿素的注入量并避免氨气泄漏，需要使用氨气废气传感器的闭环控制系统。氨气传感器为氨计量系统的车载诊断提供了一种简便的方法。几种类型的氨气传感器正在开发中，可用于机动车尾气监测领域。它们在长期稳定性和目标成本方面可满足人们的要求。其中，具有较大应用潜力的为沸石型氨气传感器。

在沸石型氨气传感器中，沸石膜为功能层。如图 8.6 所示，在传感器元件的简化结构中，电绝缘氧化铝用作衬底，底部钝化的厚膜 Pt 结构用于加热和温度控制。顶部的叉指电极形成一个厚膜电容器，即叉指电容器。它被一层对氨气有选择性的沸石膜覆盖，该膜的复阻抗值随着氨气浓度的变化而发生改变。在传感器开发过程中，根据选择性和长期稳定性来选择沸石材料。主要参数是沸石的类型和模数。在 20 Hz～1 MHz，Moos

等人在 200～500 ℃采集了多种沸石的阻抗谱数据，当这些阻抗谱数据绘制在复电阻面上时，几乎所有测试样品的复阻抗曲线都呈现半圆形[12]。因此，所得到的图谱可以用电阻电容并联等效电路来解释。对于沸石膜，在固定的适当工作频率下，电阻和电容都取决于尾气中的氨气浓度。

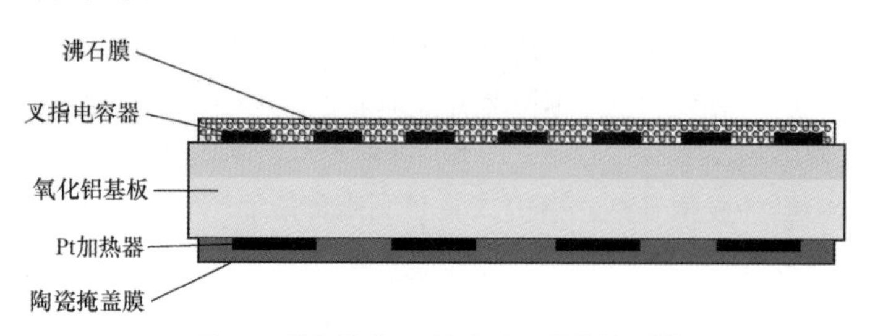

图 8.6　简化的沸石型氨气传感器横截面[12]

8.2　固体电解质气体传感器在工业废气监测中的应用

气体传感器在工业中具有重要的应用，可以用来保证空气清洁和环境安全。较为常见的工业废气及生活中的有毒有害气体主要有 SO_2、CO_2 和一些包括甲醛在内的 VOC 气体。

其中，SO_2、CO_2 是重要的燃烧产物，获取燃烧气体成分的实时信息对于提高效率和减少排放非常重要。为了避免温度变化造成气体成分的变化，最好在高温下进行气体分析。在各种类型的传感器中，基于固体电解质的气体传感器特别适合这种高温苛刻环境[13]。

8.2.1　二氧化硫（SO_2）传感器的应用

Wang 等人[14]开发了基于 YSZ 固体电解质的气体传感器，其中传感器的工作温度为 600 ℃。图 8.7（a）为传感器的结构示意，为典型的平面式传感器，主要由 Pt 参考电极、$ZnTiO_3$ 敏感电极、YSZ 固体电解质、氧化铝基板组成。传感器的敏感机理遵循混成电位原理，在敏感电极处发生如下的电化学反应：

$$O_2+4e^- \rightarrow 2O^{2-} \tag{8.3}$$

$$SO_2+O^{2-} \rightarrow SO_3+2e^- \tag{8.4}$$

如图 8.7（b）所示，对于 1 ppm 的 SO_2，传感器在连续 20 天高温测试中，响应值变化率为−17.8%，处于可接受的范围；传感器在选择性、抗干扰性和抗湿度干扰方面展现了巨大的实用潜力。如图 8.7（c）所示，对于 500 ppb 的气体浓度，传感器对 SO_2 的响应远高于其他气体（C_2H_4、CH_4、CO、NO_2、NO、NH_3），展现了其对 SO_2 优异的选择性；SO_2 与 NO_2 混合时，响应值变化率为 16.7%，具有一定的抗干扰性；在 10%～90%的湿度区间，传感器响应值变化不大，具有湿度稳定性［见图 8.7（d）］。

这些特性在传感器的实际应用中具有重要的意义，但是更长时间的稳定性测试以及稳定性影响机制仍需深入研究。

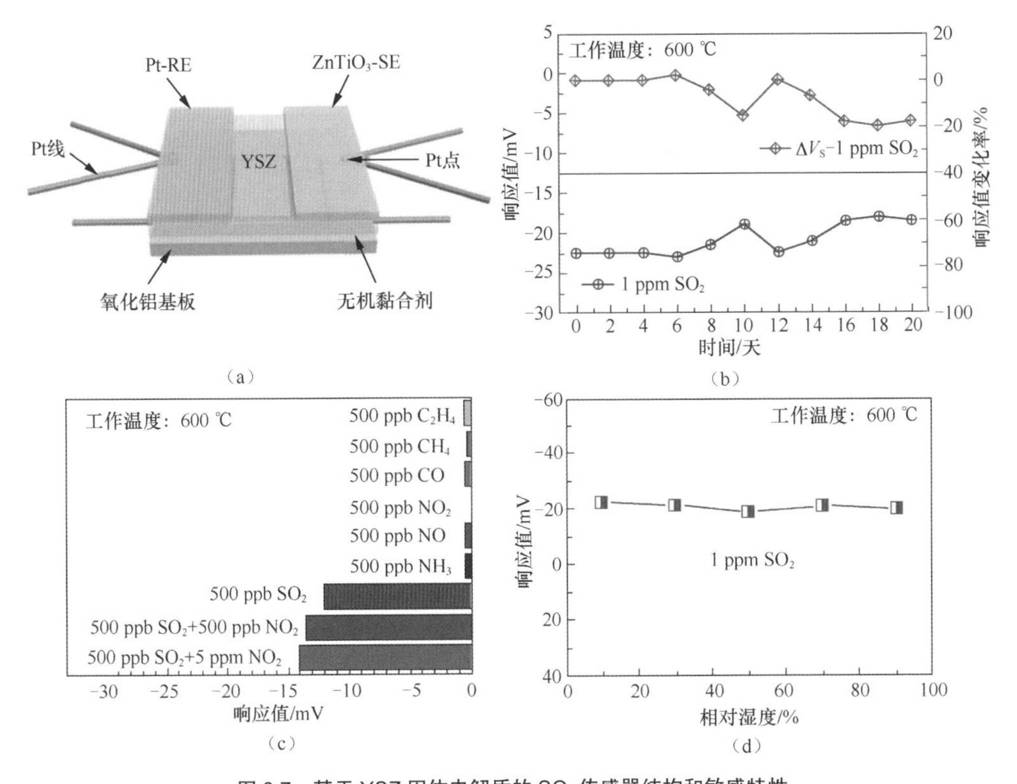

图 8.7 基于 YSZ 固体电解质的 SO_2 传感器结构和敏感特性
(a)结构示意；(b)传感器对 1 ppm SO_2 的 20 天长期稳定性测试；(c)传感器对各种干扰气体的交叉敏感特性；(d)不同相对湿度下，传感器对 1 ppm SO_2 的响应值变化[14]

8.2.2 二氧化碳（CO_2）传感器的应用

Schwandt 等人[15]设计了一种具有新型模块化电池配置的电位型 CO_2 传感器用来检测 CO_2。如图 8.8 所示，传感器由定制的石英夹具内的单个部件组装而成。支撑 CO_2 测试电极的 Na-β/β″-Al_2O_3 圆盘、Na_2SO_4 盐圆盘和封装了 Na 参考电极的 Na-β/β″-Al_2O_3 管彼此相邻放置，并用弹簧加载的石英活塞保持固定。Pt 被用作电引线，穿过夹具一端的气密装置，并连接到高阻抗静电计上。将夹具置于可编程管式炉中，温度控制在 300～600 ℃。该结构以串联的 Na-β/β″-Al_2O_3 陶瓷型固体电解质和 Na_2SO_4 盐型固体电解质为中心。这种设计结合了 Na-β/β″-Al_2O_3 的可烧结性和可加工性，以及 Na_2SO_4 在相关钠活性范围内电导率为 0 的优点。在陶瓷型固体电解质组分的选择上，Na-β/β″-Al_2O_3 优于 NaSICON，因为它可以从熔融盐中通过库仑滴定钠的方式获得，相较而言，NaSICON 容易发生分解；在盐型固体电解质组分选择上，Na_2SO_4 优于其他钠盐，因为它在有关文献报道中体现了更为优异的性能。这种新型传感器产生热力学预期的能斯特电池电压；响应时间为几分钟；对水蒸气没有明显的交叉敏感性；在 400 ℃和 450 ℃下的 6 周长期稳定性测试中，传感器可保持完整的功能性，响应值偏差在±1 mV 的范围内，且完全无漂移，没有观察到机械或其他故障；与以前的传感器设计相比，其最重要的改进是盐型离子导体抑制了传感器中的电子转移，使得这种转移仅发生在陶瓷型离子导体上。同时，这种结构允许独立制作单个传感器元件，更有利于后续实用化传感器系统的组装。

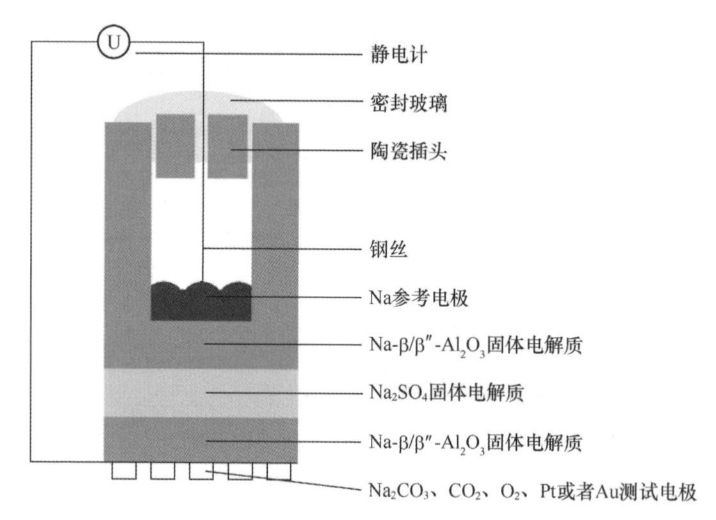

图 8.8　具有新型模块化电池配置的电位型 CO_2 传感器示意[15]

8.2.3　挥化性有机化合物（VOC）传感器的应用

挥发性有机化合物，如甲醛、甲苯和间二甲苯，即使在很低的浓度下（ppb 级）也会给人体带来健康问题，如头晕、头痛和喉咙痛等，即所谓的病态建筑/房屋综合征。这些挥发性有机化合物来自家庭和公寓中的各种物品，如墙纸、家具和地板。因此，为应对这种问题，需要开发出超高灵敏度、价格低廉、响应恢复快的 VOC 气体传感器。针对这种 VOC 气体传感器的研究，Tomoaki 等人[16]开发出了精度可与商用碳氢化合物分析仪相媲美的（VOC 固体电解质）气体传感器。传感器结构如图 8.9（a）所示。传感器以 NiO 为敏感电极，以 Pt 为参考电极和对电极，以 YSZ 管为固体电解质。为了模拟室内环境，气体测试是在含有 13% H_2O 的潮湿环境中进行的。其中甲醛、甲苯和间二甲苯的检测下限分别为 80 ppb、70 ppb、200 ppb。为了评估传感器的准确性和实用性，将当前传感器对 p-TVOC 的测试结果与商用碳氢化合物分析仪（FIA-510）的测试结果进行对比。如图 8.9（b）所示，p-TVOC 的浓度为 50～300 ppb 时，二者测量结果基本一致。该传感器对于在室内环境中测试 ppb 级浓度的总挥发性有机化合物具有很高的潜力。

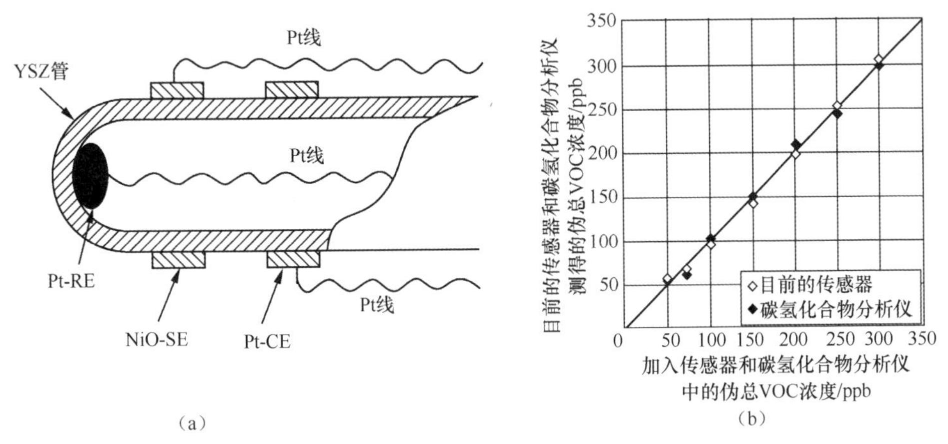

图 8.9　基于 YSZ 的管式 VOC 传感器结构和性能对比
（a）横截面示意[17]；（b）与商用碳氢化合物分析仪的测试结果对比[16]

除了日常生活中可能存在的 VOC 危害，工业环境中的 VOC 危害也不容忽视。例如广泛应用于工业生产过程（如有机溶剂、阻聚剂、防腐剂、催化剂和合成染料等的生产过程）的三乙胺，具有无色透明、易燃易爆、有毒、刺激性气味强的特点。同时，海洋生物的变质过程中也会产生三乙胺，其浓度随着变质程度的增加明显增加。在三乙胺的检测中，YSZ 基平面式气体传感器也展现了巨大的潜力。例如 Liu 等人开发了图 8.10（a）所示的 YSZ 基平面式三乙胺传感器[18]。其中敏感电极为在 1000 ℃下烧结的 CoMoO4，参考电极为 Pt，固体电解质为 YSZ。如图 8.10（b）所示,在 600 ℃时，传感器对 100 ppm 的三乙胺的响应和恢复时间分别为 1 s 和 10 s，这具有重要的实际应用价值；传感器的检测下限低至 100 ppb；在连续 20 天的长期稳定性测试中，传感器对 100 ppm 三乙胺的响应值变化率可达−5.9%，具有良好的长期稳定性［见图 8.10（d）］；同时传感器具有优异的湿度稳定性，如图 8.10（e）和图 8.10（f）所示，传感器在 20%～98%的相对湿度范围内对 100 ppm 三乙胺的响应值具有微小的变化，响应曲线基本重合，展现了其在实际应用中的潜力。但是传感器的选择性需要进一步改善，如图 8.10（g）所示，传感器对氨气、丙酮和三甲胺仍有一定的响应。后续应通过增强传感器对三乙胺的选择性或者加入算法来实现其在实际复杂环境中对三乙胺的检测。

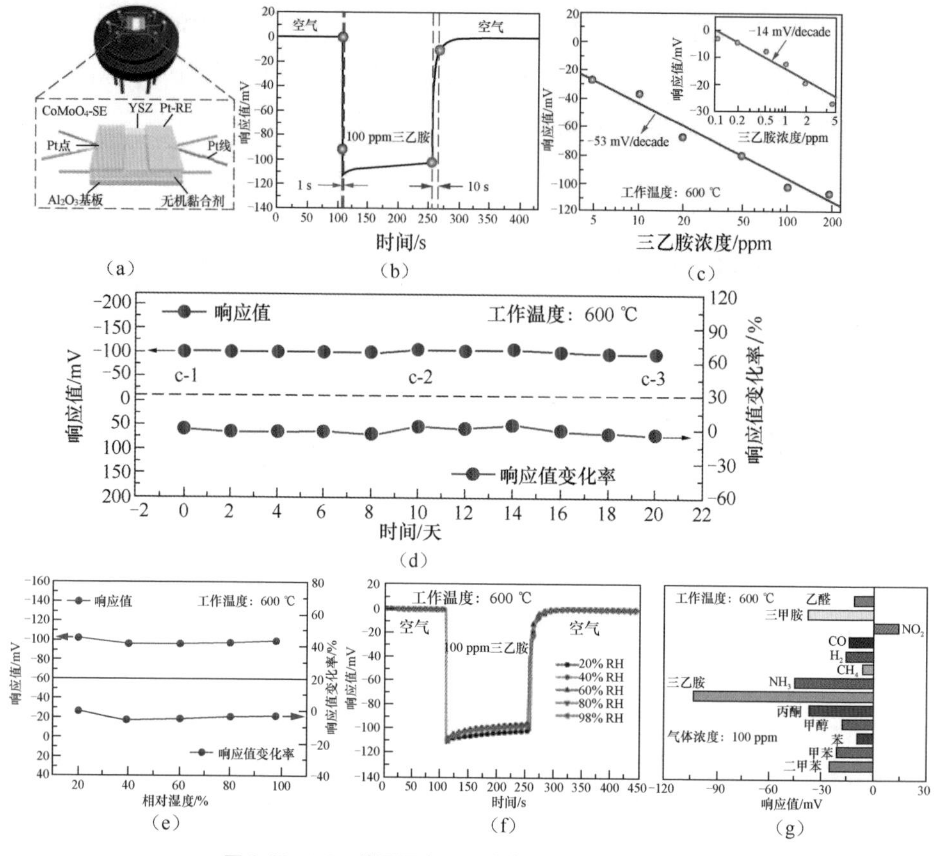

图 8.10　YSZ 基平面式三乙胺传感器结构和敏感特性

（a）结构示意；（b）传感器对 100 ppm 三乙胺的响应恢复特性；（c）传感器的响应值与三乙胺浓度的对数依赖性；（d）传感器对 100 ppm 三乙胺的长期稳定性；（e）和（f）为相对湿度对传感器响应值的影响；（g）传感器对 100 ppm 不同气体的交叉敏感特性[18]

8.3　YSZ 基混成电位型气体传感器在医学诊疗领域的应用

目前，基于人体呼气的分析检测技术是最具前景的新一代无创、无痛、在宅疾病检测方法之一，这是因为人体呼气的成分和含量可在一定程度上反映人体内源代谢和健康状况。在过去的几年中，用于代谢紊乱常规监测的呼气分析吸引了大量研究人员的关注，呼气采样是一种无创技术，其完全无痛、便捷、非侵入式的特点对患者十分友好。

最早的呼气分析可以追溯到古希腊时期，那时的医生知道，病人的呼气气味与一些疾病有关，并由此深入推测身体内部的生理和病理过程。例如，呼气中丙酮的甜味可能预示着糖尿病，鱼腥味预示肝脏疾病，类似尿液的气味与肾功能衰竭有关。因此，他们试图通过人体呼气的特定气味来识别疾病。现代的呼气测试研究表明，人体呼气中的成分非常复杂，是二氧化碳、氮气、水、氧气和其他数百种微量气体的混合物，包括 NH_3 和多种挥发性有机化合物，如甲醇、乙烷、丙酮和异戊二烯等。用各种分析方法对人体呼气样本进行研究，结果表明，气体浓度或者多种气体浓度与某些疾病的发生存在相关性。肺癌、炎症性肺病、肝肾功能障碍和糖尿病患者呼气成分中包含有价值的信息。此外，氧化应激的检测和定量，以及利用呼气成分分析技术对手术过程中氧化应激状态的监测也取得了长足进展[19, 20]。

尽管呼气测试在常规生物监测方面有明显的优势，但它还没有作为临床诊断的标准工具被引入，对医疗诊断和治疗监测有价值的许多内源性化合物也还没有正式成为临床应用中的检测指标。最主要的原因是缺乏合适而简单的物质分离鉴定技术，缺乏规范化和标准化的方法，此外，大多数挥发性有机化合物的生理意义和生化来源仍不清楚。目前，呼气测试的典型常规应用包括评估酒精摄入后人体呼气中的乙醇和乙醛浓度（后者作为乙醇的代谢产物），此外，NO 测试被用于识别哮喘，丙酮作为糖尿病酮症患者的生物标志物等。然而，目前人们对这些化合物的产生、起源和分布的生化途径只有部分了解，而对大部分气体的生化来源的了解还十分有限，例如，甲基化碳氢化合物的生化来源就不为人知。

由于上述原因与限制，呼气分析在目前还停留在试验阶段，鲜有实际应用，但通过呼气分析实现疾病诊断筛查的前景和潜力是毋庸置疑的。随着气体检测技术的不断发展，利用气体传感器对呼气中生物标志物进行检测，为呼气分析提供一种廉价、便携的检测方法。由于人体呼气中包含较高浓度的水蒸气以及大量共存气体，基于固体电解质的全固态传感器因具有较好的抗湿性和选择性，在呼气检测领域逐渐显现出独特的优势。近年来，人们也逐渐开始研究 YSZ 基混成电位型气体传感器在呼气检测领域的应用前景，其中研究最为广泛的为丙酮传感器。下面将对包括 YSZ 基混成电位型丙酮传感器在内的几种传感器进行简要介绍。

8.3.1　糖尿病呼气检测

到目前为止，丙酮是最重要的呼气标志物之一，对呼气中丙酮含量的检测有助于糖尿病的筛查与诊断，这已经成为研究人员的共识。糖尿病患者体内由于胰岛素含量较低，机体在糖供能不足的情况下会利用脂肪分解供能。脂肪在肝脏中代谢产生的 3 种酮体（乙酰乙酸盐、β 羟丁酸和丙酮）中，乙酰乙酸盐会进一步分解产生丙酮，而丙酮由于挥发性较强，可以通过血液循环和肺泡交换出现在呼气中，导致糖尿病患者呼气中的丙酮含量升高。有研究表明，正常人的呼气中丙酮含量为 0.3～0.9 ppm，对于糖尿病患者，其呼气中丙酮的含量通常会高于 1.8 ppm[21, 22]。因此目前针对丙酮传感器研究的主要原则是，需要保证传感器的检测下限能够低于 1.8 ppm 的糖尿病判定阈值。YSZ 基混成电位型丙酮传感器也在不断朝着这个目标推进，在呼气检测方面也进行了一些研究。

最初对 YSZ 基混成电位型丙酮传感器的研究集中于 Kasalizadeh 等人的工作中，以不同金属氧化物掺杂的 Pt/SnO_2 作为敏感电极，其研究了传感器对 VOC 的敏感特性，发现 Pt/CeO_2/SnO_2-SE 传感器在 400 ℃下对 100～1000 ppm 丙酮具有良好的敏感特性[23]。然而这样的检测远不能满足对糖尿病患者呼气检测的要求。在过去的几年里，研究人员通过开发新型敏感电极材料，实现了对 YSZ 基混成电位型丙酮传感器敏感特性的提升，使得传感器的性能一步一步接近并最终达到实际呼气检测的目标。

Liu 等人在 YSZ 基混成电位型丙酮传感器的研究中开展了大量的工作，分别开发了 $Zn_3V_2O_8$、$CdMoO_4$、$NiNb_2O_6$、$CdNb_2O_6$ 敏感电极材料，构建了 YSZ 基混成电位型丙酮传感器。如图 8.11 所示，基于 $Zn_3V_2O_8$-SE 的传感器可检测 1～400 ppm 的丙酮，对 1～10 ppm 和 10～400 ppm 丙酮的灵敏度分别为−16 mV/decade 和−56 mV/decade，同时传感器还具有很好的选择性和长期稳定性[24]；基于 $CdMoO_4$-SE 的传感器在 625 ℃时对 100 ppm 丙酮的响应值达−133.5 mV，检测下限可以达到 0.5 ppm，对 5～300 ppm 范围内丙酮的灵敏度为−84 mV/decade[25]；基于 $NiNb_2O_6$-SE 的传感器对丙酮的检测下限可以达到 0.5 ppm，对 0.5～5 ppm 和 5～500 ppm 丙酮的灵敏度分别可达−13 mV/decade 和−79 mV/decade[26]；基于 $CdNb_2O_6$-SE 的传感器在检测下限上得到了进一步改善，可检测低至 0.2 ppm 的丙酮[27]。这一系列工作不断提升和优化了 YSZ 基混成电位型丙酮传感器的敏感特性，优良的敏感特性使得这些传感器在测量人体呼气中丙酮含量方面展现出一定的应用前景。在最新的工作中，研究人员开发了基于 $NiTa_2O_6$-SE 的 YSZ 基混成电位型丙酮传感器，该传感器具备较大的检测范围，可以实现对 0.2～200 ppm 丙酮的有效检测，响应时间、恢复时间分别为 9 s 和 18 s，更重要的是该工作所研发的传感器对糖尿病患者和健康人的呼气进行了检测，通过对 6 名志愿者（3 名健康人和 3 名糖尿病患者）呼气的检测，传感器的响应信号随糖尿病患者血酮浓度的升高而不断增大，而且该传感器能够成功区分健康人和糖尿病患者，有力证明了该传感器具有应用于糖尿病呼气检测的潜力[28]。

Hao 等人开发了基于 YSZ 和尖晶石型（AB_2O_4）复合金属氧化物敏感电极的混成电位型丙酮传感器。采用 A 位取代的方式，在 $CoFe_2O_4$ 基础上，制备和研究了以 Zn 取代的 $Co_{1-x}Zn_xFe_2O_4$ 为敏感电极的丙酮传感器。如图 8.12（a）和图 8.12（b）所示，当 x=0.5 时，基于 $Co_{0.5}Zn_{0.5}Fe_2O_4$-SE 的传感器对丙酮具有绝对值最大的灵敏度，在 650 ℃时，检测下限低至 0.3 ppm，对 0.3～2 ppm 和 5～100 ppm 丙酮的灵敏度分别为−18 mV/decade 和−63 mV/decade。通过 SEM 表征手段，观察到了 Zn 掺杂量对电极材料微观形貌的影响。极化曲线和复阻抗测试进一步证明了不同敏感电极所构建的传感器对丙酮电化学催化活性的影响，由此解释了基于 $Co_{0.5}Zn_{0.5}Fe_2O_4$-SE 的传感器具有最佳敏感特性的原因[29]。

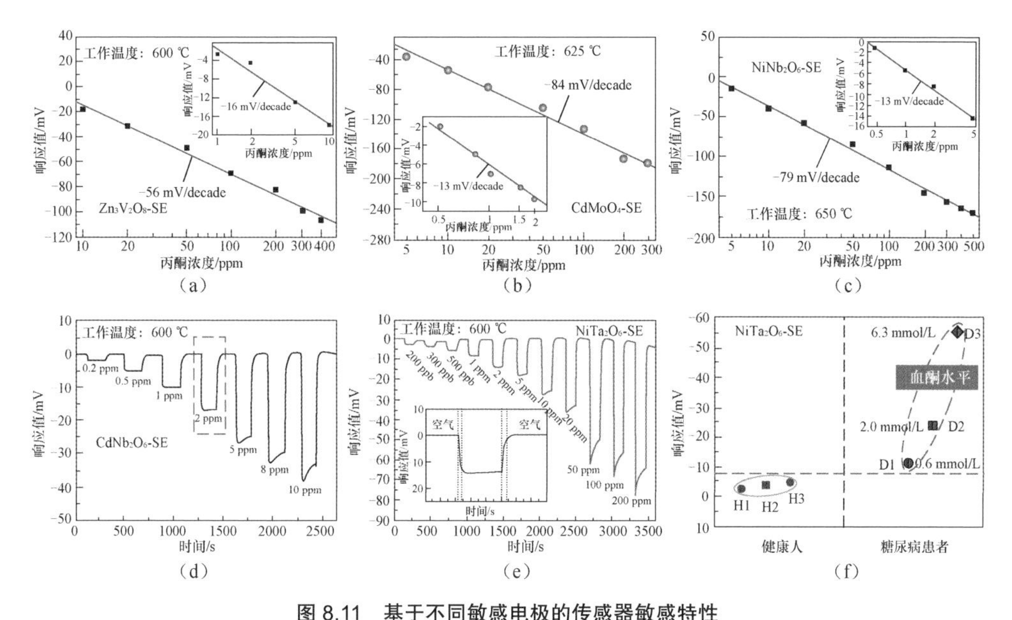

图 8.11　基于不同敏感电极的传感器敏感特性

基于（a）$Zn_3V_2O_8$-SE[24]、（b）$CdMoO_4$-SE[25]、（c）$NiNb_2O_6$-SE[26]、（d）$CdNb_2O_6$-SE[27] 和（e）$NiTa_2O_6$-SE 的传感器对丙酮的敏感特性；（f）基于 $NiTa_2O_6$-SE 的传感器对人体呼气的响应值[28]

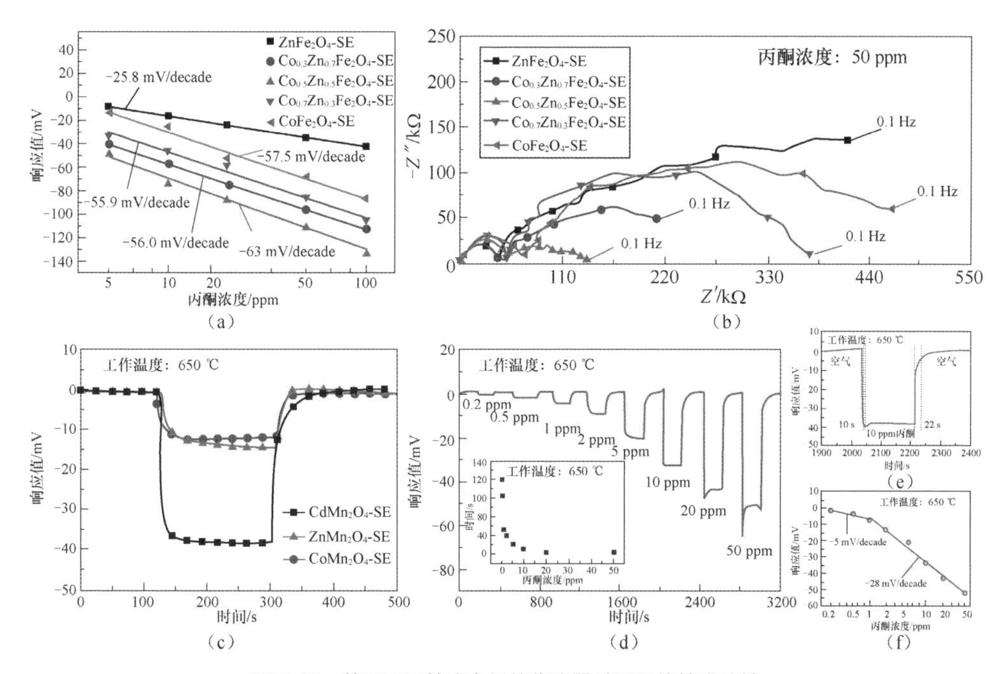

图 8.12　基于不同敏感电极的传感器对丙酮的敏感特性

（a）$Co_{1-x}Zn_xFe_2O_4$-SE 传感器的灵敏度曲线；（b）$Co_{1-x}Zn_xFe_2O_4$-SE 传感器的复阻抗曲线[29]；（c）$CdMn_2O_4$-SE、$ZnMn_2O_4$-SE、$CoMn_2O_4$-SE 传感器对 10 ppm 丙酮的响应恢复曲线；（d）$CdMn_2O_4$-SE 传感器的连续响应恢复曲线；（e）$CdMn_2O_4$-SE 传感器对 10 ppm 丙酮的响应恢复时间；（f）$CdMn_2O_4$-SE 传感器灵敏度曲线[30]

图 8.12（c）～图 8.12（f）所示为以 AMn_2O_4（A 为 Co、Zn 和 Cd）为敏感电极的 YSZ 基混成电位型丙酮传感器，由于 $CdMn_2O_4$ 对丙酮的电化学催化活性最强，基于 $CdMn_2O_4$-SE 的传感器对丙酮表现出最佳的敏感特性，该传感器对丙酮的检测下限为 0.2 ppm，同时传感器还具有良好的湿度稳定性和长期稳定性[30]。

此外，他们还研究了以 $Sm_{2-x}Sr_xNiO_4$ 为敏感电极构建的 YSZ 基混成电位型气体传感器对丙酮的敏感特性。如图 8.13（a）～图 8.13（c）所示，基于 $Sm_{1.4}Sr_{0.6}NiO_4$ 敏感电极的传感器在 675 ℃下能够检测 0.3～100 ppm 的丙酮，并且传感器还具有良好的抗湿性和稳定性，这预示着该传感器在呼气检测方面具有重要的应用潜力。如图 8.13（d）～图 8.13（f）所示，对 7 名志愿者的呼气进行了检测，其中有 1 名健康人，另外 6 名均是糖尿病患者，血酮浓度分布在 0.3 mmol/L～7.1 mmol/L 这一区间（血酮浓度的大小可在一定程度上反映糖尿病患者的病情程度）。可以看出，传感器对健康人呼气的响应值绝对值最小，对糖尿病患者呼气的响应值绝对值随着血酮浓度的增大有升高的趋势。进一步利用传感器的灵敏度曲线推测出呼气中的丙酮浓度，从图 8.13（e）～图 8.13（f）中可以看出，传感器对呼气的响应值以及由此推算出的呼气中的丙酮浓度，均与血酮浓度之间存在着正相关的关系。此外，据报道，血酮浓度高于 0.4 mmol/L 的患者极有可能发展为糖尿病酮症患者，因此他们还另外采集了 3 名血酮浓度为 0.4 mmol/L 的糖尿病患者的呼气，如图 8.13（g）所示，传感器对 3 例呼气样本的响应值绝对值均远高于对健康人的呼气样本的响应值绝对值，这进一步证明了所研制的传感器在临床检测中表现出稳定可靠的性能，且能够检测糖尿病酮症，在糖尿病呼气检测方面具有很大的潜力[31]。

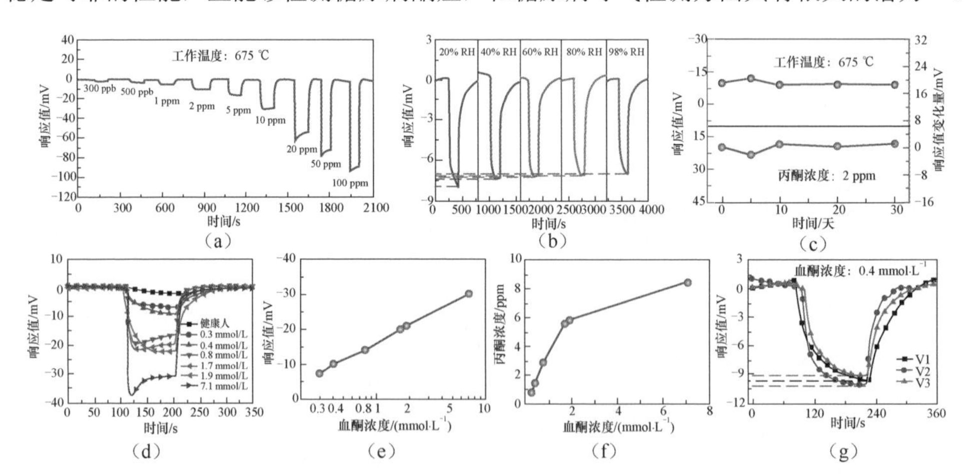

图 8.13 以 $Sm_{1.4}Sr_{0.6}NiO_4$ 为敏感电极的 YSZ 基传感器在 675 ℃下对丙酮的敏感特性

（a）连续响应恢复曲线；（b）在不同湿度条件下对 1 ppm 丙酮的响应；（c）对 2 ppm 丙酮在连续 30 天内的长期稳定性；（d）传感器对不同血酮浓度志愿者的响应恢复曲线；（e）传感器的响应值与血酮浓度之间的依赖关系；（f）利用传感器计算得到的丙酮浓度与血酮浓度之间的依赖关系；（g）传感器对 3 名志愿者呼气的响应恢复曲线，每个志愿者的血酮浓度为 0.4 mmol/L[31]

如图 8.14 所示，Wang 等人以 Fe_2TiO_5-TiO_2 为敏感电极研制了 YSZ 基混成电位型丙酮传感器，对丙酮的检测下限进一步降低到 0.1 ppm，是目前 YSZ 基混成电位型丙酮传感器所能达到的最低检测下限。传感器对 0.1～1 ppm 和 1～20 ppm 丙酮的灵敏度分别为−13 mV/decade 和−46 mV/decade，并且在连续 30 天的测试中，灵敏度的衰减很小，具有优异的长期稳定性，此外，传感器还具有良好的选择性。利用该传感器对 6 名健康人和 6 名糖尿病患者的呼气进行测试的结果表明，该传感器可以很容易地将健康人与糖尿病患者区分开来。糖尿病患者的呼气响应值绝对值明显高于健康人的呼气响应值绝对值，且呼气响应值绝对值随糖尿病患者血酮浓度的升高而逐渐升高。这些结果证实了所研制的以 Fe_2TiO_5-TiO_2 为敏感电极的 YSZ 基混成电位型丙酮传感器具有较好的糖尿病早期筛查能力[32]。

除丙酮外，还有 NO、H_2S、NH_3 以及内源性甲醇和乙醇等气体可作为生物标志物，然而到目前为止，大多数研究都集中在丙酮传感器上，研制高性能的 YSZ 基混成电位型气体传感器对这些呼气进行灵敏检测也很有必要。

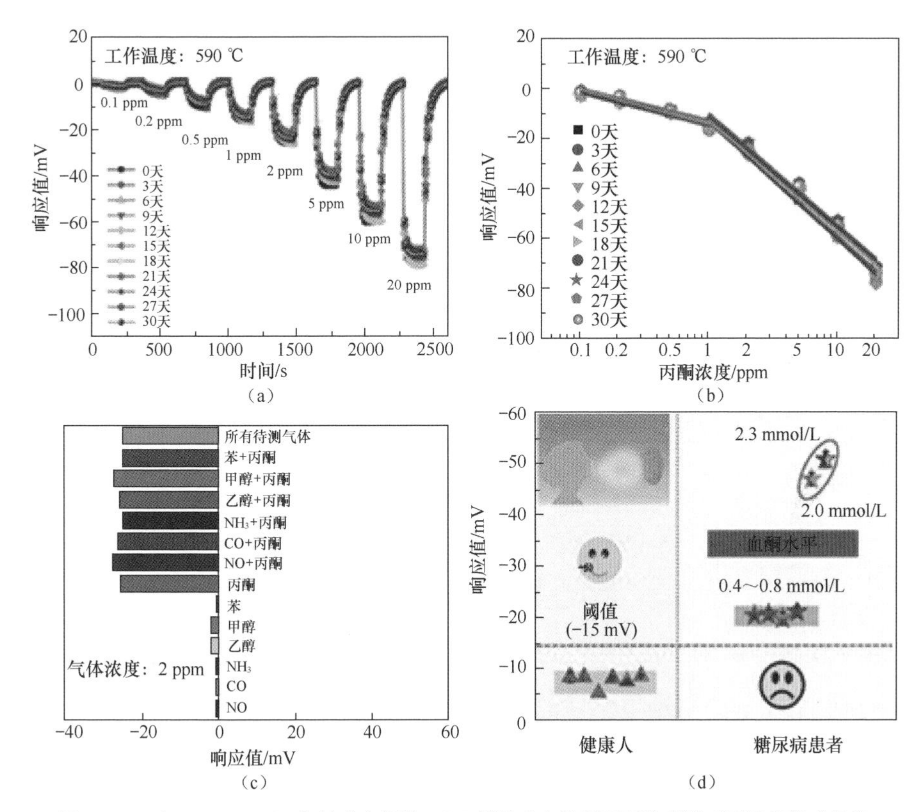

图 8.14 以 Fe_2TiO_5-TiO_2 为敏感电极的 YSZ 基混成电位型丙酮传感器对丙酮的敏感特性
（a）在连续 30 天的测试周期内对 0.1~20 ppm 丙酮的连续响应恢复曲线；（b）灵敏度曲线；（c）选择性；（d）传感器对 6 名健康人和 6 名糖尿病患者呼气测试的结果[32]

8.3.2 哮喘呼气检测

NO 在临床上可以作为诊断哮喘的生物标志物，然而 NO 在人体呼气中的含量非常低，传感器必须能够检测到 1～100 ppb 这一范围内的 NO，而大多数 YSZ 基混成电位型 NO 传感器都难以达到这样的检测下限。Mondal 和 Dutta 等人通过将多个 WO_3|YSZ|PtY 传感器单元串联，使得传感器阵列能够检测到 ppb 级的 NO（传感器阵列相关的构筑方式已在 6.2 节详细介绍），并模拟了传感器阵列对呼气样本的检测。如图 8.15 所示，他们收集了人体呼气样本，通过注入一定量的 NO 用以模拟呼气环境，同时为了模拟呼气环境中的高湿度，将呼气样本通过起泡器与水蒸气混合。实验中采用 20 个传感器单元串联组成的阵列对 8～82 ppb 的 NO 产生了良好的响应，响应值与 NO 浓度之间也满足良好的线性关系[33]。

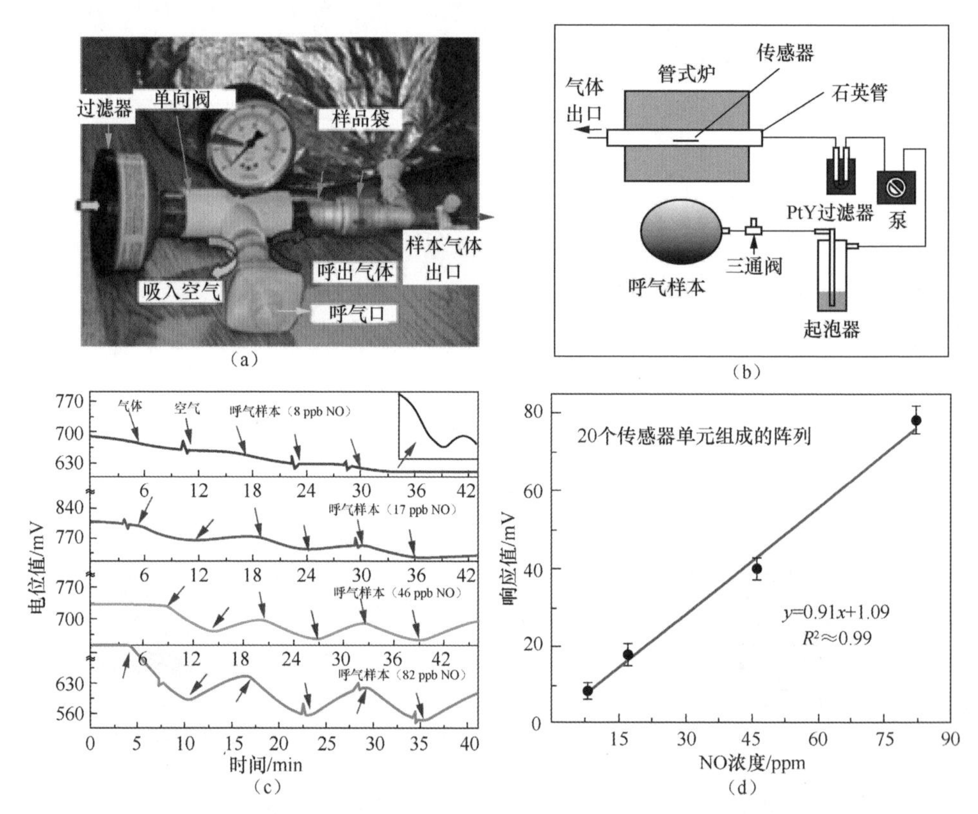

图 8.15 以 WO_3 为敏感电极的 YSZ 基混成电位型 NO 传感器阵列在呼气检测中的应用
（a）呼气采集装置；（b）呼气样本通过起泡器的实验装置；（c）20 个传感器单元串联组成的阵列对 8~82 ppb 的 NO 的响应曲线；（d）传感器响应值与呼气中 NO 浓度的变化关系[33]

此外，研究人员还将 YSZ 基混成电位型气体传感器用于检测 H_2S、NH_3、乙醇等气体，探索了其在口臭、肾病、肠道菌群特性等医学诊疗领域中的潜在应用。Wang

等人开发了基于 Co_2SnO_4 敏感电极的 YSZ 基混成电位型 H_2S 传感器，并研究了该传感器用于口臭患者呼气检测的应用前景。80%～90%的口臭源于口腔，口腔中含有含硫的氨基酸胱氨酸、半胱氨酸和蛋氨酸分解成的恶臭挥发性硫化合物（Volatile Sulfur Compounds，VSC），其中 H_2S 是主要产物之一。在医学诊断方面，H_2S 被用作口臭的生物标志物。当人体呼气中的 H_2S 浓度超过 0.1 ppm 时，可作为判断口臭的依据。如图 8.16 所示，所研制的传感器对 0.1～10 ppm 的 H_2S 响应良好，通过向 10 个健康人呼气中注入 1 ppm H_2S 来模拟口臭患者呼气，传感器对健康人的呼气和模拟口臭患者的呼气具有良好的分辨能力，能够明确区分二者，证明该传感器在检测口臭患者呼气中也具有一定的发展潜力[34]。

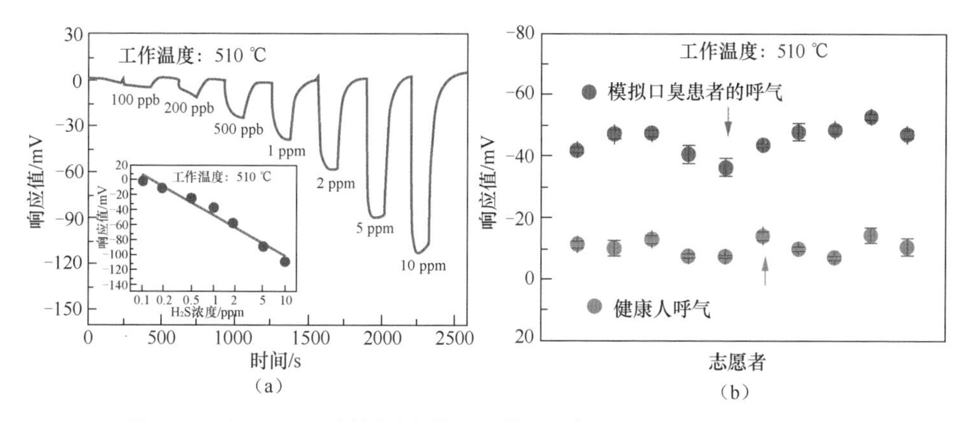

图 8.16 以 Co_2SnO_4 为敏感电极的 YSZ 基混成电位型 H_2S 传感器的敏感特性
（a）对 0.1~10 ppm H_2S 的连续响应恢复曲线和灵敏度曲线；（b）传感器对健康人和模拟口臭患者呼气的区分[34]

NH_3 是人体主要的呼吸代谢产物之一，也是一种重要的呼气标志物，人体呼气中的 NH_3 浓度通常可以反映肾脏的健康状况。肾病患者呼气中的 NH_3 浓度（大于 1.5 ppm）要高于健康人（约 0.8 ppm）的[35, 36]。目前报道了多种基于氧化物敏感电极和 YSZ 固体电解质的混成电位型 NH_3 传感器，但大多数都由于检测下限较高而无法满足呼气检测的需要，这些 NH_3 传感器大多适用于机动车尾气处理中的 SCR 系统。如图 8.17 所示，Bhardwaj 等人开发的基于 SnO_2+$CuFe_2O_4$ 敏感电极[37]和 Liu 等人开发的基于 $Cd_2V_2O_7$ 敏感电极[38]的 YSZ 基混成电位型 NH_3 传感器能够达到 1 ppm 的检测下限，在检测下限上能够满足呼气检测的需要，然而其可行性还缺乏进一步的验证，针对该领域的研究还需要进一步开展。

内源性甲醇和乙醇浓度是肠道菌群平衡的标志，其与儿童多囊病、囊性纤维化、肝脂肪变性和肺癌等有关。一般来说，健康人的呼气中甲醇和乙醇的平均浓度分别为 461 ppb 和 196 ppb，其浓度会因上述疾病而略有变化。Cheng 等人基于此背景，开发了基于

$La_{0.8}Sr_{0.2}MnO_3$ 敏感电极的 YSZ 基混成电位型气体传感器，用于痕量乙醇的检测[39]。如图 8.18 所示，开发的传感器在 500 ℃下对 50 ppb～1 ppm 乙醇具有良好的灵敏度、重复性和抗湿性，这些结果证明该传感器在检测人体呼气中乙醇含量方面具有应用潜力。

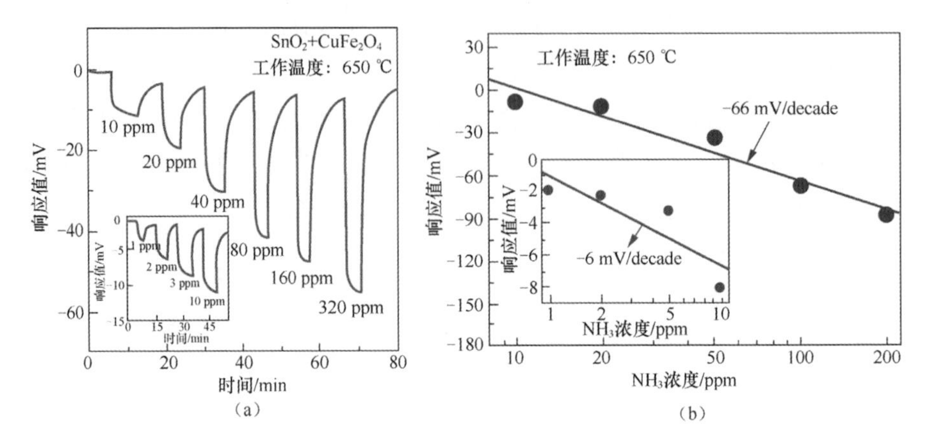

图 8.17　基于不同敏感电极的 YSZ 基混成电位型 NH_3 传感器的敏感特性

（a）SnO_2+$CuFe_2O_4$[37]；（b）$Cd_2V_2O_7$[38]

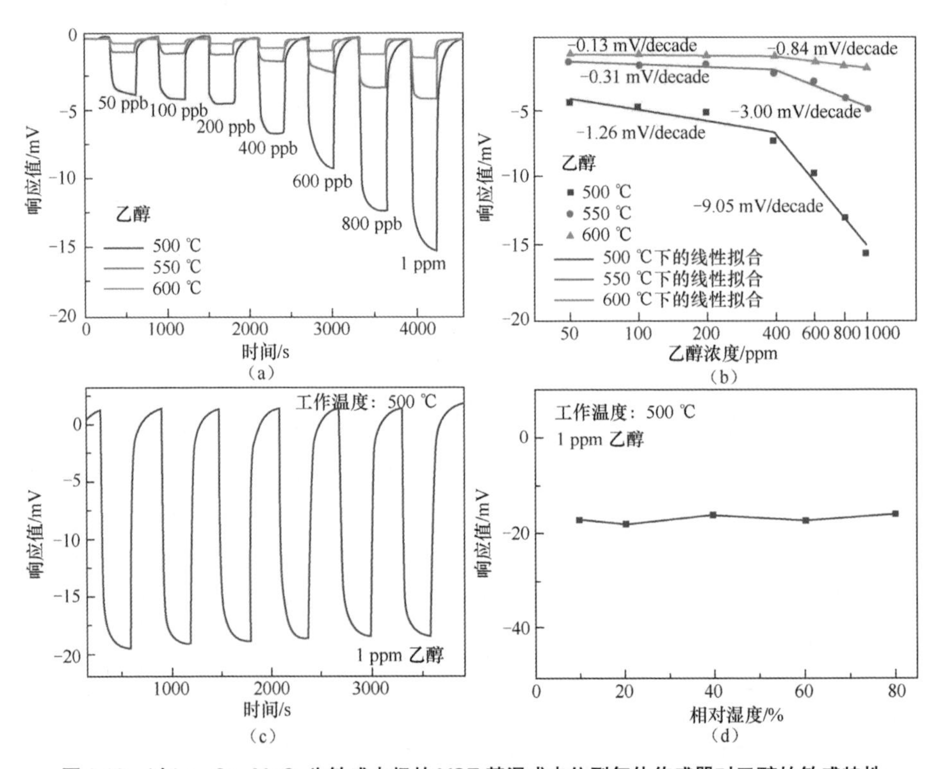

图 8.18　以 $La_{0.8}Sr_{0.2}MnO_3$ 为敏感电极的 YSZ 基混成电位型气体传感器对乙醇的敏感特性

（a）在 500~600 ℃下对 0.05~1 ppm 乙醇的连续响应恢复曲线；（b）灵敏度曲线；（c）在 500 ℃下对 1 ppm 乙醇的重复性；（d）相对湿度对传感器敏感特性的影响[39]

8.4 本章小结

YSZ 基混成电位型气体传感器最初在机动车尾气监测、环境监测等领域得到了广泛研究，在呼气检测这一新兴应用领域的研究也在不断深入。随着 YSZ 基混成电位型气体传感器的应用领域不断扩大，其在进一步发展中的局限性也开始显现出来。目前 YSZ 基混成电位型气体传感器在实际应用中面临的主要挑战包括以下几方面。

（1）目前大多数报道的 YSZ 基混成电位型气体传感器可在实验室条件下检测到 ppm 或亚 ppm 级的待测气体，然而对于某些应用场景，比如呼气检测，需要检测的待测气体含量极低，需要将传感器的检测下限降低至更低的水平，这对于传感器的性能提出了较高的要求。

（2）传感器的选择性和识别能力不足，无论是机动车尾气监测、环境监测领域，还是呼气检测领域，都共存着大量的干扰气体，在实际应用过程中，传感器难以对待测气体进行有效识别。构筑气体传感器阵列替代单个的传感器单元是今后发展的重要趋势，尽管这可以有效增强传感器单元的识别能力，但对单个传感器的选择性仍然具有很高的要求。

（3）传感器的基线容易受到周围环境的影响，由于环境温度、湿度、压强甚至气体组分的变化，传感器存在着基线漂移的问题，对实际应用中的原位、在线监测有不良影响，这在传感器的实际使用中不容忽视。

（4）传感器工作温度较高，对于器件的功耗来说是不利的。此外，在集成的传感器阵列系统中，高温的影响不可忽略。

参 考 文 献

[1] MOOS R. A brief overview on automotive exhaust gas sensors based on electroceramics [J]. International Journal of Applied Ceramic Technology, 2005, 2(5): 401-413.

[2] JURGEN R K, DENENBERG J N. Automotive electronics handbook, 2nd edition [M]. New York: McGraw-Hill, 1999.

[3] RIEGEL J, NEUMANN H, WIEDENMANN H M. Exhaust gas sensors for automotive emission control [J]. Solid State Ionics, 2002, 152: 783-800.

[4] WIEDENMANN H M, RAFF L, NOACK R. Heated zirconia oxygen sensor for stoichiometric and lean air-fuel ratio [J]. SAE Transactions, 1984: 840141.

[5] RETTIG F, MOOS R, PLOG C. Poisoning of temperature independent resistive oxygen sensors by sulfur dioxide [J]. Journal of Electroceramics, 2004, 13(1-3): 733-738.

[6] 关顺贤. 详解汽车宽带型氧传感器 [J]. 辽宁科技学院学报, 2005, 7(3): 7-8.

[7] NOBUHIDE K, KUNIHIKO N, NORIYUKI I. Thick film ZrO_2 NO_x sensor [J]. SAE Transactions, 1996, 105: 446-451.

[8] KOBAYSHI N,YAMASHITA A, NAITO O, et al. Development of simultaneous NO_x/NH_3 sensor in exhaust gas [J]. Mitsubishi Technical Review, 2001, 38: 126-130.

[9] SCHMIDT-ZHANG P, SANDOW K P, ADOLF F, et al. A novel thick film sensor for simultaneous O_2 and NO monitoring in exhaust gases [J]. Sensors and Actuators B, 2000, 70(1-3): 25-29.

[10] MAGORI E, REINHARDT G, FLEISCHER M, et al. Thick film device for the detection of NO and oxygen in exhaust gases [J]. Sensors and Actuators B: Chemical, 2003, 95(1-3): 162-169.

[11] PALMQVIST A, JOBSON E, ANDERSSON L, et al. LOTUS: a co-operation for low temperature urea-based selective catalytic reduction of NO_x [J]. SAE Technical Papers, 2004, 113(4): 590-601.

[12] MOOS R, MÜLLER R, PLOG C, et al. Selective ammonia exhaust gas sensor for automotive applications [J]. Sensors and Actuators B: Chemical, 2002, 83(1-3): 181-189.

[13] FERGUS J W. A review of electrolyte and electrode materials for high temperature electrochemical CO_2 and SO_2 gas sensors [J]. Sensors and Actuators B: Chemical, 2008, 134(2): 1034-1041.

[14] WANG J, LIU A, WANG C, et al. Solid state electrolyte type gas sensor using stabilized zirconia and $MTiO_3$ (M: Zn, Co and Ni)-SE for detection of low concentration of SO_2 [J]. Sensors and Actuators B: Chemical, 2019, 296: 126644.

[15] SCHWANDT C, KUMAR R V, HILLS M P. Solid state electrochemical gas sensor for the quantitative determination of carbon dioxide [J]. Sensors and Actuators B: Chemical, 2018, 265: 27-34.

[16] SATO T, PLASHNITSA V V, UTIYAMA M, et al. YSZ-based sensor using NiO sensing electrode for detection of volatile organic compounds in ppb level [J]. Journal of the Electrochemical Society, 2011, 158(6): J175-J178.

[17] MIURA N, WANG J, NAKATOU M, et al. High-temperature operating characteristics of mixed-potential-type NO_2 sensor based on stabilized-zirconia tube and NiO sensing electrode [J]. Sensors and Actuators B: Chemical, 2006, 114(2): 903-909.

[18] LIU F, YANG Z, HE J, et al. Ultrafast-response stabilized zirconia-based mixed

potential type triethylamine sensor utilizing $CoMoO_4$ sensing electrode [J]. Sensors and Actuators B: Chemical, 2018, 272: 433-440.

[19] LI W, DUAN Y. Human exhaled breath analysis: trends in techniques and its potential applications in non-invasive clinical diagnosis [J]. Progress in Chemistry, 2015, 27: 321-335.

[20] BUSZEWSKI B, KESY M, LIGOR T, et al. Human exhaled air analytics: biomarkers of diseases [J]. Biomed Chromatogr, 2007, 21(6): 553-566.

[21] BAHARUDDIN A A, ANG B C, HASEEB A, et al. Advances in chemiresistive sensors for acetone gas detection [J]. Materials Science in Semiconductor Processing, 2019, 103: 104616.

[22] DENG C, ZHANG J, YU X, et al. Determination of acetone in human breath by gas chromatography-mass spectrometry and solid-phase microextraction with on-fiber derivatization [J]. J Chromatogr B Analyt Technol Biomed Life Sci, 2004, 810(2): 269-275.

[23] KASALIZADEH M, KHODADADI A A, MORTAZAVI Y. Coupled metal oxide-doped Pt/SnO_2 semiconductor and yttria-stabilized zirconia electrochemical sensors for detection of VOC [J]. Journal of the Electrochemical Society, 2013, 160(11): B218-B24.

[24] LIU F, GUAN Y, SUN R, et al. Mixed potential type acetone sensor using stabilized zirconia and $M_3V_2O_8$ (M: Zn, Co and Ni) sensing electrode [J]. Sensors and Actuators B: Chemical, 2015, 221: 673-680.

[25] LIU F, MA C, HAO X, et al. Highly sensitive gas sensor based on stabilized zirconia and $CdMoO_4$ sensing electrode for detection of acetone [J]. Sensors and Actuators B: Chemical, 2017, 248: 9-18.

[26] LIU F, YANG X, WANG B, et al. High performance mixed potential type acetone sensor based on stabilized zirconia and $NiNb_2O_6$ sensing electrode [J]. Sensors and Actuators B: Chemical, 2016, 229: 200-208.

[27] LIU F, WANG B, YANG X, et al. Sub-ppm YSZ-based mixed potential type acetone sensor utilizing columbite type composite oxide sensing electrode [J]. Sensors and Actuators B: Chemical, 2017, 238: 928-937.

[28] LIU F, WANG J, LI B, et al. Ni-based tantalate sensing electrode for fast and low detection limit of acetone sensor combining stabilized zirconia [J]. Sensors and Actuators B: Chemical, 2020, 304: 127375.

[29] HAO X, WANG B, MA C, et al. Mixed potential type sensor based on stabilized zirconia and $Co_{1-x}Zn_xFe_2O_4$ sensing electrode for detection of acetone [J]. Sensors and Actuators B: Chemical, 2018, 255: 1173-1181.

[30] HAO X, LIU T, LI W, et al. Mixed potential gas phase sensor using YSZ solid electrolyte and spinel-type oxides AMn_2O_4 (A = Co, Zn and Cd) sensing electrodes [J]. Sensors and Actuators B: Chemical, 2020, 302: 127206.

[31] HAO X, WU D, WANG Y, et al. Gas sniffer (YSZ-based electrochemical gas phase sensor) toward acetone detection [J]. Sensors and Actuators B: Chemical, 2019, 278: 1-7.

[32] WANG J, JIANG L, ZHAO L, et al. Stabilized zirconia-based acetone sensor utilizing Fe_2TiO_5-TiO_2 sensing electrode for noninvasive diagnosis of diabetics [J]. Sensors and Actuators B: Chemical, 2020, 321: 128489.

[33] MONDAL S P, DUTTA P K, HUNTER G W, et al. Development of high sensitivity potentiometric NO_x sensor and its application to breath analysis [J]. Sensors and Actuators B: Chemical, 2011, 158(1): 292-298.

[34] WANG C, JIANG L, WANG J, et al. Mixed potential type H_2S sensor based on stabilized zirconia and a Co_2SnO_4 sensing electrode for halitosis monitoring [J]. Sensors and Actuators B: Chemical, 2020, 321: 128587.

[35] LIU L, FEI T, GUAN X, et al. Humidity-activated ammonia sensor with excellent selectivity for exhaled breath analysis [J]. Sensors and Actuators B: Chemical, 2021, 334: 129625.

[36] TURNER C, SPANEL P, SMITH D. A longitudinal study of ammonia, acetone and propanol in the exhaled breath of 30 subjects using selected ion flow tube mass spectrometry, SIFT-MS [J]. Physiological Measurement, 2006, 27(4): 321-337.

[37] BHARDWAJ A, KUMAR A, SIM U, et al. Synergistic enhancement in the sensing performance of a mixed-potential NH_3 sensor using SnO_2@$CuFe_2O_4$ sensing electrode [J]. Sensors and Actuators B: Chemical, 2020, 308: 127748.

[38] LIU F, LI S, HE J, et al. Highly selective and stable mixed-potential type gas sensor based on stabilized zirconia and $Cd_2V_2O_7$ sensing electrode for NH_3 detection [J]. Sensors and Actuators B: Chemical, 2019, 279: 213-222.

[39] CHENG C, ZOU J, ZHOU Y, et al. Fabrication and electrochemical property of $La_{0.8}Sr_{0.2}MnO_3$ and $(ZrO_2)_{0.92}(Y_2O_3)_{0.08}$ interface for trace alcohols sensor [J]. Sensors and Actuators B: Chemical, 2021, 331: 129421.

第9章 固体电解质气体传感器的发展前景与展望

经过几十年的发展，固体电解质气体传感器的研究已经取得了重要进展。对于混成电位型固体电解质气体传感器，其在敏感电极材料、固体电解质材料、TPB、光增感技术、传感器阵列、敏感机理阐析等诸多方面实现了突破，但仍具有众多挑战性难题需要进一步探究。

（1）敏感电极材料开发和 TPB 构筑。设计/制备新型高性能敏感电极材料和开发新的高效 TPB 构筑技术仍然是构建高性能混成电位型固体电解质气体传感器的有效策略和重要方向。在前期研究工作基础上，针对待测气体的检测需求，利用“材料基因工程”的方法，结合人工神经网络等人工智能的新手段，对新型高性能敏感电极材料的设计进行理论研究，取代“试错法”的氧化物材料设计思路，建立“指哪打哪”的新型敏感电极材料设计方针。进一步研究敏感电极微观形貌与敏感特性的关联规律，明晰内在构效关联。深入研究 TPB 的结构与功能，进行 TPB 对器件性能影响的理论机理分析，建立精确的 TPB 结构、性能和功能内在关联的数学模型，以及利用计算模型去模拟具有不同 TPB 的器件对不同待测气体的响应，确立通过建模与仿真来高效选择特定气体以及通过构建具有某一特殊优异性能的 TPB 结构来设计传感器的指导方针。继续发展成本低、简单、可大面积稳定加工的 TPB 构筑技术，系统研究固体电解质表面微结构、粗糙度、敏感电极与表面匹配性等对敏感特性的影响，实现均一、稳定、批量化生产。

（2）低功耗。稳定氧化锆和其他氧离子导体固体电解质、钠离子导体固体电解质等在较高温度下具有良好的离子电导率，因此传感器只能在较高温度下才能获得良好的气体敏感特性，这必然会带来较高的功耗。对稳定氧化锆等固体电解质进行结构改性以提高离子电导率，或开发在室温条件下具有良好离子电导率的新型固体电解质材料，以及发展传感器微纳加工技术以实现器件的微纳化集成，是实现混成电位型固体电解质气体传感器低功耗的有效方法。

（3）集成化和智能化。传感器通常处于多种气体共存的复杂环境中检测气体，可能还伴随温度和湿度的变化，在如此苛刻条件下，为了实现同时检测多种气体，需要构建具有气敏、湿敏和温敏单元阵列结构的集成化传感器。结合智能化算法，对待测气体及干扰气体的检测进行算法重构和优化，并对得到的数据进行建模分析处理，实现对待测气体的智能化识别。利用集成的温度和湿度传感器获取实际环境的温度和湿度变化信息,通过获得的补偿方法对不同气体敏感单元输出的响应信号进行补偿修正,可提高传感器的测量准确度。

（4）稳定性。传感器最终是要走向实际应用的，在实现高灵敏度、高选择性、低检测下限、宽检测量程以及多种类气体检测的同时，良好的稳定性是传感器能否实现应用的最重要的性能指标之一。发展传感器的新型稳定化技术，模拟真实应用场景，进行加速实验，研究影响稳定性的关键因素，明晰传感器的失效机制，建立稳定化方法，才能真正解决传感器的应用难题。

中国电子学会简介

中国电子学会于 1962 年在北京成立，是 5A 级全国学术类社会团体。学会拥有个人会员 10 万余人、团体会员 1200 多个，设立专业分会 47 个、专家委员会 17 个、工作委员会 9 个，主办期刊 13 种，并在 26 个省、自治区、直辖市设有相应的组织。学会总部是工业和信息化部直属事业单位，在职人员近 200 人。

中国电子学会的 47 个专业分会覆盖了半导体、计算机、通信、雷达、导航、微波、广播电视、电子测量、信号处理、电磁兼容、电子元件、电子材料等电子信息科学技术的所有领域。

中国电子学会的主要工作是开展国内外学术、技术交流；开展继续教育和技术培训；普及电子信息科学技术知识，推广电子信息技术应用；编辑出版电子信息科技书刊；开展决策、技术咨询，举办科技展览；组织研究、制定、应用和推广电子信息技术标准；接受委托评审电子信息专业人才、技术人员技术资格，鉴定和评估电子信息科技成果；发现、培养和举荐人才，奖励优秀电子信息科技工作者。

中国电子学会是国际信息处理联合会（IFIP）、国际无线电科学联盟（URSI）、国际污染控制学会联盟（ICCCS）的成员单位，发起成立了亚洲智能机器人联盟、中德智能制造联盟。世界工程组织联合会（WFEO）创新专委会秘书处、中国科协联合国咨商信息与通信技术专业委员会秘书处、世界机器人大会秘书处均设在中国电子学会。中国电子学会与电气电子工程师学会（IEEE）、英国工程技术学会（IET）、日本应用物理学会（JSAP）等建立了会籍关系。

关注中国电子学会微信公众号

加入中国电子学会